信息科学技术学术著作丛书

基于集员估计的有界干扰系统信息融合滤波

刘洁瑜　沈　强　汪立新　著

科学出版社
北　京

内 容 简 介

本书以集员估计理论为基础，围绕有界干扰系统信息融合滤波开展研究。首先，提出一种输入-状态稳定的定界椭球自适应滤波算法，提高滤波的收敛性和跟踪性能，并针对不同的精度和实时性要求进一步提出固定滞后区间平滑算法和基于次优定界椭球的有界干扰系统滤波算法。其次，为解决非线性有界干扰滤波算法存在的线性化误差大、线性化过程复杂，以及边界存在保守性等问题，提出基于中心差分的非线性有界干扰滤波算法。再次，对有界干扰下的融合滤波方法进行研究，提出相应的融合算法。最后，考虑实际应用中噪声的复杂性，提出具有双重不确定性的多模型融合方法。

本书可供信号处理、航天、导航、目标跟踪、卫星测控、多传感器信息融合、机器人等领域的工程技术人员和研究人员参考。

图书在版编目（CIP）数据

基于集员估计的有界干扰系统信息融合滤波／刘洁瑜，沈强，汪立新著. —北京：科学出版社，2023.9

(信息科学技术学术著作丛书)

ISBN 978-7-03-076446-1

Ⅰ. ①基…　Ⅱ. ①刘…②沈…③汪…　Ⅲ. ①滤波理论　Ⅳ. ①O211.64

中国国家版本馆 CIP 数据核字（2023）第 183441 号

责任编辑：孙伯元 / 责任校对：崔向琳

责任印制：师艳茹 / 封面设计：陈　敬

科学出版社出版

北京东黄城根北街 16 号

邮政编码：100717

http://www.sciencep.com

北京中石油彩色印刷有限责任公司 印刷

科学出版社发行　各地新华书店经销

*

2023 年 9 月第　一　版　开本：720 × 1000　B5

2024 年 1 月第二次印刷　印张：9 1/4

字数：183 000

定价：110.00 元

（如有印装质量问题，我社负责调换）

《信息科学技术学术著作丛书》序

21 世纪是信息科学技术发生深刻变革的时代，一场以网络科学、高性能计算和仿真、智能科学、计算思维为特征的信息科学革命正在兴起。信息科学技术正在逐步融入各个应用领域并与生物、纳米、认知等交织在一起，悄然改变着我们的生活方式。信息科学技术已经成为人类社会进步过程中发展最快、交叉渗透性最强、应用面最广的关键技术。

如何进一步推动我国信息科学技术的研究与发展；如何将信息技术发展的新理论、新方法与研究成果转化为社会发展的推动力；如何抓住信息技术深刻发展变革的机遇，提升我国自主创新和可持续发展的能力？这些问题的解答都离不开我国科技工作者和工程技术人员的求索和艰辛付出。为这些科技工作者和工程技术人员提供一个良好的出版环境和平台，将这些科技成就迅速转化为智力成果，将对我国信息科学技术的发展起到重要的推动作用。

《信息科学技术学术著作丛书》是科学出版社在广泛征求专家意见的基础上，经过长期考察、反复论证之后组织出版的。这套丛书旨在传播网络科学和未来网络技术，微电子、光电子和量子信息技术、超级计算机、软件和信息存储技术、数据知识化和基于知识处理的未来信息服务业、低成本信息化和用信息技术提升传统产业，智能与认知科学、生物信息学、社会信息学等前沿交叉科学，信息科学基础理论，信息安全等几个未来信息科学技术重点发展领域的优秀科研成果。丛书力争起点高、内容新、导向性强，具有一定的原创性，体现出科学出版社“高层次、高水平、高质量”的特色和“严肃、严密、严格”的优良作风。

希望这套丛书的出版，能为我国信息科学技术的发展、创新和突破带来一些启迪和帮助。同时，欢迎广大读者提出好的建议，以促进和完善丛书的出版工作。

中国工程院院士
原中国科学院计算技术研究所所长

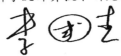

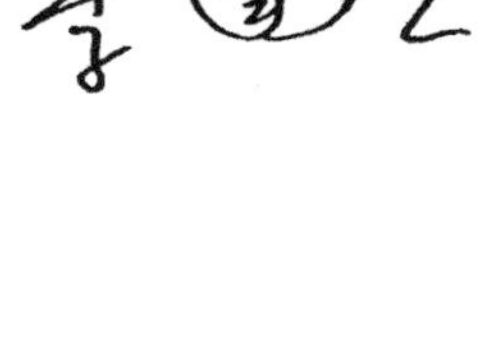

前　　言

近年来，人们对大型复杂系统的需求正在迅速增加。特别是，对系统状态的高性能估计的需求越来越高。由于使用单传感器时，测量精度、范围、稳定性和可靠性存在明显缺陷，多传感器系统及相关数据融合技术近来受到越来越多的关注。许多发达国家都非常重视多传感器信息融合技术的开发与研究。早在 1988 年，美国国防部就把信息融合技术列为 20 世纪 90 年代重点开发的二十项关键技术之一。

信息融合滤波理论是多传感器信息融合的一个重要分支，通常采用基于随机噪声假设的估计方法来解决，如卡尔曼滤波及其相关扩展算法。这类方法通常对噪声的分布都有严格的要求，并要求其统计特性已知。采用这些方法难以解决复杂系统带来的不确定性、强相关性、强非线性、高维数等新问题，因此大型复杂系统对多传感器融合提出更高的挑战。

基于经典估计方法的信息融合滤波方法难以解决这些新的问题和挑战，其根本原因在于概率化假设的前提。概率化方法对噪声的分布都有严格的要求，并要求其统计特性已知，这些要求导致该类方法存在一定的缺陷。其一，在复杂环境下，噪声的统计特性往往非常复杂且存在诸多不确定性，导致这种概率化假设难以得到满足和验证。其二，鲁棒性难以得到保证，因为对于非线性系统来说，概率化方法很难获取状态的无偏估计和对应的严格估计边界。其三，强相关性、高维数也在很大程度上影响这类方法的性能和实现。

自 1968 年 Schweppe 提出集员滤波方法以来,集员估计理论得到迅速的发展。特别是，近几年通过与信息融合技术的结合，集员估计在导航、控制、机器人等领域得到重要应用。其主要特征是仅要求噪声有界，而对边界内噪声的具体分布并无要求，即主要针对有界干扰系统。实际上，对于一般系统而言，与准确的噪声统计特性相比，其边界更容易获取，应用条件更容易得到满足，这是该类估计方法的最大优势。此外，这种方法更具鲁棒性，可以方便地处理带强相关信息的融合估计问题。

与此相关的研究已经取得一定的成果，但是并不完善，还有一些问题有待解决。特别是，在信息融合滤波的应用中仍存在较大挑战，如算法复杂性的降低、参数优化、数值稳定性的保持等。

本书主要围绕基于集员估计的有界干扰系统信息融合滤波展开研究，针对线性、非线性有界干扰系统、双重不确定干扰系统提出一系列滤波算法和融合方法。全书包括 8 章，第 1 章绪论；第 2 章介绍在有界干扰滤波研究中所需的一些预备知识和基础理论。其他 6 章分为两大部分，第一部分为有界干扰系统滤波算法的研究，由第 3 章～第 6 章组成；第二部分为信息融合滤波方法研究，包括第 7 章和第 8 章。第一部分是第二部分的基础。全书取材新颖，注重算法的理论依据、应用思路及应用效果，体现了国内外在这方面研究的最新进展。

本书第 1 章～第 5 章由刘洁瑜教授撰写，第 6 章和第 7 章由沈强讲师撰写，第 8 章由汪立新教授撰写。

本书在编写过程中得到相关院校领导和同行的热心支持，特此表示感谢。感谢陕西省自然科学基础研究计划资助项目(2020JQ-491)、陕西省高校科协青年人才托举计划项目(20200109)和撰写人员所在单位对本书出版的大力支持。

限于作者水平，书中不妥之处在所难免，恳请读者批评指正。

作　者

2021 年 9 月

目 录

《信息科学技术学术著作丛书》序
前言
第 1 章 绪论 …… 1
1.1 信息融合滤波概述 …… 1
1.1.1 研究背景 …… 1
1.1.2 研究意义 …… 2
1.1.3 信息融合滤波基本概念 …… 3
1.2 有界干扰系统滤波研究 …… 5
1.2.1 有界干扰系统滤波研究现状 …… 5
1.2.2 有界干扰系统滤波研究现状分析 …… 8
1.2.3 有界干扰系统滤波应用现状分析 …… 9
第 2 章 预备知识与基础理论 …… 12
2.1 引言 …… 12
2.2 可行集的基础知识与基本概念 …… 12
2.2.1 可行集 …… 12
2.2.2 可行集的分类 …… 12
2.2.3 集合的一般运算 …… 13
2.3 输入-状态稳定性基本概念 …… 14
2.4 矩阵运算相关引理 …… 15
2.4.1 矩阵求逆引理 …… 15
2.4.2 Schur 补 …… 15
2.5 有界干扰系统滤波基本概念及经典算法 …… 16
2.5.1 有界干扰系统滤波基本概念 …… 16
2.5.2 有界干扰系统滤波经典算法 …… 17
2.6 本章小结 …… 20
第 3 章 基于集员估计的线性有界干扰系统滤波 …… 21
3.1 引言 …… 21
3.2 BEACON 算法 …… 21
3.3 问题描述 …… 24
3.4 基于 BEACON 算法的定界椭球自适应滤波 …… 25

3.4.1 基于 BEACON 算法的状态预测更新 …… 25
3.4.2 参数优化 …… 28
3.4.3 算法特性分析与稳定性证明 …… 30
3.5 仿真算例 …… 33
3.6 本章小结 …… 42
第 4 章 基于集员估计的线性有界干扰系统平滑 …… 43
4.1 引言 …… 43
4.2 Rauch-Tung-Striebel 平滑 …… 43
4.3 椭球定界固定滞后时间估计 …… 44
4.3.1 基于 BEAF 的 RTS 平滑算法 …… 44
4.3.2 基于 BEAF 的固定滞后时间估计 …… 46
4.4 仿真算例 …… 47
4.5 应用算例 …… 51
4.6 本章小结 …… 56
第 5 章 基于集员估计的线性有界干扰系统快速滤波 …… 57
5.1 引言 …… 57
5.2 基于量测序贯更新的有界干扰系统快速滤波 …… 57
5.2.1 基于椭球-带求交的量测序贯更新 …… 57
5.2.2 参数优化 …… 60
5.2.3 算法特性分析与稳定性证明 …… 62
5.3 仿真算例 …… 64
5.4 本章小结 …… 71
第 6 章 基于集员估计的非线性有界干扰系统滤波 …… 72
6.1 引言 …… 72
6.2 问题描述 …… 72
6.3 扩展集员滤波算法 …… 73
6.3.1 基于区间分析的线性化误差定界 …… 73
6.3.2 扩展集员滤波迭代过程 …… 73
6.4 基于中心差分的非线性有界干扰系统滤波 …… 74
6.4.1 基于 Stirling 内插公式的非线性模型线性化 …… 75
6.4.2 基于半定规划和 DC 分解的线性化误差定界 …… 78
6.4.3 算法更新过程 …… 80
6.5 仿真研究 …… 84
6.6 本章小结 …… 89
第 7 章 有界不确定系统多传感器融合滤波 …… 90

7.1 引言 …… 90
7.2 问题描述 …… 90
7.3 针对有界噪声的融合滤波算法 …… 91
7.3.1 针对有界噪声的量测扩维融合算法 …… 92
7.3.2 针对有界噪声的量测加权融合算法 …… 93
7.3.3 针对有界噪声的序贯滤波融合算法 …… 95
7.4 性能分析 …… 98
7.4.1 三种融合滤波的等价性 …… 98
7.4.2 量测更新次序的可交换性 …… 102
7.5 仿真算例 …… 103
7.6 本章小结 …… 109
第 8 章 有界/高斯双重不确定系统信息融合滤波 …… 110
8.1 引言 …… 110
8.2 双重不确定系统联合滤波 …… 110
8.2.1 双重不确定误差模型 …… 110
8.2.2 联合滤波预测更新 …… 112
8.3 交互多模型联合滤波 …… 113
8.3.1 多椭球加权 Minkowski 和 …… 113
8.3.2 交互多模型联合滤波预测更新 …… 115
8.4 实验分析 …… 120
8.5 本章小结 …… 127
参考文献 …… 128

第1章　绪　　论

近年来，人们对大型复杂系统的功能要求，特别是对系统状态的高性能估计要求正在迅速提高。由于使用单传感器时的测量精度、范围、稳定性和可靠性存在明显缺陷，多传感器系统及相关数据融合技术受到越来越多的关注。不确定性、强相关性、非线性、高维数成为信息融合面临的新问题与新挑战[1,2]。有界干扰系统滤波理论是解决这些问题的重要方法，受到理论界和工程应用界的高度重视。本章在简单回顾信息融合滤波理论和应用发展现状的基础上，阐述研究有界干扰系统滤波的重要意义，介绍有界干扰系统滤波的国内外研究现状，并对目前研究中存在的问题进行简要评述。

1.1　信息融合滤波概述

1.1.1　研究背景

近年来，信息融合技术成为备受人们关注的热门领域。信息融合滤波(也称融合估计)理论是多传感器信息融合的一个重要分支。信息融合滤波理论的核心是估计融合，即估计理论与数据融合理论的有机结合。该理论也是多传感器数据融合，以及组合导航系统中的重要工具[3,4]。

对信息融合滤波而言，卡尔曼滤波和最优线性融合理论在各种研究和应用中长期占据主导地位，并且相对比较成熟，但它们对噪声和初始状态的统计特性、分布都有苛刻的要求，未知条件的相关性也在影响这类算法的性能，因此对新的估计融合理论、方法的需求十分迫切。

针对非线性条件下的融合问题，近年来研究人员提出很多非线性滤波器，包括扩展卡尔曼滤波器(extended Kalman filter，EKF)、无迹卡尔曼滤波器、离差差分滤波器、粒子滤波器，以及它们的各种变形。文献[5]针对非线性多传感器系统，以 EKF 为基础，研究三种典型的集中式融合算法，并分析各算法间的等价关系，以及量测更新次序对算法的影响。文献[6]研究室内轮椅定位问题，由车轮轴上的两个里程计和磁罗盘定位定向，加速度计检测位移，并采用无迹卡尔曼滤波实现多传感器的融合，提出两种数据融合结构，仿真结果证明了所提架构的有效性。文献[7]针对 EKF 和迭代 EKF 算法中线性化误差传递对算法精度的不利影响，在离差差分滤波器中融入迭代思想和统计线性化误差传递，提出迭代离差差分算法，并将其用于再入弹道目标状态估计。结果表明，新算法可以有效降低非线性对滤波的影响。文献[8]详细论述了粒子滤波的原理、收敛性、应用及研究进展，特别强调粒子滤波在信息融合中的应用。

近年来，协方差交(covariance intersection，CI)、椭球交(ellipsoid intersection，EI)、内椭球逼近融合等算法的出现，对于解决未知相关性条件下的融合问题具有重要的作用。CI 算法由 Julier 等[9]提出。他们通过在逆协方差空间中寻找均值和方差的凸组合，绕过传统方法对互协方差阵的依赖，可以在互协方差未知的情况下应用，但是算法寻求上界的处理方式导致估计结果偏于保守。为克服 CI 算法的保守问题，Benaskeur[10]提出最大椭球(largest ellipsoid，LE)法，解决矩阵取向不相容问题，然后通过误差椭球交会区域的最大内接椭球来计算融合结果，有效降低结果的保守性。周彦等[11,12]指出其计算方法可能导致估计性能的恶化，并提出内椭球逼近融合(internal ellipsoidal approximation，IEA)方法，将其用于无线传感器网络通信。EI 算法则由 Sijs 等[13]提出。与 CI 模型相比，EI 模型通过矩阵分解直接获得最优解，因此可以避免迭代计算，同时还能获得更紧的误差边界，但该方法只适用于两传感器的情形。

总体来看，现存的各种信息融合滤波算法大多以概率化假设为基础，需要知道准确的统计信息。这在实际应用中会受到诸多限制，从而导致融合精度大打折扣，而基于集员估计的有界干扰系统信息融合滤波方法则可以有效避免这类问题。另外，针对这些新的问题与挑战，集员估计可以将不确定性包含于集合中进行运算，给出具有保证边界的结果。由于集员估计只需要知道误差边界信息，不需要知道包括互协方差在内的统计信息，因此运算过程不涉及相关性的作用，可处理带未知相关信息的融合估计问题。同时，非线性和高维数也是集员估计研究中人们致力于解决的问题，此方向上近年来取得很多重要的成果。

1.1.2 研究意义

在上述研究背景下，本书开展基于集员估计的有界干扰系统滤波研究，并将研究成果与信息融合理论相结合，实现有界干扰系统的信息融合滤波。

目前，信息融合滤波通常采用基于随机噪声假设的估计方法来解决，如卡尔曼滤波及其相关扩展算法等传统估计方法。这类估计方法通常对噪声的分布都有严格的要求，并要求其统计特性已知。一方面，由于观测的局限性，很多情况下噪声的统计特性难以确定；另一方面，随着系统的日趋复杂，某些本质上非随机的噪声难以采用统计方法来描述，这会导致估计精度的降低，甚至失效。目前，基于随机噪声假设的信息融合滤波理论的研究成果很多，已经比较完善，但是依然受传统估计方法固有缺陷的限制。特别是，非线性目标跟踪对噪声的精确分布信息十分敏感。传统的信息融合滤波方法需要知道传感器之间的相关性信息，实际中判断和确定相关性系数都是十分困难的。因此，采用这些方法进行多传感器的融合难以解决复杂环境带来的不确定性、强相关性、强非线性、高维数等新问题。

近年来，基于集员估计的有界干扰系统滤波方法正逐渐受到重视。该类方法通过集员估计理论实现参数或状态可行集(feasible solution set，FSS)的估计，它们以未知但有界(unknown but bounded，UBB)的噪声假设为基础，即仅要求噪声有界，而对边界内噪声的具体分布并无要求。其优势在于：第一，可以克服传统估计方法的缺陷，很好地应用于传统估计方法不能适应的场合，而且这种简单的条件更容易得到满足；第二，可以将不确定性包含于集合中进行运算，然后得到状态可行集，以及边界的确定性描述，这使该方法比传统估计方法更具鲁棒性；第三，可以方便地处理带强相关信息的融合滤波问题。因为只需要知道误差边界信息，不需要知道包括互协方差在内的统计信息，所以运算过程可以不涉及相关性的作用。

研究基于集员估计的有界干扰系统信息融合滤波具有重要的理论意义和实际应用价值。然而，这方面的研究还不完善，如时变系统、非线性系统的集员估计。特别是，基于集员估计的信息融合滤波方法的研究还处于起步阶段，很多问题尚未解决。基于此，本书聚焦于这些热点问题进行研究，从集员估计的基本理论出发，逐渐深入，重点解决以集员估计理论为基础的滤波问题及其在信息融合滤波中的应用。

简而言之，研究基于集员估计的有界干扰系统信息融合滤波具有以下重要意义。

(1) 对现有的有界干扰系统滤波算法进行分析和改进，以求在精度、复杂度、数值稳定性等方面，性能得到提高，为高精度的系统控制、信号处理、目标跟踪等提供可靠的理论依据和技术途径。

(2) 解决非线性有界干扰系统滤波的关键技术，为复杂非线性系统的控制提供更好的帮助。

(3) 针对基于集员估计的信息融合方法进行深入研究，对完善集员估计理论体系，以及拓展融合滤波方法的应用领域有重要意义，将其用于组合导航、多传感器网络等方面，可以进一步融合性能，对于制导武器、民用导航都有重要的意义。

1.1.3　信息融合滤波基本概念

信息融合滤波理论是多传感器(多源)信息融合这一新兴边缘学科的一个重要分支和领域。它是多传感器信息融合与最优滤波(估计)交叉的产物，也是多传感器信息融合与现代时间序列分析交叉的产物。

经典最优滤波(状态或信号估计)理论是针对单传感器系统而言的。将经典最优滤波理论与多传感器信息融合相互渗透、交叉产生了多传感器信息融合学科的一个重要分支和领域——多传感器信息融合滤波理论。它主要研究多传感器信息融合中的状态或信号估计问题。

多传感器信息融合滤波的两个重要应用背景是目标跟踪与组合导航。为了提高对运动目标(导弹、飞机、坦克、船舰等)状态的跟踪精度，必须采用多传感器。从这些目标的角度出发，它们又有着提高导航精度的迫切需求，也必须采用多传感器。信息融合滤波的目的在于融合各传感器提供的局部状态估计信息(状态融合)或融合各传感器提供的局部观测信息(观测融合)得到融合状态估计。对信息融合滤波器设计的基本要求是融合器的精度高于局部估值器精度。目前研究较多的是信息融合卡尔曼滤波理论，已广泛应用于跟踪、制导等许多高科技领域。

多传感器信息融合滤波算法按结构可分为集中式融合和分布式融合。集中式融合无信息损失，精度高，具有全局最优性，但数据量大，对传输信道和处理器运算能力要求较高。分布式融合精度有所降低，但可以降低信道带宽，生存能力强，易于工程实现，因此受到更多的关注。另外，还有将两种结构相结合的混合式融合结构。典型的估计融合结构如图 1.1 所示。

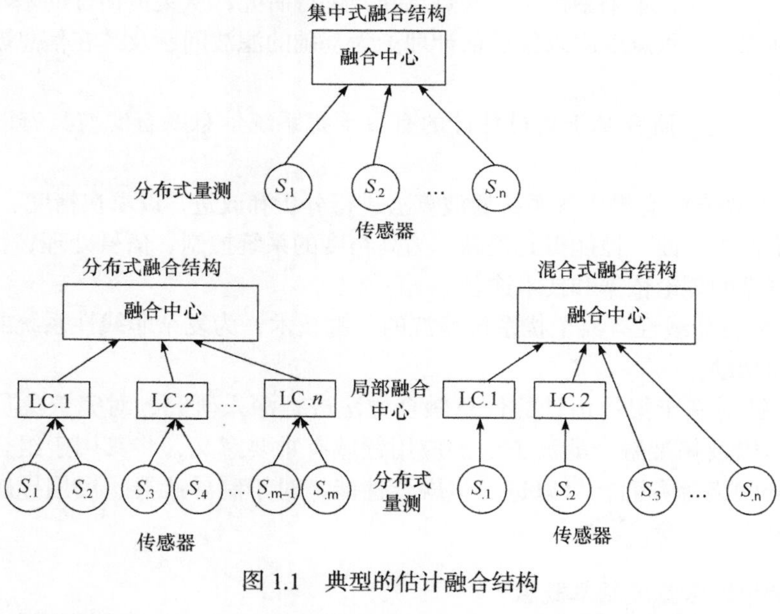

图 1.1 典型的估计融合结构

在融合理论的发展过程中，经典的卡尔曼滤波理论与最优线性融合理论已臻成熟，并长期占据主导地位。然而，前者要求状态噪声、观测噪声与初始状态三者相互独立，后者要求各局部估计不相关或者互协方差完全已知。对于分布式估计融合，未知的条件相关性已成为影响融合性能的主要因素之一，因此必须寻求新的理论和方法。

1.2　有界干扰系统滤波研究

1.2.1　有界干扰系统滤波研究现状

有界干扰系统滤波是以 UBB 噪声假设为基础，状态或参数的可行集为求解目标的滤波方法，通常包含参数辨识和状态估计两类方法。有界干扰系统滤波的状态估计过程如图 1.2 所示。

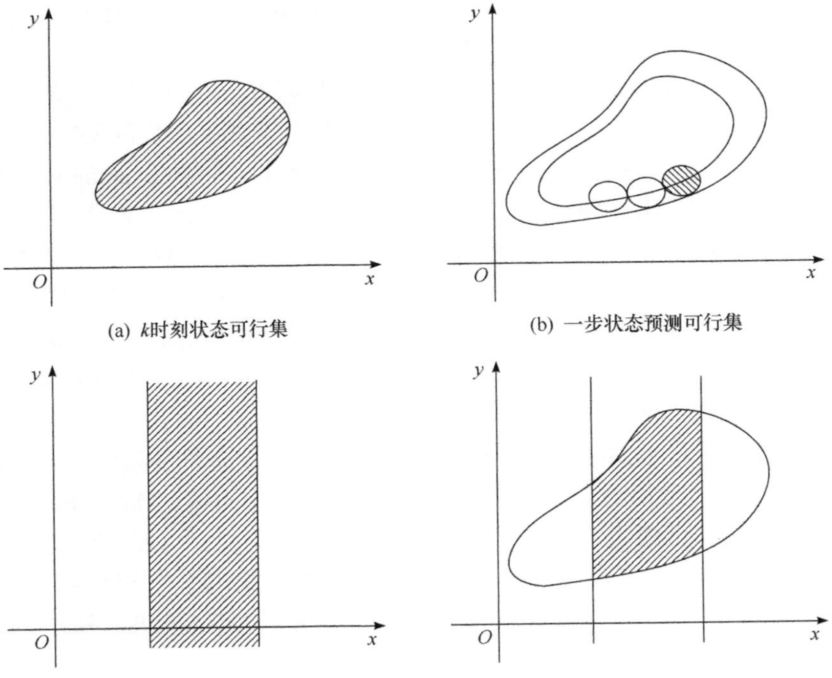
y
O
x
(a) k时刻状态可行集
(b) 一步状态预测可行集
(c) 观测和噪声构成的状态可行集
(d) k+1时刻状态可行集

图 1.2　有界干扰系统滤波的状态估计过程

通过该过程得到的可行集是与状态、观测方程、噪声边界、观测值，以及包含初始状态的指定集合相容的所有可能状态或参数的集合。它包含系统状态或参数的真实值，集合中的所有元素均可作为有效的估计结果，而可行集的中心通常可以作为点估计。该估计算法通常称为集员估计(set-membership estimation，SME)

算法。由于可行集的真实形状是复杂的凸多面体，难以准确描述，大部分集员估计算法通常采用具有简单几何形状的集合来近似或包含可行集。根据集合形状，集员估计算法可以分为椭球集员估计算法、基于区间分析的集员估计算法，以及全对称多胞形、盒子、超平行体等多面体类算法。

1. 椭球集员估计算法

椭球集员估计算法最早由Schweppe[14]提出，他给出了时间更新和量测更新过程中状态可行集的外包椭球簇，也称为椭球定界算法。之后，Bertsekas 等[15]和Schlaepfer 等[16]分别将椭球定界估计用于最优控制和连续时间系统状态估计问题。但是，他们并未给出在椭球簇中寻找最优定界椭球(optimal bounding ellipsoid，OBE)的方法。同时，通过描述超平面与椭球的交，Fogel 等[17]首次提出用于参数辨识的椭球定界估计算法。为了提高估计精度，Chernousko[18]、Maksarov 等[19]提出 OBE 算法，采用最小体积和最小迹准则优化参数，以得到椭球簇中的最小椭球，但量测更新过程的运算十分复杂，限制了其应用。通过最小化量测更新中估计误差的 Lyapunov 函数的上界[20]，Gollamudi 等[21]提出一种新的 OBE 算法，并引入选择更新策略。通过最大化最坏噪声情况下估计误差的 Lyapunov 函数的减少量，Aubry 等[22]提出一种输入-状态稳定(input-to-state stable，ISS)集员估计算法。上述算法均假设系统模型可以准确描述，并且不确定性误差仅与状态扰动和量测噪声有关，而在实际问题中这种假设存在极大的局限性。针对上述问题，文献[23]～[25]将定界椭球的计算转化为线性矩阵不等式(linear matrix inequality，LMI)约束条件下的凸优化问题，采用半正定规划等方法求解，提出几种不确定模型条件下的椭球集员滤波算法。

对于实际应用，OBE 算法主要存在两大问题，一是运算复杂度高，实时性难以保证；二是存在数值稳定性的问题。针对运算复杂的问题，Maksarov 等[26]研究几种次优算法，对运算复杂度和估计精度进行了折中。受此启发，何青等[27]、Liu 等[28,29]提出一些有效的算法。针对数值稳定性问题，柴伟等[30,31]借鉴卡尔曼滤波的相关处理方法，采用 Cholesky 分解和奇异值分解技术改进 OBE 算法，提高算法的数值稳定性。

作为该类算法的补充和扩展，适用于非线性系统和多输入多输出系统的椭球状态定界算法也先后被提出。针对多输入多输出系统，Durieu 等[32]研究了集中处理 K 个椭球的运算方法，可以避免逐次处理产生误差累计的问题。针对非线性系统，Scholte 等[33]借鉴 EKF 的思想，利用区间分析方法给线性化误差定界，提出扩展集员滤波器(extended set-membership filter，ESMF)，证明了滤波器的收敛性。Milanese 等[34]提出非线性系统的集员预测方法，并对集员框架下的非线性系统数据处理方法进行了回顾和总结[35]，将集员辨识、预测和滤波归于统一的集员估计理论下。考虑 ESMF 算法同样存在数值稳定性差和运算复杂度高的问题，周波等[36]采用 UD 分解的方式提高算法的数值稳定性，通过自适应参数选择方法，选择更新策略提高算法的实时性，提出自适应扩展集员滤波器(adaptive ESMF，AESMF)，并将该方法成功应用于带滑动的履带机器人的状态估计。为进一步解决过程噪声定界椭球难以精确确定的问题，宋大雷等[37]提出基于 MIT(Massachusetts Institute of Technology，MIT)规则的自适应 ESMF 算法(MIT-based AESMF，MIT-AESMF)。Whitaker 等于 1958 年首先提出用梯度法进行模型参考自适应系统设计，人们把这种自适应调节机制称为 MIT 规则，它可以有效提升过程噪声不确定界的估计精度，避免不确定界未知导致的算法恶化问题。宋莎莎等[38]以 ESMF 算法为基础，将参数失配引起的偏差包含在椭球集中，通过集合的并运算实现偏差椭球和先验椭球的结合，解决参数失配情况下的非线性系统估计问题。Liu 等[39]在文献[28]的基础上进行了非线性扩展，提出扩展椭球外定界集员估计(extended ellipsoidal outer-bounding SME，EEOBSME)算法，从理论上证明算法的稳定性，并且证明当非线性系统可观测时，估计误差有界，然后将其用于双基阵纯方位目标跟踪中，取得了良好的效果。上述非线性集员估计算法均假设过程噪声和量测噪声边界为椭球。周波等[40]在前述研究的基础上，将噪声边界假设为轴对齐盒，结合超平行体的性质，提出一种新的基于保证定界椭球的非线性集员滤波器。

2. 区间分析集员估计算法

区间分析最早由 Moore[41]提出，并迅速成为当时的研究热点。区间分析的主要思想是以包含真值的区间代替真值，实现数据的存储和运算，并保证计算得到的区间包含所有的真实结果。区间分析可以将无法精确确定的参数直接包含于区间中进行运算，这对于实际应用具有重要的意义。区间分析可以有效界定函数的范围，提供严格的运算结果，特别适合处理非线性方程求解和全局优化问题[42]。Jaulin 等[43]最早将区间分析用于集员估计，提出区间分析的集逆(set inversion via interval analysis，SIVIA)算法。在此基础上，他们引入子块石面路集的概念，提出几种基于区间分析的非线性系统状态估计算法[44,45]和参数辨识算法[46]。其优势在于可以保证全局优化，而且在状态不完全可观测的情况下依然适用，这是大多数集员估计算法无法实现的。这类算法的主要局限在于应用二分法带来的维数灾难，所以不适合高维的情况。文献[47]利用区间约束传播克服维数灾难的方法，有效提高运算效率。文献[48]针对闪现数据的非线性估计问题，即量测值只有在满足给定等式条件的情况下才能获取，将该问题转换为约束满足问题，采用区间约束传播方法求解。

3. 多面体类集员估计算法

盒子定界算法最早由 Milanese 等[49]提出。该算法将盒子边界的计算归结为求解若干个线性规划问题，采用的是批处理算法，运算复杂。为了降低运算量，使其适用于在线应用，Belforte 等[50]给出了两种递推的盒子算法，减少约束条件的个数，提高运算速度。考虑采用盒子近似的方法得到的可行集存在较大的保守性，而精确或近似多面体算法的运算量过大，所以 Vicino 等[51]和 Chisci 等[52]提出超平行体算法，在运算复杂度和计算精确性之间取得了一定的平衡。这些算法很早就被提出，但近年来很少有新的研究成果，应用也不多。为了进一步提高估计精度，一些学者对超平行体算法进行了扩展，提出基于全对称多胞形的最坏情况估计算法[53]，而后基于全对称多胞形的集员估计算法得到迅速的发展[54-57]和应用[58-60]。

另外，考虑有的系统中随机噪声和有界噪声同时存在，为了充分发挥概率化方法和集员估计的优势，有学者提出结合两种噪声模型的滤波方法。文献[61]用概率密度函数集合取代单一的概率密度函数描述噪声造成的不确定性，提出集合概率的概念。文献[62]在椭球定界算法中引入一个权重系数，表征系统中两种噪声的比重。Liu 等[63]针对纯方位机动目标的跟踪问题，在椭球集员滤波的更新过程中考虑随机噪声，仿真结果显示其跟踪性能优于 EKF。文献[64]、[65]采用可加性随机噪声和有界噪声的设定，并假设系统中的两种噪声独立存在，随机噪声采用卡尔曼滤波处理，有界噪声则采用椭球定界方法处理，然后结合在一起构成联合滤波算法。仿真结果显示，这类算法可以避免非高斯噪声导致的卡尔曼滤波性能下降，同时得到鲁棒性较强的边界保证估计。

1.2.2 有界干扰系统滤波研究现状分析

上述算法都具有各自的特点，可以依据不同的应用场景和条件进行不同的选择。总的来看，椭球定界集员估计算法具有计算过程相对简单、可递推实现、估计结果可以显式表达、自适应性强、边界光滑可导等优点，逐渐成为集员估计理论研究的重点和热点，在各领域得到广泛的应用。针对有界干扰系统滤波，本书重点研究椭球定界集员估计算法。

椭球定界集员估计经过几十年的发展，已形成丰富的理论体系。特别是，此方法最近几年在国内发展迅速。目前，无论是线性系统还是非线性系统，还有一些问题尚待解决。

(1) 对于线性椭球集员估计算法而言，复杂度依然是限制其实际应用的重要因素，如何在复杂度和精度之间取得良好的平衡一直是一个重要的研究课题。

(2) 现有的文献中对集员估计方法进行稳定性和收敛性分析的内容涉及较少，但这类性质对于状态估计的应用起着十分重要的作用。

(3) 对于非线性椭球集员估计算法，普遍的做法是通过泰勒展开式的一阶近似将非线性方程线性化，并用雅可比矩阵作为线性化后的状态转换矩阵。这种方式可以充分利用线性集员估计的优势实现迭代计算，但是它还存在一些不足。例如，线性化过程中忽略泰勒展开式的高阶项可能导致较大的线性化误差，甚至影响滤波器的稳定性；在许多应用中，雅可比矩阵的高维数和正交项会给计算和编码带来较大的困难，同时增加出错机会；线性化误差的边界估计过于保守，给估计带来一定的偏差。

1.2.3 有界干扰系统滤波应用现状分析

目前，有界干扰系统滤波方法已经在各领域得到广泛的应用，包括自动控制、故障诊断、通信与信号处理、定位定向与导航等，并结合各领域的需求衍生出一些新的算法。

文献[66]～[69]研究集员估计理论在自动控制方面的应用，包括 UBB 扰动下的输出反馈控制问题解决方案、非线性系统的稳定控制器、鲁棒控制等。集员估计的保证边界估计属性使其成为一种有效的故障检测方法[70-73]。这种方法通常采用各类集员估计算法对系统参数进行辨识，通过观察辨识得到的参数可行集是否为空来判断系统故障存在与否。文献[70]将集员辨识与 Takagi-Sugeno(T-S)模糊模型相结合，实现非线性系统的建模，以及故障检测。该方法通过两者结合的模型给出系统的预测输出范围，判断实际输出是否在此范围来诊断系统故障。上述关于故障诊断的研究多以故障检测为目标，文献[74]～[76]则进一步实现了故障的隔离。集员估计在通信系统干扰抑制[77,78]和全球定位系统(global positioning system，GPS)载波信号频率估计[79]中也得到良好的应用，研究人员充分利用集员估计的噪声有界假设和选择更新特性，实现收敛速度快、运算复杂度低的通信干扰抑制和信号频率估计。文献[80]、[81]将集员估计用于解决动态障碍物定位或机动目标跟踪问题，在建模过程中将目标或障碍物的噪声信息、初始状态均假设为有界集合，然后利用 ESMF 算法实现目标位置的估计，同时进一步实现动态环境建模或者同步定位与地图构建[82]。文献[83]研究集员估计在捷联惯导初始对准中的应用。该研究主要针对静基座方位失准角为大角度时的情况，此时初始对准误差为非线性，所以使用 ESMF 算法对其进行处理，仿真结果证明了该方法的优越性。文献[84]将 SIVIA 算法用于计算三维位置区域，指出位置区域完整性风险来自量测边界的设置，并提出一种设置特定位置区域置信水平边界的方法。另外，有的研究人员还将集员估计用于网络攻击检测中[85,86]，通过预测集合和估计更新集合之间有无交集来判断系统是否存在网络攻击。

文献[87]将集员估计理论引入信息融合，提出针对线性有界干扰系统的信息融合滤波算法。该算法采用带反馈的分布式融合结构，每个传感器单独计算状态可行集的外定界椭球，将结果送到融合中心，进行融合，得到全局估计，然后将全局估计反馈给各局部节点以改善其信息。文献[88]将算法推广到非线性系统，并加入容错功能。

鉴于集员估计保证边界的特性，相关方法在信息融合中得到迅速的应用。特别是，在导航定位方面优势十分明显。李江等将 ESMF 用于 GPS/DR 组合导航中，给出相应的递推公式，仿真结果证明了其良好的效果[89]。周波等[90]将 ESMF 算法用于室内移动机器人多传感器融合定位，与概率化融合结果相比，可以获取更为鲁棒的位姿估计结果，并给出严格不确定边界信息，有利于后续的规划或避障。谷丰等[91]将信息融合过程与 ESMF 的集合运算过程相结合，提出一种多机器人观测信息融合方法。该方法在单机预测的基础上依次融合协作机器人的观测数据和主机器人的观测数据，结合移动机器人行为协调规划，实现三维环境中的多机器人动态目标主动协作观测。Gu 等[92]将协作观测方法用于三维环境中的移动目标主动持续定位中。实验证明了该方法的有效性，而且可以扩展到多于 2 个机器人和目标的情况。杜惠斌等[93]利用两台 Kinect 深度图像传感器进行数据融合来消除遮挡、数据错误和丢失，从而提高康复系统中数据的稳定性和可靠性。他们采用 ESMF 算法进行数据的融合，具体方法是将一台 Kinect 深度图像传感器的观测值，以及观测方程与另一台传感器更新后的目标运动状态量再次进行状态更新。Bento 等[94]以区间分析理论为基础，提出一种融合卫星定位、航线边界测量和 2D 道路网络地图的车辆绝对定位方法，并给出相应的集员算法，可以有效地减小卫星定位的垂直方向误差，避免定位陷入局部最优，保证定位估计。

另外，集员估计方法在分布式网络系统的信息融合中也得到有效的应用。Xia 等[95]将椭球定界集员滤波方法应用到分布式网络系统中，利用 Minkowski 和全局估计，并利用凸优化方法得到局部网络滤波器的存在条件，然后通过网络间的通信交换相邻节点滤波器的信息，并以此获取局部椭球估计。该方法对目标跟踪和故障定位具有重要的作用。文献[96]针对无线传感器网络提出一种集员仿射投影算法，用于加性白噪声条件下的信道估计，该算法的收敛速度优于集员归一化最小均方差算法。文献[97]从多智能体系统出发，针对集员框架下的分布式参数估计问题，基于各智能体的估计在局部可行集的投影，提出两种新的分布式插值算法。该算法在一定条件下可以收敛于全局可行集的一点。

图 1.3 所示为有界干扰系统滤波应用领域。这些集员估计算法在信息融合中的应用可以有效提升融合滤波的性能。特别是，集员估计本身的 UBB 条件假设、保证边界估计，以及检测传感器故障的特性，对于完善信息融合算法体系，以及拓展信息融合的应用领域有重要意义。目前，这方面的研究还非常少，更是缺少系统的理论研究。与之对应的基于卡尔曼滤波的信息融合滤波理论的研究已经非常完善，包括各种典型算法的迭代过程、算法间的等价关系等，相关的结论也有

很多[98-100]。因此，本书基于集员估计理论，研究针对有界干扰系统的信息融合滤波理论，给出具体的算法公式和步骤，并对各种算法进行性能的分析比较，对其相互关系进行深入讨论，给出相应的定理和解释性分析。另外，鉴于实际应用中两种不确定性噪声共同存在是一种比较普遍的现象，本书进一步研究双重不确定性联合滤波在信息融合中的应用。

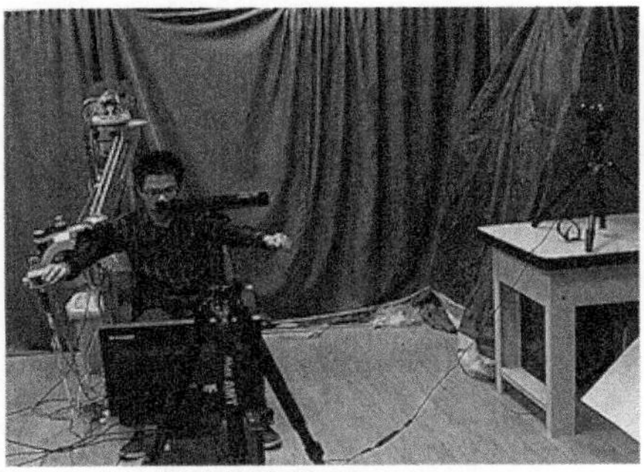

(a) 镜像运动康复医疗系统

(b) 车辆导航

(c) 移动机器人平台

图 1.3　有界干扰系统滤波应用领域

第 2 章　预备知识与基础理论

2.1　引　　言

本章重点介绍在有界干扰滤波研究中所需的一些预备知识和基本概念，包括可行集的相关知识、集员估计理论的相关概念和基础知识。

2.2　可行集的基础知识与基本概念

集员估计理论是解决有界干扰滤波的重要方法。其目的是找到所有与量测数据、模型结构和噪声有界假设相容的状态或参数组成的集合，因此集合是常用且十分重要的概念。为便于读者理解相关内容，本节重点介绍集合的一些基本概念和引理，包括可行集和集合的基本运算等。

2.2.1　可行集

集员估计就是在 UBB 噪声假设下的估计。集员估计的目的是找到由所有与量测数据、模型结构和噪声有界假设相容的状态或参数组成的集合。此集合中的任何元素都有可能是状态或参数的真实值，所以一般被称为状态或参数的可行集。与集合内的其他点相比，可行集的中心、最小范数向量等具有很多优良性质。因此，可行集的切比雪夫中心还可以作为状态或参数真实值的点估计。

此方法的主要特征是其估计的结果为状态(或参数向量)的成员集合，因此称为集员估计。在一般情况下，对可行集精确描述是十分困难的。特别是，当估计参数的个数和测量数据很大的时候。因此，多数集员估计算法是通过找到一个包含可行集的简单集合实现对可行集的近似描述。这个集合一般称为近似可行集、可行集的外近似、可行集的外界。

2.2.2　可行集的分类

可行集一般包括椭球可行集和多面体可行集两大类。

1. 椭球可行集

椭球集是目前常用的近似可行集形式。

定义 2.1　椭球集 $\mathcal{E}$ 定义为

$$\mathcal{E}=\left\{\boldsymbol{x}:(\boldsymbol{x}-\boldsymbol{a})^{\mathrm{T}}\boldsymbol{M}^{-1}(\boldsymbol{x}-\boldsymbol{a})\leqslant 1\right\} \tag{2.1}$$

其中，$\boldsymbol{a}$ 为椭球中心；$\boldsymbol{x}$ 为椭球内的任意点；$\boldsymbol{M}$ 为正定矩阵，定义椭球的形状。

该椭球集可以表示为 $\mathcal{E}(\boldsymbol{a},\boldsymbol{M})$。

2. 多面体可行集

多面体可行集包括全对称多胞形、超平行体、盒子等，它们都是单位超立方体的仿射变换。仿射变换矩阵为行满秩矩阵、满秩矩阵、对角阵。盒子和超平行体可以看作全对称多胞形的特例。全对称多胞形可行集的定义可以描述为，区间 $X=[a,b]$ 表示集合 $\{x:a\leqslant x\leqslant b\}$；$B=[-1,1]$ 表示单位区间；I 表示所有实区间 $[a,b]\ (a\leqslant b)$ 组成的集合；盒子是一个区间向量；B^m 表示由 m 个单位区间组成的单位盒子；给定盒子 $Q=[[a_1,b_1],\cdots,[a_n,b_n]]^{\mathrm{T}}$，$\mathrm{mid}(Q)=[(a_1+b_1)/2,\cdots,(a_n+b_n)/2]^{\mathrm{T}}$ 表示其中心，两个集合 X 与 Y 的矢量和定义为 $X\oplus Y=\{x+y:x\in X,y\in Y\}$；给定向量 $\boldsymbol{p}\in\mathbb{R}^n$ 和矩阵 $\boldsymbol{H}\in\mathbb{R}^{n\times m}$，$\boldsymbol{p}\oplus\boldsymbol{H}B^m=\{\boldsymbol{p}+\boldsymbol{H}z:z\in B^m\}$ 表示一个全对称多胞形集合，m 为多胞形的阶数。

2.2.3　集合的一般运算

本书的研究重点是椭球定界估计，因此以椭球可行集为例，介绍集合的一般运算。

定义 2.2　两个椭球集 $\mathcal{E}_1$ 和 $\mathcal{E}_2$ 的 Minkowski 和 $\mathcal{M}$ 定义为

$$\mathcal{M}=\left\{\boldsymbol{x}:\boldsymbol{x}=\boldsymbol{x}_1+\boldsymbol{x}_2,\boldsymbol{x}_1\in\mathcal{E}_1,\boldsymbol{x}_2\in\mathcal{E}_2\right\} \tag{2.2}$$

因此，可以表示为

$$\mathcal{M}=\mathcal{E}_1\oplus\mathcal{E}_2 \tag{2.3}$$

定义 2.3　满足 $\mathcal{E}_s\supseteq\mathcal{M}$ 的椭球 $\mathcal{E}_s$ 为两椭球 Minkowski 和 $\mathcal{M}_s$ 的外包定界椭球，可以表示为 $\mathcal{E}_s\left(\mathcal{E}_1,\mathcal{E}_2,\beta\right)$，其中 β 为可选择的参数。

定义 2.4　两个椭球集 $\mathcal{E}_1$ 和 $\mathcal{E}_2$ 的交集 $\mathcal{I}$ 定义为

$$\bigcap=\left\{\boldsymbol{x}:\boldsymbol{x}\in\llcorner\!\lrcorner_1\ \text{且}\ \boldsymbol{x}\in\llcorner\!\lrcorner_2\right\} \tag{2.4}$$

可以表示为

$$\mathcal{I}=\mathcal{E}_1\cap\mathcal{E}_2 \tag{2.5}$$

定义 2.5　满足 $\mathcal{E}_i\supseteq\mathcal{I}$ 的椭球 $\mathcal{E}_i$ 为两椭球交集 $\mathcal{I}$ 的外包定界椭球，可以表示为 $\mathcal{E}_i(\mathcal{E}_1,\mathcal{E}_2,\rho)$，其中 ρ 为可选择的参数。

定义 2.6　给定椭球集 $\mathcal{E}(\boldsymbol{a},\boldsymbol{M})$ ($\boldsymbol{a}\in\mathbb{R}^n$) 和满秩方阵 $\boldsymbol{A}\in\mathbb{R}^{n\times n}$，则集合 $\{\boldsymbol{A}\boldsymbol{x}:\boldsymbol{x}\in\mathcal{E}(\boldsymbol{a},\boldsymbol{M})\}$ 可以表示为 $\boldsymbol{A}\mathcal{E}(\boldsymbol{a},\boldsymbol{M})$。

针对定义 2.6，可以得到下面的引理。

引理 2.1　给定椭球集 $\mathcal{E}(\boldsymbol{a},\boldsymbol{M})$ ($\boldsymbol{a}\in\mathbb{R}^n$) 和满秩方阵 $\boldsymbol{A}\in\mathbb{R}^{n\times n}$，则 $\boldsymbol{A}\mathcal{E}(\boldsymbol{a},\boldsymbol{M})=\mathcal{E}(\boldsymbol{A}\boldsymbol{a},\boldsymbol{A}\boldsymbol{M}\boldsymbol{A}^{\mathrm{T}})$。

证明：根据定义 2.6，可知

$$\boldsymbol{A}\mathcal{E}(\boldsymbol{a},\boldsymbol{M})=\{\boldsymbol{A}\boldsymbol{x}:\boldsymbol{x}\in\mathcal{E}(\boldsymbol{a},\boldsymbol{M})\} \tag{2.6}$$

假设 $\boldsymbol{y}=\boldsymbol{A}\boldsymbol{x}$，则有 $\boldsymbol{x}=\boldsymbol{A}^{-1}\boldsymbol{y}$，所以有

$$(\boldsymbol{A}^{-1}\boldsymbol{y}-\boldsymbol{a})^{\mathrm{T}}\boldsymbol{M}^{-1}(\boldsymbol{A}^{-1}\boldsymbol{y}-\boldsymbol{a})\leqslant 1 \tag{2.7}$$

经过一些简单的变换，上式可以转换为

$$(\boldsymbol{y}-\boldsymbol{A}\boldsymbol{a})^{\mathrm{T}}(\boldsymbol{A}\boldsymbol{M}\boldsymbol{A}^{\mathrm{T}})^{-1}(\boldsymbol{y}-\boldsymbol{A}\boldsymbol{a})\leqslant 1 \tag{2.8}$$

这也意味着，$\boldsymbol{y}\in\mathcal{E}(\boldsymbol{A}\boldsymbol{a},\boldsymbol{A}\boldsymbol{M}\boldsymbol{A}^{\mathrm{T}})$。

证毕。

该引理在后面章节的算法推导中具有重要的作用。

2.3　输入-状态稳定性基本概念

本书提出算法的重要性质即估计误差的输入-状态稳定性，因此本节对输入-状态稳定性基本概念进行介绍。

在不受外界输入的扰动时，系统是渐近稳定的，反之，系统可能变得不稳定。因此，在实际应用中，单纯地研究系统的渐近稳定性是不够的，还需要考虑系统在扰动存在的情况下系统的状态，即系统的输入-状态稳定性[101]。

事实上，在控制系统的分析与设计中，稳定性无疑是系统的一个重要性质。常用的稳定性有系统的输入-输出稳定性和 Lyapunov 稳定性。对线性控制系统来说，这两种稳定性没有多大的区别，所以人们常常研究系统的 Lyapunov 稳定性。对于非线性控制系统，它们之间的差别就变得很大，尤其是考虑系统全局性质的时候。20 世纪 80 年代末，Sontag[102]提出非线性控制系统的输入-状态稳定性概念。他的工作受到许多同行的关注，成为非线性控制系统稳定性研究的一项重要内容。

简单地说，输入-状态稳定是指当输入有界时，系统的状态也是有界的。这个要求与系统的有界输入-有界输出稳定性十分相像，因此这个概念的重要性和应用性是显然的。在提出这个概念的初期，研究主要集中在寻找判别这种稳定性的条件，Lyapunov 方法被引入这种研究中。之后，人们发现输入-状态稳定性与系统的

其他重要性质有关，提出一系列新的稳定性概念，并用于系统设计[103]。

定义 2.7(输入-状态稳定性)　对于系统，$z_k = f(z_{k-1}, \boldsymbol{u}_{k-1})$ 如果存在连续 ISS-Lyapunov 函数 $\mathcal{L}:\mathbb{R}^n \to \mathbb{R}_+$，则称该系统是输入-状态稳定的。也就是，存在 $\mathcal{K}_\infty$ 函数 μ_1 和 μ_2，使对所有 $z \in \mathbb{R}^n$，满足 $\mu_1(\|z\|) \leqslant \mathcal{L}(z) \leqslant \mu_2(\|z\|)$；存在 $\mathcal{K}_\infty$ 函数 μ_3 和 $\mathcal{K}$ 函数 χ，使所有 $z \in \mathbb{R}^n$，$\boldsymbol{u} \in \mathbb{R}^m$，满足 $\mathcal{L}(f(z,\boldsymbol{u})) - \mathcal{L}(z) \leqslant -\mu_3(\|z\|) + \chi(\|\boldsymbol{u}\|)$。

粗略地说，不管系统的初始状态如何，只要输入量是小的，那么 ISS 系统状态最终必然是小的。可以看出，ISS 系统具有这样一些性质，即系统全局渐近稳定(globally asymptotic stable，GAS)、有界输入有界状态稳定(bounded-input bounded-state stable，BIBS)、收敛输入收敛状态稳定(converged-input converged-state stable，CICS)。

2.4　矩阵运算相关引理

为便于读者理解相关内容，本节重点介绍后续算法应用较多的矩阵运算相关引理。

2.4.1　矩阵求逆引理

引理 2.2　若矩阵 $\boldsymbol{A} \in \mathbb{C}^{N\times N}$、$\boldsymbol{C} \in \mathbb{C}^{N\times N}$，均为非奇异矩阵，矩阵 $\boldsymbol{B} \in \mathbb{C}^{N\times M}$、$\boldsymbol{D} \in \mathbb{C}^{M\times N}$，则矩阵 $\boldsymbol{A}+\boldsymbol{BCD}$ 具有逆矩阵，即

$$(\boldsymbol{A}+\boldsymbol{BCD})^{-1} = \boldsymbol{A}^{-1} - \boldsymbol{A}^{-1}\boldsymbol{B}(\boldsymbol{DA}^{-1}\boldsymbol{B}+\boldsymbol{C}^{-1})^{-1}\boldsymbol{DA}^{-1} \tag{2.9}$$

2.4.2　Schur 补

在将一些矩阵转化的过程中，通常要用到 Schur 补的性质。考虑一个矩阵 $\boldsymbol{S} \in \mathbb{R}^{n\times n}$，对 $\boldsymbol{S}$ 进行分块，即

$$\boldsymbol{S} = \begin{bmatrix} \boldsymbol{S}_{11} & \boldsymbol{S}_{12} \\ \boldsymbol{S}_{21} & \boldsymbol{S}_{22} \end{bmatrix} \tag{2.10}$$

其中，$\boldsymbol{S}_{11}$ 为 $r\times r$ 维的。

假定 $\boldsymbol{S}_{11}$ 是非奇异的，则 $\boldsymbol{S}_{22} - \boldsymbol{S}_{21}\boldsymbol{S}_{11}^{-1}\boldsymbol{S}_{12}$ 称为 $\boldsymbol{S}_{11}$ 在 $\boldsymbol{S}$ 中的 Schur 补。以下的引理给出 Schur 补的性质。

引理 2.3[104]　对给定的对阵矩阵 $\boldsymbol{S}$，其中 $\boldsymbol{S}_{11}$ 是 $r\times r$ 维的，则以下三个条件是等价的。

① $\boldsymbol{S} < \boldsymbol{0}$。

② $\boldsymbol{S}_{11} < \boldsymbol{0}$， $\boldsymbol{S}_{22} - \boldsymbol{S}_{21}\boldsymbol{S}_{11}^{-1}\boldsymbol{S}_{12} < \boldsymbol{0}$。

③ $\boldsymbol{S}_{22} < \boldsymbol{0}$， $\boldsymbol{S}_{11} - \boldsymbol{S}_{12}\boldsymbol{S}_{22}^{-1}\boldsymbol{S}_{21} < \boldsymbol{0}$。

在一些控制问题中，经常遇到二次型矩阵不等式，即

$$\boldsymbol{A}^{\mathrm{T}}\boldsymbol{P} + \boldsymbol{P}\boldsymbol{A} + \boldsymbol{P}\boldsymbol{B}\boldsymbol{R}^{-1}\boldsymbol{B}^{\mathrm{T}}\boldsymbol{P} + \boldsymbol{Q} < \boldsymbol{0} \tag{2.11}$$

其中， $\boldsymbol{A}$、$\boldsymbol{B}$、$\boldsymbol{Q} = \boldsymbol{Q}^{\mathrm{T}} > \boldsymbol{0}$ 和 $\boldsymbol{R} = \boldsymbol{R}^{\mathrm{T}} > \boldsymbol{0}$ 为给定的适当维数的常数矩阵； $\boldsymbol{P}$ 为对称矩阵。

应用引理 2.3，可以将矩阵不等式(2.11)的可行性问题转化为一个等价的矩阵不等式，即

$$\begin{bmatrix} \boldsymbol{A}^{\mathrm{T}}\boldsymbol{P} + \boldsymbol{P}\boldsymbol{A} + \boldsymbol{Q} & \boldsymbol{P}\boldsymbol{B} \\ \boldsymbol{B}^{\mathrm{T}}\boldsymbol{P} & -\boldsymbol{R} \end{bmatrix} < \boldsymbol{0} \tag{2.12}$$

2.5 有界干扰系统滤波基本概念及经典算法

本节对有界干扰系统滤波基本概念，以及一些经典的算法进行介绍。

2.5.1 有界干扰系统滤波基本概念

下面以一个简单的线性离散时间系统为例，对有界干扰系统滤波基本概念进行具体说明。考虑动态系统，即

$$\boldsymbol{x}_k = \boldsymbol{F}_{k-1}\boldsymbol{x}_{k-1} + \boldsymbol{G}_{k-1}\boldsymbol{w}_{k-1} \tag{2.13}$$

$$\boldsymbol{z}_k = \boldsymbol{H}_k\boldsymbol{x}_k + \boldsymbol{v}_k \tag{2.14}$$

其中， $\boldsymbol{x}_k \in \mathbb{R}^n$ 和 $\boldsymbol{z}_k \in \mathbb{R}^m$ 为状态向量和观测向量； $\boldsymbol{F}_{k-1}$ 为非奇异状态转移矩阵； $\boldsymbol{G}_{k-1}$ 为过程噪声输入矩阵； $\boldsymbol{H}_k$ 为行满秩观测矩阵； $\boldsymbol{w}_{k-1} \in \mathbb{R}^l$ 和 $\boldsymbol{v}_k \in \mathbb{R}^m$ 为过程噪声和观测噪声，在集员估计理论中被假设为分布 UBB，属于已知集合 $\mathcal{W}_k$ 和 $\mathcal{V}_k$，初始值状态 $\boldsymbol{x}_0$ 同样属于已知集合 $\mathcal{E}_0$。

集员估计的目的是找到由所有与量测向量序列 $\{\boldsymbol{z}_k\}_{k=1}^N$、状态方程(2.13)和量测方程(2.14)、有界集合序列 $\{\mathcal{W}_k\}_{k=1}^N$ 和 $\{\mathcal{N}_k\}_{k=1}^N$，以及有界集合 $\mathcal{X}_0$ 相一致的状态向量所组成的集合 $\mathcal{E}_k$。事实上，集员估计问题就是线性系统的集员滤波问题。当只考虑式(2.13)时，对应的就是线性系统的可达集估计问题；当 $\boldsymbol{F}_{k-1} \equiv \boldsymbol{I}$、$\boldsymbol{x}_k = \boldsymbol{\theta}_k$ 时，对应的就是线性时不变系统的集员辨识问题。可见，可达集估计问题和集员辨识问题就是集员滤波问题的特例。当量测数据较多时，精确计算 $\mathcal{X}_N$ 十分复杂。为了简化计算，多数集员估计算法是计算一个包含可行集 $\mathcal{X}_N$ 的简单集合 $\hat{\mathcal{X}}_N$。

下面以上述系统为例，说明近似可行集的一般计算过程。假设已经计算出 $k-1$ 时刻的近似可行集 $\hat{\mathcal{X}}_{k-1}$，并且已经得到量测向量 $\boldsymbol{z}_k$，则 k 时刻近似可行集 $\hat{\mathcal{X}}_k$ 的计算过程如下。

步骤 1，计算集合 $\hat{\mathcal{X}}_{k|k-1} \supseteq \boldsymbol{F}_{k-1}\hat{\mathcal{X}}_{k-1} \oplus \boldsymbol{G}_{k-1}\mathcal{W}_{k-1} = \{\boldsymbol{F}_{k-1}\boldsymbol{x} + \boldsymbol{G}_{k-1}\boldsymbol{w} : \boldsymbol{x} \in \hat{\mathcal{X}}_{k-1}, \boldsymbol{w} \in \mathcal{W}_{k-1}\}$。

步骤 2，计算集合 $\hat{\mathcal{X}}_{z_k} \supseteq \mathcal{X}_{z_k} = \{\boldsymbol{x} \in \mathbb{R}^n : \boldsymbol{z}_k - \boldsymbol{H}_k\boldsymbol{x}_k \in \mathcal{V}_k\}$。

步骤 3，计算集合 $\hat{\mathcal{X}}_k \supseteq \hat{\mathcal{X}}_{k|k-1} \cap \hat{\mathcal{X}}_{z_k}$。

可以看出，上述计算过程与卡尔曼滤波十分类似。步骤 1 反映时间更新过程，步骤 2 和步骤 3 反映量测更新过程。

上面的介绍只是为了使读者对集员估计问题有比较清晰的了解。事实上，很多集员估计算法是针对更为复杂的系统提出来的。这些系统一般是非线性的，并且噪声也不一定是加性的。

2.5.2　有界干扰系统滤波经典算法

1. M-N/OBE 算法

考虑动态系统，即

$$\boldsymbol{x}_k = \boldsymbol{F}_{k-1}\boldsymbol{x}_{k-1} + \boldsymbol{w}_{k-1} \tag{2.15}$$

$$\boldsymbol{z}_k = \boldsymbol{H}_k\boldsymbol{x}_k + \boldsymbol{v}_k \tag{2.16}$$

其中，$\boldsymbol{x}_k \in \mathbb{R}^n$ 和 $\boldsymbol{z}_k \in \mathbb{R}^m$ 为状态向量和观测向量；$\boldsymbol{F}_{k-1}$ 为非奇异状态转移矩阵；$\boldsymbol{H}_k$ 为行满秩观测矩阵；$\boldsymbol{w}_{k-1} \in \mathbb{R}^l$ 和 $\boldsymbol{v}_k \in \mathbb{R}^m$ 为过程噪声和观测噪声，假设属于已知椭球集合 $\mathcal{Q}_k$、$\mathcal{R}_k$，即

$$\mathcal{Q}_k = \left\{\boldsymbol{w}_k : \boldsymbol{w}_k^{\mathrm{T}}\boldsymbol{Q}_k^{-1}\boldsymbol{w}_k \leqslant 1\right\} \tag{2.17}$$

$$\mathcal{R}_k = \left\{\boldsymbol{v}_k : \boldsymbol{v}_k^{\mathrm{T}}\boldsymbol{R}_k^{-1}\boldsymbol{v}_k \leqslant 1\right\} \tag{2.18}$$

其中，$\boldsymbol{Q}_k$ 和 $\boldsymbol{R}_k$ 为已知的正定矩阵。

初始状态属于下式描述的椭球，即

$$\mathcal{P}_0 = \left\{\boldsymbol{x}_0 : (\boldsymbol{x}_0 - \hat{\boldsymbol{x}}_0)^{\mathrm{T}}\boldsymbol{P}_0^{-1}(\boldsymbol{x}_0 - \hat{\boldsymbol{x}}_0) \leqslant 1\right\} \tag{2.19}$$

其中，$\hat{\boldsymbol{x}}_0$ 为椭球的中心；$\boldsymbol{P}_0$ 为正定矩阵，它定义了椭球的形状。

上述矩阵的维数均由状态、观测向量及噪声的维数确定。

1) 时间更新过程

目标椭球 $\mathcal{E}\left(\boldsymbol{x}_{k|k-1}, \boldsymbol{P}_{k|k-1}\right) \supset \{\boldsymbol{x}_k$ 满足式 (2.14)，其中 $\boldsymbol{x}_{k-1} \in \mathcal{E}(\boldsymbol{x}_{k-1}, \boldsymbol{P}_{k-1})$,

$\boldsymbol{w}_{k-1} \in \mathcal{Q}_{k-1}\}$，其中心和形状描述矩阵为

$$\hat{\boldsymbol{x}}_{k|k-1} = \boldsymbol{F}_{k-1}\hat{\boldsymbol{x}}_{k-1} \tag{2.20}$$

$$\boldsymbol{P}_{k|k-1} = (p_k^{-1}+1)\boldsymbol{F}_{k-1}\boldsymbol{P}_{k-1}\boldsymbol{F}_{k-1}^{\mathrm{T}} + (p_k+1)\boldsymbol{Q}_{k-1} \tag{2.21}$$

2) 量测更新过程

目标椭球$\mathcal{E}(\boldsymbol{x}_k,\boldsymbol{P}_k) \supset \mathcal{E}(\boldsymbol{x}_{k|k-1},\boldsymbol{P}_{k|k-1}) \cap \mathcal{O}_k$，其中$\mathcal{O}_k = \{\boldsymbol{x}_k : (z_k - \boldsymbol{H}_k\boldsymbol{x}_k)^{\mathrm{T}}\boldsymbol{R}_k^{-1}(z_k - \boldsymbol{H}_k\boldsymbol{x}_k) \leqslant 1\}$，目标椭球中心为

$$\hat{\boldsymbol{x}}_{k|k-1} = \hat{\boldsymbol{x}}_{k|k-1} + \boldsymbol{L}_k\boldsymbol{e}_k$$

其中，残差$\boldsymbol{e}_k = \boldsymbol{z}_k - \boldsymbol{H}_k\boldsymbol{x}_k$。

$$\boldsymbol{L}_k = \boldsymbol{P}_{k|k-1}\boldsymbol{H}_k^{\mathrm{T}}\left(\boldsymbol{H}_k\boldsymbol{P}_{k|k-1}\boldsymbol{H}_k^{\mathrm{T}} + q_k^{-1}\boldsymbol{R}_k\right)^{-1} \tag{2.22}$$

形状矩阵为

$$\boldsymbol{P}_k = \beta_k\left[(\boldsymbol{I}-\boldsymbol{L}_k\boldsymbol{H}_k)\boldsymbol{P}_{k|k-1}(\boldsymbol{I}-\boldsymbol{L}_k\boldsymbol{H}_k)^{\mathrm{T}} + q_k^{-1}\boldsymbol{L}_k\boldsymbol{R}_k\boldsymbol{L}_k^{\mathrm{T}}\right] \tag{2.23}$$

其中

$$\beta_k = 1 + q_k - \boldsymbol{e}_k^{\mathrm{T}}(q_k^{-1}\boldsymbol{R}_k + \boldsymbol{H}_k\boldsymbol{P}_{k|k-1}\boldsymbol{H}_k^{\mathrm{T}})^{-1}\boldsymbol{e}_k \tag{2.24}$$

3) 参数求解方法

① 最小容积法。时间更新过程中的最优参数p_k满足

$$\sum_{i=1}^{n}\frac{1}{\lambda_i^p} = \frac{n}{p_k(p_k+1)} \tag{2.25}$$

其中，$\lambda_i^p = \lambda_i(\boldsymbol{F}_{k-1}\boldsymbol{P}_{k-1}\boldsymbol{F}_{k-1}^{\mathrm{T}}\boldsymbol{Q}_{k-1}^{-1})$为相关矩阵的特征值；$n$为状态维数。

量测更新中的最优参数q_k满足

$$\sum_{i=1}^{n}\frac{\lambda_i^q}{1+q_k\lambda_i^q} = n\frac{\beta_k'(q_k)}{\beta_k(q_k)} \tag{2.26}$$

其中，$\lambda_i^q = \lambda_i(\boldsymbol{P}_{k|k-1}\boldsymbol{H}_k^{\mathrm{T}}\boldsymbol{R}_k^{-1}\boldsymbol{H}_{k-1})$为相关矩阵的特征值；$\beta_k'(q_k)$为$\beta_k(q_k)$相对$q_k$的导数，即

$$\beta_k'(q_k) = 1 - \boldsymbol{e}_k^{\mathrm{T}}\left(q_k^{-1}\boldsymbol{R}_k + \boldsymbol{H}_k\boldsymbol{P}_{k|k-1}\boldsymbol{H}_k^{\mathrm{T}}\right)^{-1} q_k^{-2}\boldsymbol{R}_k\left(q_k^{-1}\boldsymbol{R}_k + \boldsymbol{H}_k\boldsymbol{P}_{k|k-1}\boldsymbol{H}_k^{\mathrm{T}}\right)^{-1}\boldsymbol{e}_k \tag{2.27}$$

需要注意，当满足下式时，式(2.26)无解，即

$$n(1 - \boldsymbol{e}_k^{\mathrm{T}}\boldsymbol{R}_k^{-1}\boldsymbol{e}_k) - \mathrm{tr}(\boldsymbol{P}_{k|k-1}\boldsymbol{H}_k^{\mathrm{T}}\boldsymbol{R}_k^{-1}\boldsymbol{H}_k) > 0 \tag{2.28}$$

此时，$q_k=0$。

② 最小迹法。时间更新过程中的最优参数 p_k 满足

$$p_k=\left(\frac{\operatorname{tr}(\boldsymbol{F}_{k-1}\boldsymbol{P}_{k-1}\boldsymbol{F}_{k-1}^{\mathrm{T}})}{\operatorname{tr}(\boldsymbol{Q}_{k-1})}\right)^{\frac{1}{2}} \tag{2.29}$$

量测更新中的最优参数 q_k 满足

$$\frac{\sum_{i=1}^{n}d_{ii}(\boldsymbol{U}^{-1}\boldsymbol{P}_{k|k-1}\boldsymbol{U})\dfrac{\lambda_i^q}{(1+q_k\lambda_i^q)^2}}{\sum_{i=1}^{n}d_{ii}(\boldsymbol{U}^{-1}\boldsymbol{P}_{k|k-1}\boldsymbol{U})\dfrac{\lambda_i^q}{1+q_k\lambda_i^q}}=\frac{\beta_k'(q_k)}{\beta_k(q_k)} \tag{2.30}$$

其中，$\boldsymbol{UDU}$满足$\boldsymbol{U}^{-1}=\lambda_i\boldsymbol{P}_{k|k-1}\boldsymbol{H}_k^{\mathrm{T}}\boldsymbol{R}_k^{-1}\boldsymbol{H}_{k-1}$，$\boldsymbol{D}$为对角线矩阵，对角元素为特征值 $\lambda_i^q=\lambda_i(\boldsymbol{P}_{k|k-1}\boldsymbol{H}_k^{\mathrm{T}}\boldsymbol{R}_k^{-1}\boldsymbol{H}_{k-1})$；$\boldsymbol{U}$ 由相对应的特征向量构成；d_{ii} 为矩阵的对角元素。

需要注意，当满足下式时，式(2.30)无解，即

$$(1-\boldsymbol{e}_k^{\mathrm{T}}\boldsymbol{R}_k^{-1}\boldsymbol{e}_k)\operatorname{tr}(\boldsymbol{P}_{k|k-1})-\operatorname{tr}(\boldsymbol{P}_{k|k-1}\boldsymbol{H}_k^{\mathrm{T}}\boldsymbol{R}_k^{-1}\boldsymbol{H}_k\boldsymbol{P}_{k|k-1})>0 \tag{2.31}$$

此时，$q_k=0$。

2. ES-SME 算法

该算法系统方程和噪声假设与 M-N/OBE 算法一致，不同之处在于初始状态为

$$\mathcal{E}(0,\sigma_0^2\boldsymbol{P}_0)=\left\{\boldsymbol{x}_0:(\boldsymbol{x}_0-\hat{\boldsymbol{x}}_0)^{\mathrm{T}}\boldsymbol{P}_0^{-1}(\boldsymbol{x}_0-\hat{\boldsymbol{x}}_0)\leqslant\sigma_0^2\right\} \tag{2.32}$$

1) 时间更新过程

假设状态 $\boldsymbol{x}_{k-1}$ 位于椭球 $\mathcal{E}(\hat{\boldsymbol{x}}_{k-1},\sigma_{k-1}^2\boldsymbol{P}_{k-1})$，目标椭球 $\mathcal{E}(\boldsymbol{x}_{k|k-1},\sigma_{k|k-1}^2\boldsymbol{P}_{k|k-1})$ 中心和形状描述矩阵为

$$\hat{\boldsymbol{x}}_{k|k-1}=\boldsymbol{F}_{k-1}\hat{\boldsymbol{x}}_{k-1} \tag{2.33}$$

$$\boldsymbol{P}_{k|k-1}=(1-p_k)^{-1}\boldsymbol{F}_{k-1}\boldsymbol{P}_{k-1}\boldsymbol{F}_{k-1}^{\mathrm{T}}+(1+\sigma_{k-1}^2p_k)^{-1}\boldsymbol{Q}_{k-1} \tag{2.34}$$

$$\sigma_{k|k-1}^2=\sigma_{k-1}^2 \tag{2.35}$$

其中，$p_k\in(0,1)$；$\sigma_{k-1}^2>0$。

2) 量测更新过程

给定观测椭球和时间更新椭球 $\mathcal{E}(\boldsymbol{x}_{k|k-1},\sigma_{k|k-1}^2\boldsymbol{P}_{k|k-1})$，则状态 $\boldsymbol{x}_{k-1}$ 属于椭球 $\mathcal{E}(\hat{\boldsymbol{x}}_k,\sigma_k^2\boldsymbol{P}_k)$，即

$$\hat{\boldsymbol{x}}_k = \hat{\boldsymbol{x}}_{k|k-1} + \boldsymbol{K}_k \boldsymbol{\delta}_k \tag{2.36}$$

$$\boldsymbol{P}_k = \frac{1}{1-\lambda_k}(\boldsymbol{I} - \boldsymbol{K}_k \boldsymbol{H}_k)\boldsymbol{P}_{k|k-1} \tag{2.37}$$

$$\sigma_k^2 = (1-\lambda_k)\sigma_{k|k-1}^2 + \lambda_k - \boldsymbol{\delta}_k^{\mathrm{T}} \boldsymbol{Q}_k^{-1} \boldsymbol{\delta}_k \tag{2.38}$$

$$\boldsymbol{K}_k = \frac{1}{1-\lambda_k} \boldsymbol{P}_{k|k-1} \boldsymbol{H}_k^{\mathrm{T}} \boldsymbol{W}_k^{-1} \tag{2.39}$$

$$\boldsymbol{W}_k = \frac{1}{\lambda_k}\boldsymbol{R}_k + \frac{1}{1-\lambda_k}\boldsymbol{H}_k \boldsymbol{P}_{k|k-1} \boldsymbol{H}_k^{\mathrm{T}} \tag{2.40}$$

$$\boldsymbol{\delta}_k = \boldsymbol{z}_k - \boldsymbol{H}_k \hat{\boldsymbol{x}}_{k|k-1} \tag{2.41}$$

其中，参数 $\lambda_k \in (0,1)$；$\sigma_k^2 > 0$。

3) 参数求解过程

$$p_k = \frac{\sqrt{\operatorname{tr}(\boldsymbol{Q}_k)}}{\sqrt{\operatorname{tr}(\sigma_{k-1}^2 \boldsymbol{F}_{k-1} \boldsymbol{P}_{k-1} \boldsymbol{F}_{k-1}^{\mathrm{T}})} + \sqrt{\operatorname{tr}(\boldsymbol{Q}_k)}} \tag{2.42}$$

$$\lambda_k = \begin{cases} 0, & \sigma_{k|k-1}^2 + \bar{\boldsymbol{\delta}}_k^{\mathrm{T}} \bar{\boldsymbol{\delta}}_k \leqslant 1 \\ \dfrac{1-\beta_k}{2}, & \bar{g}_k = 1 \\ \dfrac{1}{1-\bar{g}_k}\left[1 - \sqrt{\dfrac{\bar{g}_k}{1+\beta_k(\bar{g}_k - 1)}}\right], & \bar{g}_k \neq 1 \end{cases} \tag{2.43}$$

其中，$\beta_k = \dfrac{1-\sigma_{k|k-1}^2}{\bar{\boldsymbol{\delta}}_k^{\mathrm{T}} \bar{\boldsymbol{\delta}}}$，$\bar{\boldsymbol{\delta}}_k = \bar{\boldsymbol{R}}_k \boldsymbol{\delta}_k$，$\boldsymbol{R}_k^{-1} = \bar{\boldsymbol{R}}_k^{\mathrm{T}} \bar{\boldsymbol{R}}_k$；$\bar{g}_k$ 为 $\bar{\boldsymbol{G}}_k$ 的最大特征值，$\bar{\boldsymbol{G}}_k = \bar{\boldsymbol{R}}_k \boldsymbol{H}_k \boldsymbol{P}_{k|k-1} \boldsymbol{H}_k^{\mathrm{T}} \bar{\boldsymbol{R}}_k^{\mathrm{T}}$；$\lambda_k$ 为最小化 σ_k^2 的上界。

2.6 本 章 小 结

本章介绍有界干扰系统信息融合滤波的一些预备知识和基本概念，为开展后面的研究打下基础。主要内容包括可行集的相关基础知识，以及有界干扰滤波理论的基础知识和基本概念。特别是，可行集的分类和一般运算是开展基于集员估计的有界干扰系统信息融合滤波的理论基础。

第 3 章　基于集员估计的线性有界干扰系统滤波

3.1 引　　言

基于集员估计的线性有界干扰系统滤波的优化过程主要采用最小体积和最小迹准则，即通过最小化椭球的体积和迹来求解参数。实际应用中，一般通过最小化椭球形状矩阵的行列式和迹来实现。近年来，区别于传统优化准则的 κ_t-minimizing 准则具备良好的收敛性和稳定性，逐渐受到重视，并成为 OBE 辨识算法中的一个重要分支[105]。受此启发，文献[21]将该准则引入状态估计，为椭球状态定界算法提供了一种新的思路。文献[28]提出的基于椭球状态定界的集员估计(ellipsoidal state-bounding based SME，ES-SME)算法也是对这一思路的延伸，并证明该算法的输入-状态稳定特性。本章在这种思路的基础上，将具有良好收敛性能和动态跟踪性能的定界椭球自适应约束最小二乘(bounding ellipsoidal adaptive constrained least-squares，BEACON)辨识算法[106]引入状态估计问题，设计了一种新的椭球状态定界算法，即定界椭球自适应滤波(bounding ellipsoidal adaptive filter，BEAF)算法，并研究算法的相关性质，证明其稳定性。在此基础上，考虑延迟信号传输等应用场合的需求，从提高估计精度的角度出发，研究以 BEAF 算法为基础的固定滞后时间估计方法。

3.2 BEACON 算法

BEACON 算法本身是一种参数辨识算法，其目标模型为

$$d_i = \boldsymbol{\theta}^{\mathrm{T}} \boldsymbol{x}_i + e_i \tag{3.1}$$

其中，$d_i \in \mathbb{C}$ 为期望滤波输出；$e_i \in \mathbb{C}$ 为误差；$\boldsymbol{x}_i \in \mathbb{C}^n$ 为已知的输入序列；$\boldsymbol{\theta} \in \mathbb{C}^n$ 为 $\boldsymbol{\Theta}(n,\gamma)$ 中的点估计。

集员滤波需要 $\boldsymbol{\theta}$ 满足如下条件，即

$$|e_i|^2 \leqslant \gamma^2, \quad i = 1,2,\cdots \tag{3.2}$$

其中，γ 为大于 0 的已知边界。

显然，$\boldsymbol{\Theta}(n,\gamma)$ 包含在所谓的量测诱导集中，即

$$\mathcal{S}_i = \left\{ \theta \in \mathbb{C}^n : \left| d_i - \boldsymbol{\theta}^{\mathrm{T}} \boldsymbol{x}_i \right|^2 \leqslant \gamma^2 \right\} \tag{3.3}$$

上述方程描述了参数空间中的退化椭球体。给定观测值$(\boldsymbol{x}_k, d_k)_{k=1}^i$，定义$\Psi_i$为当前时刻前(含当前时刻)所有量测诱导集的交集，即$\Psi_i = \bigcap_{k=1}^i \mathcal{S}_k$。由于对所有$k = 1,2,\cdots,i$都有$\boldsymbol{\Theta}(n,\gamma) \subset \mathcal{S}_k$，因此$\boldsymbol{\Theta}(n,\gamma) \subset \Psi_i$。椭球定界算法的思路是寻求可行集的外定界椭球$\mathcal{E}_i$。特别地，已知 i−1 时刻的椭球$\mathcal{E}_{i-1}$与集合Ψ_{i-1}，则椭球$\mathcal{E}_i$可以表示为

$$\mathcal{E}_i \supset (\mathcal{E}_{i-1} \cap \mathcal{S}_i) \supset \Psi_i, \quad \forall i \tag{3.4}$$

椭球定界参数辨识过程如图 3.1 所示。

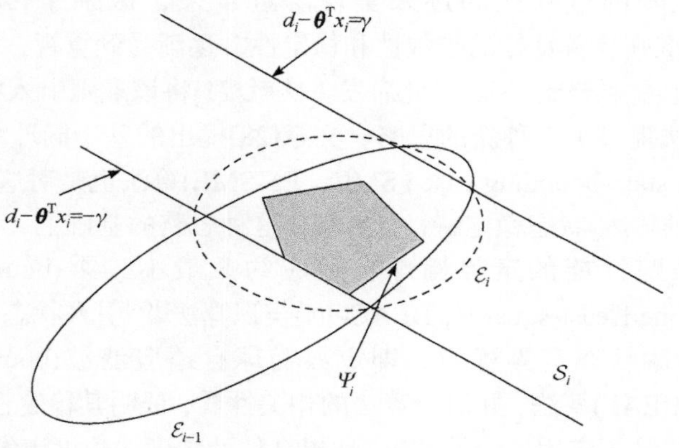

图 3.1　椭球定界参数辨识过程

给定初始椭球$\mathcal{E}_0 = \left\{ \boldsymbol{\theta} \in \mathbb{C}^n : (\boldsymbol{\theta}_0 - \hat{\boldsymbol{\theta}}_0)^{\mathrm{H}} \boldsymbol{P}_0^{-1} (\boldsymbol{\theta}_0 - \hat{\boldsymbol{\theta}}_0) \leqslant \sigma_0 \right\}$，选择合适的初始参数估计$\hat{\boldsymbol{\theta}}_0$，以及$\boldsymbol{P}_0 = \mu \boldsymbol{I} (\mu > 0), \sigma_0 > 0$以使$\boldsymbol{\Theta}(n,\gamma) \subset \mathcal{E}_0$。该算法建立了一个递归程序，用于计算可行集$\boldsymbol{\Theta}(n,\gamma)$所在的椭球序列$\{\mathcal{E}_i\}$，$\mathcal{E}_i$通过计算$\mathcal{E}_{i-1}$和$\mathcal{S}_i$交集的外定界椭球获得。其递归过程如下。

已知量测诱导集$\mathcal{S}_i$和椭球$\mathcal{E}_{i-1}$，则参数可行集$\boldsymbol{\Theta}(n,\gamma)$属于$\mathcal{E}_i$，即

$$\begin{aligned}\mathcal{E}_i &= \left\{ \boldsymbol{\theta} : (\boldsymbol{\theta} - \hat{\boldsymbol{\theta}}_{i-1})^{\mathrm{H}} \boldsymbol{P}_{i-1}^{-1} (\boldsymbol{\theta} - \hat{\boldsymbol{\theta}}_{i-1}) + \lambda_i \left| d_i - \boldsymbol{\theta}^{\mathrm{T}} \boldsymbol{x}_i \right|^2 \leqslant \sigma_{i-1} + \lambda_i \gamma^2 \right\} \\ &= \left\{ \boldsymbol{\theta} : (\boldsymbol{\theta} - \hat{\boldsymbol{\theta}}_i)^{\mathrm{H}} \boldsymbol{P}_i^{-1} (\boldsymbol{\theta} - \hat{\boldsymbol{\theta}}_i) \leqslant \sigma_i \right\}\end{aligned} \tag{3.5}$$

$$\boldsymbol{P}_i^{-1} = \boldsymbol{P}_{i-1}^{-1} + \lambda_i \boldsymbol{x}_i^* \boldsymbol{x}_i^{\mathrm{T}} \tag{3.6}$$

$$\hat{\boldsymbol{\theta}}_i = \hat{\boldsymbol{\theta}}_{i-1} + \lambda_i P_i \boldsymbol{x}_i^* \delta_i \tag{3.7}$$

$$\sigma_i=\sigma_{i-1}-\frac{\lambda_i\delta_i^2}{1+\lambda_i G_i}+\lambda_i\gamma^2 \tag{3.8}$$

其中，参数 $\lambda_i\geqslant 0$；预测误差 $\delta_i=d_i-\hat{\boldsymbol{\theta}}_{i-1}^{\mathrm{T}}\boldsymbol{x}_i$； $G_i=d_i-\boldsymbol{x}_i^{\mathrm{T}}\boldsymbol{P}_{i-1}\boldsymbol{x}_i^*$。

选择合适的 γ、$\boldsymbol{P}_0$，可以得到 $\sigma_i\geqslant 0$。如果需要，可以将椭球中心 $\hat{\boldsymbol{\theta}}_i$ 作为当前时刻的参数估计值。在算法的实际执行过程中，$\boldsymbol{P}_i$ 可以按下式执行，从而避免求逆，即

$$\boldsymbol{P}_i=\boldsymbol{P}_{i-1}-\frac{\lambda_i\boldsymbol{P}_{i-1}\boldsymbol{x}_i^*\boldsymbol{x}_i^{\mathrm{T}}\boldsymbol{P}_{i-1}}{1+\lambda_i G_i} \tag{3.9}$$

该算法采用与 DH-OBE[20]相似的参数优化方法计算 λ_i。DH-OBE 与该方法在公式方面的不同之处在于,前一个椭球体与当前时刻的量测约束集相结合的方式。这种差异导致更简单的更新检查规则和时变权重分配。因此,优化目标是在 $\lambda_i\geqslant 0$ 的约束下最小化 σ_i。当 $\lambda_i=0$ 且 σ_i 为最小值时，算法不更新[107]，所以该算法具有选择更新能力。

假设 λ_i^0 为参数 λ_i 的最优值，它可以通过最大化下面的函数得到，即

$$\lambda_i\left\{\frac{\delta_i^2}{\gamma^2}\left(\frac{1}{1+\lambda_i G_i}\right)-1\right\}\Bigg|_{\lambda_i=\lambda_i^0}=\max \tag{3.10}$$

则

$$\lambda_i^0=\begin{cases}0, & |\delta_i|\leqslant\gamma\\ \dfrac{1}{G_i}\left(\dfrac{|\delta_i|}{\gamma}-1\right), & |\delta_i|>\gamma\end{cases} \tag{3.11}$$

在文献[108]中已经注意到，最小化 σ_i 作为 OBE 算法中的最佳性度量，它不是椭球体大小的物理可解释度量。Fogel 等[17]提出的最小体积和最小迹标准，也用于其他 OBE 算法，是易于解释的最优度量，因为它们与椭球几何尺寸的某些概念有直接关系。椭球体的体积与 $\det\{\sigma_i\boldsymbol{P}_i\}$ 成正比，半轴的平方和由 $\mathrm{trace}\{\sigma_i\boldsymbol{P}_i\}$ 给出。之所以最小化 σ_i，是因为它是 Lyapunov 函数的自然边界，并且它与体积和迹准则渐近相关[20]。尽管使用 Fogel-Huang 准则导出的 OBE 算法也会有选择地更新，但这不会节省运算成本。这是因为检查是否需要更新的测试本身就是 $\mathcal{O}(n^2)$ 操作，这与执行实际更新所需的计算复杂度相同。最小化 σ_i 策略是复杂度为 $\mathcal{O}(n)$ 的检查更新过程，且 BEACON 算法具有稀疏更新特性。这意味着运算复杂度显著降低。文献[106]进一步证明，通过最小化 σ_i，BEACON 算法可以得到单调非递增的椭球体的体积和迹序列。因此，BEACON 算法生成的椭球体大小随着时间的推移而减小，即使并非每个时刻的减小都是最优的。DH-OBE 算法则不具备此功能。鉴于

BEACON 算法的优异特性，我们引入 BEACON 算法的加权策略和参数优化方法。

3.3 问题描述

针对线性有界干扰系统的状态估计问题，考虑如下线性离散系统，即

$$\boldsymbol{x}_k = \boldsymbol{F}_{k-1}\boldsymbol{x}_{k-1} + \boldsymbol{G}_{k-1}\boldsymbol{w}_{k-1} \tag{3.12}$$

$$\boldsymbol{z}_k = \boldsymbol{H}_k\boldsymbol{x}_k + \boldsymbol{v}_k \tag{3.13}$$

其中，$\boldsymbol{x}_k \in \mathbb{R}^n$ 和 $\boldsymbol{z}_k \in \mathbb{R}^m$ 为状态向量和观测向量；$\boldsymbol{F}_{k-1}$ 为非奇异状态转移矩阵；$\boldsymbol{G}_{k-1}$ 为过程噪声输入矩阵；$\boldsymbol{H}_k$ 为行满秩观测矩阵；$\boldsymbol{w}_{k-1} \in \mathbb{R}^l$ 和 $\boldsymbol{v}_k \in \mathbb{R}^m$ 为过程噪声和观测噪声，在集员估计理论中它们被假设为分布 UBB。

本书假设两种噪声属于如下椭球集合，即

$$\mathcal{W}_k = \left\{\boldsymbol{w}_k : \boldsymbol{w}_k^{\mathrm{T}}\boldsymbol{Q}_k^{-1}\boldsymbol{w}_k \leqslant 1\right\} \tag{3.14}$$

$$\mathcal{V}_k = \left\{\boldsymbol{v}_k : \boldsymbol{v}_k^{\mathrm{T}}\boldsymbol{R}_k^{-1}\boldsymbol{v}_k \leqslant 1\right\} \tag{3.15}$$

其中，$\boldsymbol{Q}_k$ 和 $\boldsymbol{R}_k$ 为已知的正定矩阵。

初始状态属于下式描述的椭球，即

$$\mathcal{E}_0 = \left\{\boldsymbol{x}_0 : (\boldsymbol{x}_0 - \hat{\boldsymbol{x}}_0)^{\mathrm{T}}\boldsymbol{P}_0^{-1}(\boldsymbol{x}_0 - \hat{\boldsymbol{x}}_0) \leqslant \sigma_0\right\} \tag{3.16}$$

其中，$\hat{\boldsymbol{x}}_0$ 为椭球的中心；$\boldsymbol{P}_0$ 为正定矩阵，定义椭球的形状；σ_0 为大于 0 的实数。

上述所有矩阵的维数均由状态、观测向量及噪声的维数确定。

在某些研究中，对噪声和初始状态边界进行假设时会对各个变量分别定界。在实际应用中，本书采用的联合定界假设往往更加合理。例如，在目标跟踪问题中，对连续时间系统进行离散化时，单个启动变量的边界会使两个或多个变量的增量出现联合边界[19]。不同状态或测量变量的噪声常常是相关的，如加速度、速度、位置间的噪声边界就是相互影响的。另外，还有更直接的情况存在，有的系统中的噪声本身就包含由椭球定界的模型误差。

另外，对观测噪声的边界假设，很多文献采用如下所示的方法，即

$$\mathcal{V}_k' = \left\{\boldsymbol{v}_k : \boldsymbol{v}_k^{\mathrm{T}}\boldsymbol{v}_k \leqslant \gamma_k^2\right\} \tag{3.17}$$

在这种假设条件下，估计过程相对简单。事实上，$\mathcal{V}_k'$ 是一个包含在欧氏空间的球内集合。它可以看作式(3.15)描述的椭球集合的特例。令式(3.15)中 $\boldsymbol{R}_k$ 所有对角元素相等，即

$$\boldsymbol{R}_k = \gamma_k^2\boldsymbol{I} \tag{3.18}$$

即可得到式(3.17)。相对于文献[20]、[21]而言，本书对噪声定界的假设虽然增加了更新的难度，但却具有更加一般的形式和更加广泛的意义，适应范围更广，并且为众多文献所接受[19, 28, 31]。

3.4　基于 BEACON 算法的定界椭球自适应滤波

包含 $k-1$ 时刻状态 $\boldsymbol{x}_{k-1}$ 的椭球可以描述为

$$\mathcal{E}_{k-1}=\left\{\boldsymbol{x}:(\boldsymbol{x}-\hat{\boldsymbol{x}}_{k-1})^{\mathrm{T}}\boldsymbol{P}_{k-1}^{-1}(\boldsymbol{x}-\hat{\boldsymbol{x}}_{k-1})\leqslant\sigma_{k-1}\right\} \tag{3.19}$$

其中，$\hat{\boldsymbol{x}}_{k-1}$ 为椭球的中心；$\boldsymbol{P}_{k-1}$ 定义了椭球的形状，满足正定性；σ_{k-1} 为大于 0 的标量。

与传统的状态估计方法一样，集员框架下的状态估计过程也是时间更新和量测更新交替进行。时间更新通过计算经过线性变换的上一步更新的状态可行集和过程噪声的 Minkowski 和得到，量测更新则是通过计算一步预测状态可行集和由量测信息得到的状态可行集的交集更新估计结果，同时每一步都要通过椭球外包得到状态可行集的边界或近似边界。

3.4.1　基于 BEACON 算法的状态预测更新

在已知椭球 $\mathcal{E}_{k-1}$ 的情况下，由式(3.12)可知，$\boldsymbol{x}_k$ 属于如下集合，即

$$\begin{aligned}\mathcal{X}_{k|k-1}&=\boldsymbol{F}_{k-1}\mathcal{E}_{k-1}\oplus\boldsymbol{G}_{k-1}\mathcal{W}_{k-1}\\&=\left\{\boldsymbol{F}_{k-1}\boldsymbol{x}+\boldsymbol{G}_{k-1}\boldsymbol{w}:\boldsymbol{x}\in\mathcal{E}_{k-1}\ ,\boldsymbol{w}\in\mathcal{W}_{k-1}\right\}\end{aligned} \tag{3.20}$$

对于椭球定界算法而言，时间更新阶段的目标是得到包含 $\mathcal{X}_{k|k-1}$ 的椭球。椭球定界估计算法的时间更新几何意义如图 3.2 所示。图中，$\mathcal{E}_{k-1}$ 为上一时刻估计得到的椭球集，通过线性变换 $\boldsymbol{F}_{k-1}\mathcal{E}_{k-1}$ 之后得到椭球 $\mathcal{E}(\boldsymbol{F}_{k-1}\hat{\boldsymbol{x}}_{k-1},\sigma_{k-1}\boldsymbol{F}_{k-1}\boldsymbol{P}_{k-1}\boldsymbol{F}_{k-1}^{\mathrm{T}})$，同时过程噪声椭球 $\mathcal{W}_{k-1}$ 通过线性变换 $\boldsymbol{G}_{k-1}\mathcal{W}_{k-1}$ 后转换为 $\mathcal{E}(0,\boldsymbol{G}_{k-1}\boldsymbol{Q}_{k-1}\boldsymbol{G}_{k-1}^{\mathrm{T}})$，而本阶段的估计目标 $\mathcal{E}_{k|k-1}$ 是这两个椭球 Minkowski 和的外定界椭球，即

$$\mathcal{E}_{k|k-1}=\left\{\boldsymbol{x}:(\boldsymbol{x}-\hat{\boldsymbol{x}}_{k|k-1})^{\mathrm{T}}\boldsymbol{P}_{k|k-1}^{-1}(\boldsymbol{x}-\hat{\boldsymbol{x}}_{k|k-1})\leqslant\sigma_{k|k-1}\right\} \tag{3.21}$$

式(3.19)和式(3.21)可以变换为

$$\mathcal{E}_{k-1}=\left\{\boldsymbol{x}:(\boldsymbol{x}-\hat{\boldsymbol{x}}_{k-1})^{\mathrm{T}}(\sigma_{k-1}\boldsymbol{P}_{k-1})^{-1}(\boldsymbol{x}-\hat{\boldsymbol{x}}_{k-1})\leqslant 1\right\} \tag{3.22}$$

$$\mathcal{E}_{k|k-1}=\left\{\boldsymbol{x}:(\boldsymbol{x}-\hat{\boldsymbol{x}}_{k|k-1})^{\mathrm{T}}(\sigma_{k|k-1}\boldsymbol{P}_{k|k-1})^{-1}(\boldsymbol{x}-\hat{\boldsymbol{x}}_{k|k-1})\leqslant 1\right\} \tag{3.23}$$

两个椭球 Minkowski 和的外包椭球可由下面的引理得到。

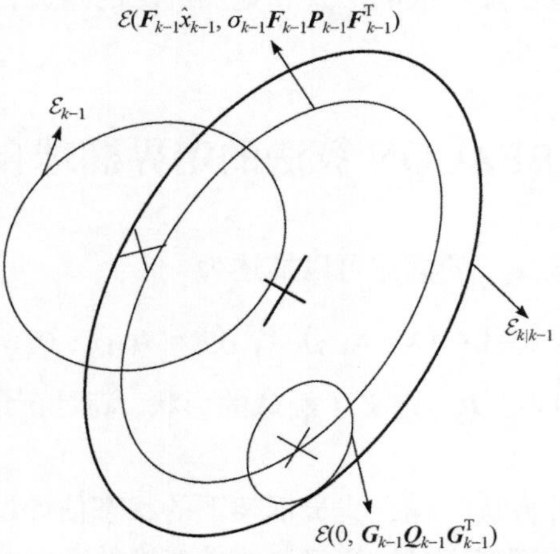

图 3.2　椭球定界估计算法的时间更新几何意义

引理 3.1[19]　$\forall p \in (0,+\infty)$，$\mathcal{E}(\boldsymbol{a}_s, \boldsymbol{M}_s) \supseteq \mathcal{E}(\boldsymbol{a}_1, \boldsymbol{M}_1) \oplus \mathcal{E}(\boldsymbol{a}_2, \boldsymbol{M}_2)$，其中 $\boldsymbol{a}_s = \boldsymbol{a}_1 + \boldsymbol{a}_2$ $(\boldsymbol{a}_1, \boldsymbol{a}_2 \in \mathbb{R}^n)$，$\boldsymbol{M}_s = (1+p^{-1})\boldsymbol{M}_1 + (1+p)\boldsymbol{M}_2$ $(\boldsymbol{M}_1, \boldsymbol{M}_2 \in \mathbb{R}^{n\times n})$。

根据引理 3.1，进行一些变量的代换，可得

$$\hat{\boldsymbol{x}}_{k|k-1} = \boldsymbol{F}_{k-1}\hat{\boldsymbol{x}}_{k-1} \tag{3.24}$$

$$\sigma_{k|k-1}\boldsymbol{P}_{k|k-1} = (1+p_k^{-1})\boldsymbol{F}_{k-1}(\sigma_{k-1}\boldsymbol{P}_{k-1})\boldsymbol{F}_{k-1}^{\mathrm{T}} + (1+p_k)\boldsymbol{G}_{k-1}\boldsymbol{Q}_{k-1}\boldsymbol{G}_{k-1}^{\mathrm{T}} \tag{3.25}$$

其中，$p_k \in (0,+\infty)$。

取

$$\sigma_{k|k-1} = \sigma_{k-1} \tag{3.26}$$

可得到椭球形状矩阵，即

$$\boldsymbol{P}_{k|k-1} = (1+p_k^{-1})\boldsymbol{F}_{k-1}\boldsymbol{P}_{k-1}\boldsymbol{F}_{k-1}^{\mathrm{T}} + \frac{1+p_k}{\sigma_{k|k-1}}\boldsymbol{G}_{k-1}\boldsymbol{Q}_{k-1}\boldsymbol{G}_{k-1}^{\mathrm{T}} \tag{3.27}$$

综上，时间更新过程可由式(3.24)、式(3.26)和式(3.27)描述，而参数 $p_k \in (0,+\infty)$ 可以用来优化椭球 $\mathcal{E}_{k|k-1}$ 的大小。

根据式(2.14)和式(3.15)，$\boldsymbol{x}_k$ 属于如下椭球，即

$$\mathcal{X}_k = \left\{\boldsymbol{x} : (z_k - \boldsymbol{H}_k\boldsymbol{x})^{\mathrm{T}}\boldsymbol{R}_k^{-1}(z_k - \boldsymbol{H}_k\boldsymbol{x}) \leqslant 1\right\} \tag{3.28}$$

在量测更新阶段，算法的目标是寻求一个最优椭球 $\mathcal{E}_k$，使其同时包含量测值和量测噪声确定的集合 $\mathcal{X}_k$，以及时间更新所得的椭球集合 $\mathcal{E}_{k|k-1}$。椭球定界估计

算法的量测更新几何意义如图 3.3 所示。

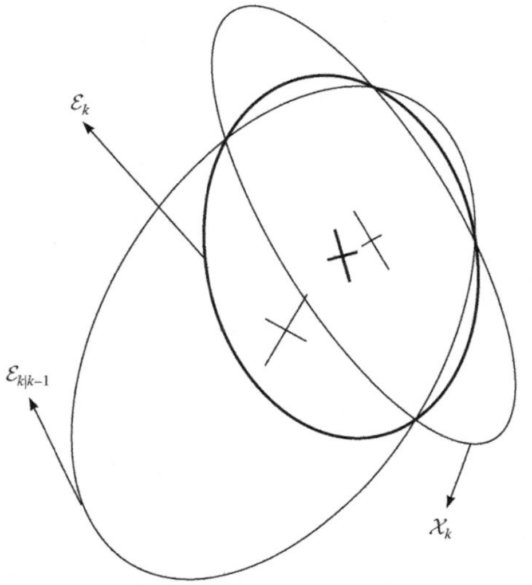

图 3.3　椭球定界估计算法的量测更新几何意义

$\mathcal{E}_k$ 可以通过 $\mathcal{E}_{k|k-1}$ 和 $\mathcal{X}_k$ 的线性组合描述，不同的 OBE 算法会选择不同的加权策略和参数优化准则。考虑 BEACON 算法具有良好的收敛特性和跟踪能力，本章采用该算法中的加权策略更新椭球，则 $\mathcal{E}_k$ 可描述为

$$\begin{aligned}\mathcal{E}_k &= \left\{\boldsymbol{x} : (\boldsymbol{x}-\hat{\boldsymbol{x}}_k)^{\mathrm{T}} \boldsymbol{P}_k^{-1}(\boldsymbol{x}-\hat{\boldsymbol{x}}_k) \leqslant \sigma_k\right\} \\ &= \left\{\boldsymbol{x} : (\boldsymbol{x}-\hat{\boldsymbol{x}}_{k|k-1})^{\mathrm{T}} \boldsymbol{P}_{k|k-1}^{-1}(\boldsymbol{x}-\hat{\boldsymbol{x}}_{k|k-1}) + q_k(\boldsymbol{z}_k-\boldsymbol{H}_k\boldsymbol{x})^{\mathrm{T}} \boldsymbol{R}_k^{-1}(\boldsymbol{z}_k-\boldsymbol{H}_k\boldsymbol{x}) \leqslant \sigma_{k|k-1}+q_k\right\}\end{aligned} \tag{3.29}$$

其中，$q_k \geqslant 0$。

由式(3.29)进一步可得

$$\begin{aligned}&(\boldsymbol{x}-\hat{\boldsymbol{x}}_{k|k-1})^{\mathrm{T}}(\boldsymbol{P}_{k|k-1}^{-1}+q_k\boldsymbol{H}_k^{\mathrm{T}}\boldsymbol{R}_k^{-1}\boldsymbol{H}_k)(\boldsymbol{x}-\hat{\boldsymbol{x}}_{k|k-1}) \\ &-2q_k(\boldsymbol{z}_k-\boldsymbol{H}_k\hat{\boldsymbol{x}}_{k|k-1})^{\mathrm{T}}\boldsymbol{R}_k^{-1}\boldsymbol{H}_k(\boldsymbol{x}-\hat{\boldsymbol{x}}_{k|k-1}) \\ \leqslant\ &\sigma_{k|k-1}+q_k-q_k(\boldsymbol{z}_k-\boldsymbol{H}_k\hat{\boldsymbol{x}}_{k|k-1})^{\mathrm{T}}\boldsymbol{R}_k^{-1}(\boldsymbol{z}_k-\boldsymbol{H}_k\hat{\boldsymbol{x}}_{k|k-1})\end{aligned} \tag{3.30}$$

取 $\boldsymbol{S}_k=\boldsymbol{P}_{k|k-1}^{-1}+q_k\boldsymbol{H}_k^{\mathrm{T}}\boldsymbol{R}_k^{-1}\boldsymbol{H}_k$，$\boldsymbol{\delta}_k=\boldsymbol{z}_k-\boldsymbol{H}_k\hat{\boldsymbol{x}}_{k|k-1}$，式(3.30)可以转化为

$$\begin{aligned}&(\boldsymbol{x}-\hat{\boldsymbol{x}}_{k|k-1}-q_k\boldsymbol{S}_k^{-1}\boldsymbol{H}_k^{\mathrm{T}}\boldsymbol{R}_k^{-1}\boldsymbol{\delta}_k)^{\mathrm{T}}\boldsymbol{S}_k(\boldsymbol{x}-\hat{\boldsymbol{x}}_{k|k-1}-q_k\boldsymbol{S}_k^{-1}\boldsymbol{H}_k^{\mathrm{T}}\boldsymbol{R}_k^{-1}\boldsymbol{\delta}_k) \\ \leqslant\ &\sigma_{k|k-1}+q_k-q_k\boldsymbol{\delta}_k^{\mathrm{T}}\boldsymbol{R}_k^{-1}\boldsymbol{\delta}_k+(q_k\boldsymbol{H}_k^{\mathrm{T}}\boldsymbol{R}_k^{-1}\boldsymbol{\delta}_k)^{\mathrm{T}}\boldsymbol{S}_k^{-1}(q_k\boldsymbol{H}_k^{\mathrm{T}}\boldsymbol{R}_k^{-1}\boldsymbol{\delta}_k)\end{aligned} \tag{3.31}$$

对照式(3.29)，可以取

$$\boldsymbol{P}_k^{-1} = \boldsymbol{S}_k = \boldsymbol{P}_{k|k-1}^{-1} + q_k \boldsymbol{H}_k^{\mathrm{T}} \boldsymbol{R}_k^{-1} \boldsymbol{H}_k \tag{3.32}$$

$$\hat{\boldsymbol{x}}_k = \hat{\boldsymbol{x}}_{k|k-1} + q_k \boldsymbol{P}_k \boldsymbol{H}_k^{\mathrm{T}} \boldsymbol{R}_k^{-1} \boldsymbol{\delta}_k \tag{3.33}$$

$$\begin{aligned} \sigma_k &= \sigma_{k|k-1} + q_k - \boldsymbol{\delta}_k^{\mathrm{T}} \left[q_k \boldsymbol{R}_k^{-1} - (q_k \boldsymbol{H}_k^{\mathrm{T}} \boldsymbol{R}_k^{-1})^{\mathrm{T}} \boldsymbol{S}_k^{-1} (q_k \boldsymbol{H}_k^{\mathrm{T}} \boldsymbol{R}_k^{-1}) \right] \boldsymbol{\delta}_k \\ &= \sigma_{k|k-1} + q_k - \boldsymbol{\delta}_k^{\mathrm{T}} (\boldsymbol{H}_k \boldsymbol{P}_{k|k-1} \boldsymbol{H}_k^{\mathrm{T}} + q_k^{-1} \boldsymbol{R}_k)^{-1} \boldsymbol{\delta}_k \end{aligned} \tag{3.34}$$

综上，量测更新过程可以由式(3.32)～式(3.34)描述，并可以通过选择参数 q_k 对更新过程进行优化。为减少求逆次数，上述过程也可以转化为

$$\boldsymbol{P}_k = \boldsymbol{P}_{k|k-1} - \boldsymbol{P}_{k|k-1} \boldsymbol{H}_k^{\mathrm{T}} \boldsymbol{W}_k \boldsymbol{H}_k \boldsymbol{P}_{k|k-1} \tag{3.35}$$

$$\hat{\boldsymbol{x}}_k = \hat{\boldsymbol{x}}_{k|k-1} + \boldsymbol{P}_{k|k-1} \boldsymbol{H}_k^{\mathrm{T}} \boldsymbol{W}_k \boldsymbol{\delta}_k \tag{3.36}$$

$$\sigma_k = \sigma_{k|k-1} + q_k - \boldsymbol{\delta}_k^{\mathrm{T}} \boldsymbol{W}_k \boldsymbol{\delta}_k \tag{3.37}$$

其中，$\boldsymbol{W}_k = (\boldsymbol{H}_k \boldsymbol{P}_{k|k-1} \boldsymbol{H}_k^{\mathrm{T}} + q_k^{-1} \boldsymbol{R}_k)^{-1}$。

在后面章节中，以 BEAF 算法为基础的各种算法均可以转化为这种形式以减少求逆次数。为了便于算法的推导和相关性质、定理的证明，后面采用式(3.32)～式(3.34)的形式。

3.4.2 参数优化

参数 p_k 可以用来优化椭球 $\mathcal{E}_{k|k-1}$ 的大小，常用的方法包括最小体积和最小迹准则。在时间更新中，本章使用最小迹准则，因为使用该准则可以得到最优参数的显式表达式，从而避免非线性方程的求解，提高算法的运算效率。根据引理 3.1，需要最小化的目标为

$$f(p) = \mathrm{tr}((1 + p^{-1})\boldsymbol{M}_1 + (1 + p)\boldsymbol{M}_2) \tag{3.38}$$

$f(p)$ 关于 p 的导数为

$$f'(p) = \mathrm{tr}(\boldsymbol{M}_2) - p^{-2}\mathrm{tr}(\boldsymbol{M}_1) \tag{3.39}$$

由于其二阶导数 $f''(p) = 2p^{-3}\mathrm{tr}(\boldsymbol{M}_1) > 0$，因此 $f'(p) = 0$ 时 $f(p)$ 最小，此时有

$$p^2 = \frac{\mathrm{tr}(\boldsymbol{M}_1)}{\mathrm{tr}(\boldsymbol{M}_2)} \tag{3.40}$$

在时间更新过程中，需要求 Minkowski 和的两个椭球为 $\mathcal{E}(0, \boldsymbol{G}_{k-1}\boldsymbol{Q}_{k-1}\boldsymbol{G}_{k-1}^{\mathrm{T}})$ 和 $\mathcal{E}(\boldsymbol{F}_{k-1}\hat{\boldsymbol{x}}_{k-1}, \sigma_{k-1}\boldsymbol{F}_{k-1}\boldsymbol{P}_{k-1}\boldsymbol{F}_{k-1}^{\mathrm{T}})$，所以 p_k 最优值的表达式为

$$\tilde{p}_k = \left(\frac{\sigma_{k|k-1}\mathrm{tr}(\boldsymbol{F}_{k-1}\boldsymbol{P}_{k-1}\boldsymbol{F}_{k-1}^{\mathrm{T}})}{\mathrm{tr}(\boldsymbol{G}_{k-1}\boldsymbol{Q}_{k-1}\boldsymbol{G}_{k-1}^{T})} \right)^{1/2} \tag{3.41}$$

量测更新的结果也是带参数的椭球簇，可以通过选择参数 q_k 对更新过程进行优化，此处采用最小化 σ_k 的方法来求取最优参数。经过推导，可得参数 q_k 的求解方法。

定理 3.1 给定式(3.34)，当 $\boldsymbol{\delta}_k^{\mathrm{T}}\boldsymbol{R}_k^{-1}\boldsymbol{\delta}_k \geqslant 1$ 时，以 $\min\limits_{q_k\geqslant 0}\sigma_k$ 为优化目标，参数 q_k 的最优值为下式的解，即

$$\boldsymbol{\delta}_k^{\mathrm{T}}(\boldsymbol{R}_k+q_k\boldsymbol{H}_k\boldsymbol{P}_{k|k-1}\boldsymbol{H}_k^{\mathrm{T}})^{-1}\boldsymbol{R}_k(\boldsymbol{R}_k+q_k\boldsymbol{H}_k\boldsymbol{P}_{k|k-1}\boldsymbol{H}_k^{\mathrm{T}})^{-1}\boldsymbol{\delta}_k=1 \tag{3.42}$$

当 $\boldsymbol{\delta}_k^{\mathrm{T}}\boldsymbol{R}_k^{-1}\boldsymbol{\delta}_k<1$ 时，式(3.42)无解，此时取 0 为参数最优值。

证明： 将式(3.34)作为 q_k 的函数，为了描述方便，将其表示为 $f(q_k)$，则求解目标可以描述为

$$\tilde{q}_k=\arg\min_{q_k\geqslant 0}f(q_k) \tag{3.43}$$

其中，$\tilde{q}_k$ 为 q_k 的最优值。

对 $f(q_k)$ 求导，可得

$$\begin{aligned}f'(q_k)&=1-\boldsymbol{\delta}_k^{\mathrm{T}}(q_k^{-1}\boldsymbol{R}_k+\boldsymbol{H}_k\boldsymbol{P}_{k|k-1}\boldsymbol{H}_k^{\mathrm{T}})^{-1}q_k^{-2}\boldsymbol{R}_k(q_k^{-1}\boldsymbol{R}_k+\boldsymbol{H}_k\boldsymbol{P}_{k|k-1}\boldsymbol{H}_k^{\mathrm{T}})^{-1}\boldsymbol{\delta}_k\\&=1-\boldsymbol{\delta}_k^{\mathrm{T}}(\boldsymbol{R}_k+q_k\boldsymbol{H}_k\boldsymbol{P}_{k|k-1}\boldsymbol{H}_k^{\mathrm{T}})^{-1}\boldsymbol{R}_k(\boldsymbol{R}_k+q_k\boldsymbol{H}_k\boldsymbol{P}_{k|k-1}\boldsymbol{H}_k^{\mathrm{T}})^{-1}\boldsymbol{\delta}_k\end{aligned} \tag{3.44}$$

通过微分法易知 $f''(q_k)\geqslant 0$，所以对任意 $q_k\geqslant 0$，$f'(q_k)$ 是 q_k 的单调递增函数。

如果 $f'(0)>0$，即 $\boldsymbol{\delta}_k^{\mathrm{T}}\boldsymbol{R}_k^{-1}\boldsymbol{\delta}_k<1$ 时，对所有 $q_k\geqslant 0$，均满足 $f'(q_k)>0$。这意味着，$f(q_k)$ 是 q_k 的单调递增函数，所以 $\tilde{q}_k=0$；如果 $f'(0)\leqslant 0$，即 $\boldsymbol{\delta}_k^{\mathrm{T}}\boldsymbol{R}_k^{-1}\boldsymbol{\delta}_k\geqslant 1$ 时，根据微分法，$f'(q_k)=0$ 时，$f(q_k)$ 最小，即参数的最优值满足式(3.42)。证毕。

需要注意的是，$\tilde{q}_k=0$ 意味着当前时刻量测值不对状态进行更新，即 $\boldsymbol{P}_k=\boldsymbol{P}_{k|k-1}$、$\hat{\boldsymbol{x}}_k=\hat{\boldsymbol{x}}_{k|k-1}$、$\sigma_k=\sigma_{k|k-1}$。因此，本算法是选择更新算法，只有量测信息满足一定条件时才进行量测更新，而对于无意义的量测信息，算法只进行时间更新，这有利于提高算法的实时性。

通过最小化 σ_k 求取最优参数不同于最小化 $\sigma_k\boldsymbol{P}_k$ 的行列式或迹，后两者具有明确的几何意义，而最小化 σ_k 虽不具备明确的几何意义，但它在文献[20]中的收敛性稳定性分析中作为 Lyapunov 函数的上界，同时渐进地与最小体积和最小迹准则具有一定的比例关系[109]。

BEAF 算法的执行步骤如下。

步骤 1，初始化 $\hat{\boldsymbol{x}}_0$、$\boldsymbol{P}_0$、σ_0，设定 $k\leftarrow 1$。

步骤 2，根据式(3.24)、式(3.26)和式(3.27)计算时间更新椭球 $\mathcal{E}(\hat{\boldsymbol{x}}_{k|k-1},\sigma_{k|k-1}\boldsymbol{P}_{k|k-1})$，其中参数 p_k 根据式(3.41)计算。

步骤 3，如果 $\boldsymbol{\delta}_k^{\mathrm{T}}\boldsymbol{R}_k^{-1}\boldsymbol{\delta}_k<1$，取 $\boldsymbol{P}_k=\boldsymbol{P}_{k|k-1}$，$\hat{\boldsymbol{x}}_k=\hat{\boldsymbol{x}}_{k|k-1}$，$\sigma_k=\sigma_{k|k-1}$；否则，根

据式(3.32)～式(3.34)计算 $\boldsymbol{P}_k$、$\hat{\boldsymbol{x}}_k$、σ_k，参数 q_k 根据式(3.42)计算，从而得到 k 时刻量测更新椭球 $\mathcal{E}(\hat{\boldsymbol{x}}_k,\sigma_k\boldsymbol{P}_k)$。

步骤 4，令 $k\leftarrow k+1$ 并返回步骤 2，直到程序终止。

3.4.3 算法特性分析与稳定性证明

本节主要讨论 BEAF 的相关性质和稳定性。为证明算法的相关性质，首先给出如下引理。

引理 3.2[39,110]　对于式(3.12)和式(2.14)构成的系统，假设 $(\boldsymbol{F}_k,\boldsymbol{H}_k)$ 是一致可观的，则存在两个实数 $\underline{s}$ 和 $\overline{s}$，满足 $\underline{s}\boldsymbol{I}\preceq\boldsymbol{P}_{k|k-1}\preceq\overline{s}\boldsymbol{I}$ 和 $\underline{s}\boldsymbol{I}\preceq\boldsymbol{P}_k\preceq\overline{s}\boldsymbol{I}$。

这里 $\boldsymbol{A}\preceq\boldsymbol{B}$ 指 $\boldsymbol{A}-\boldsymbol{B}$ 半负定。类似地，$\boldsymbol{A}\prec\boldsymbol{B}$ 表示 $\boldsymbol{A}-\boldsymbol{B}$ 负定，$\boldsymbol{A}\succeq\boldsymbol{B}$ 表示 $\boldsymbol{A}-\boldsymbol{B}$ 半正定，$\boldsymbol{A}\succ\boldsymbol{B}$ 表示 $\boldsymbol{A}-\boldsymbol{B}$ 正定。

经过推导，BEAF 算法具有如下性质。

定理 3.2　给定式(3.12)和式(3.13)构成的系统，对所有 $k\in\mathbb{N}^*$ 和 $p_k>0$，BEAF 算法具有以下性质。

(1) 如果 $\boldsymbol{x}_0\in\mathcal{E}(\hat{\boldsymbol{x}}_0,\sigma_0\boldsymbol{P}_0)$，那么对所有 $q_k\geqslant 0$ 都有 $\boldsymbol{x}_k\in\mathcal{E}(\hat{\boldsymbol{x}}_k,\sigma_k\boldsymbol{P}_k)$。

(2) 如果取 $q_k=\tilde{q}_k$，则 σ_k 递减且在 $\mathbb{R}_+$ 上收敛。

(3) 如果取 $q_k=\tilde{q}_k$，并且 $(\boldsymbol{F}_k,\boldsymbol{H}_k)$ 一致可观，则有 $\tilde{q}_k$ 在 $\mathbb{R}_+$ 上收敛，且 $\lim_{k\to\infty}\tilde{q}_k=0$。

(4) 如果取 $q_k=\tilde{q}_k$，并且 $(\boldsymbol{F}_k,\boldsymbol{H}_k)$ 一致可观，则对所有 $k\in\mathbb{N}^*$，椭球 $\mathcal{E}(\hat{\boldsymbol{x}}_k,\sigma_k\boldsymbol{P}_k)$ 的体积和轴长是有界的。

证明： (1) 由 BEAF 算法的时间更新阶段推导过程可知，如果 $\boldsymbol{x}_{k-1}\in\mathcal{E}_{k-1}$，则必有 $\boldsymbol{x}_k\in\mathcal{E}_{k|k-1}$。由 BEAF 量测更新阶段的推导过程可知，如果 $\boldsymbol{x}_k\in\mathcal{E}_{k|k-1}$，那么 $\boldsymbol{x}_k\in\mathcal{E}_k\supset\mathcal{E}_{k|k-1}\cap\mathcal{X}_k$。显然，$\boldsymbol{x}_0\in\mathcal{E}_0\Rightarrow\boldsymbol{x}_1\in\mathcal{E}_1\Rightarrow\cdots\Rightarrow\boldsymbol{x}_{k-1}\in\mathcal{E}_{k-1}\Rightarrow\boldsymbol{x}_k\in\mathcal{E}_k$。

(2) 根据定理 3.1，取 $q_k=\tilde{q}_k$，如果 $\boldsymbol{\delta}_k^{\mathrm{T}}\boldsymbol{R}_k^{-1}\boldsymbol{\delta}_k<1$，则有 $\tilde{q}_k=0$，$\sigma_k=\sigma_{k|k-1}$；否则

$$\boldsymbol{\delta}_k^{\mathrm{T}}(\boldsymbol{R}_k+\tilde{q}_k\boldsymbol{H}_k\boldsymbol{P}_{k|k-1}\boldsymbol{H}_k^{\mathrm{T}})^{-1}\boldsymbol{R}_k(\boldsymbol{R}_k+\tilde{q}_k\boldsymbol{H}_k\boldsymbol{P}_{k|k-1}\boldsymbol{H}_k^{\mathrm{T}})^{-1}\boldsymbol{\delta}_k=1 \tag{3.45}$$

结合式(3.34)，可得

$$\begin{aligned}\sigma_k&=\sigma_{k|k-1}+\tilde{q}_k\left[1-\boldsymbol{\delta}_k^{\mathrm{T}}(\boldsymbol{R}_k+\tilde{q}_k\boldsymbol{H}_k\boldsymbol{P}_{k|k-1}\boldsymbol{H}_k^{\mathrm{T}})^{-1}\boldsymbol{\delta}_k\right]\\&=\sigma_{k|k-1}+\tilde{q}_k\Big[\boldsymbol{\delta}_k^{\mathrm{T}}(\boldsymbol{R}_k+\tilde{q}_k\boldsymbol{H}_k\boldsymbol{P}_{k|k-1}\boldsymbol{H}_k^{\mathrm{T}})^{-1}\boldsymbol{R}_k(\boldsymbol{R}_k+\tilde{q}_k\boldsymbol{H}_k\boldsymbol{P}_{k|k-1}\boldsymbol{H}_k^{\mathrm{T}})^{-1}\boldsymbol{\delta}_k\\&\quad-\boldsymbol{\delta}_k^{\mathrm{T}}(\boldsymbol{R}_k+\tilde{q}_k\boldsymbol{H}_k\boldsymbol{P}_{k|k-1}\boldsymbol{H}_k^{\mathrm{T}})^{-1}\boldsymbol{\delta}_k\Big]\\&=\sigma_{k|k-1}-\tilde{q}_k^2\boldsymbol{\delta}_k^{\mathrm{T}}\boldsymbol{G}_k\boldsymbol{\delta}_k\end{aligned} \tag{3.46}$$

其中，$\boldsymbol{G}_k = (\boldsymbol{R}_k + \tilde{q}_k \boldsymbol{H}_k \boldsymbol{P}_{k|k-1} \boldsymbol{H}_k^{\mathrm{T}})^{-1} \boldsymbol{H}_k \boldsymbol{P}_{k|k-1} \boldsymbol{H}_k^{\mathrm{T}} (\boldsymbol{R}_k + \tilde{q}_k \boldsymbol{H}_k \boldsymbol{P}_{k|k-1} \boldsymbol{H}_k^{\mathrm{T}})^{-1}$。

由于 $\boldsymbol{P}_{k|k-1}$ 正定，$\boldsymbol{H}_k$ 行满秩，$\boldsymbol{R}_k$ 正定，$\tilde{q}_k \geqslant 0$，因此 $\boldsymbol{G}_k$ 正定，即

$$\boldsymbol{\delta}_k^{\mathrm{T}} \boldsymbol{G}_k \boldsymbol{\delta}_k \geqslant 0 \tag{3.47}$$

当 $\boldsymbol{\delta}_k^{\mathrm{T}} \boldsymbol{R}_k^{-1} \boldsymbol{\delta}_k \geqslant 1$ 时，$\sigma_k \leqslant \sigma_{k|k-1}$。由 $\sigma_{k|k-1} = \sigma_{k-1}$，可以得到 $\sigma_k \leqslant \sigma_{k-1}$。这意味着，变量序列 σ_k 是单调递减的，而且 σ_k 大于 0，所以它在 $\mathbb{R}_+$ 上收敛。

(3) 令 $\zeta(\tilde{q}_k) = \sigma_k - \sigma_{k-1}$，根据式(3.46)，显然有

$$\zeta(\tilde{q}_k) = -\tilde{q}_k^2 \boldsymbol{\delta}_k^{\mathrm{T}} \boldsymbol{G}_k \boldsymbol{\delta}_k \tag{3.48}$$

由于 σ_k 收敛，可以得到 $\lim_{k\to\infty} \zeta(\tilde{q}_k) = 0$，也就是 $\lim_{k\to\infty} \tilde{q}_k^2 \boldsymbol{\delta}_k^{\mathrm{T}} \boldsymbol{G}_k \boldsymbol{\delta}_k = 0$。要使该式满足，下面两个条件至少需要满足一个，即 $\lim_{k\to\infty} \tilde{q}_k = 0$、$\lim_{k\to\infty} \boldsymbol{G}_k = \boldsymbol{0}_{m\times m}$。根据引理 3.2，$\boldsymbol{P}_{k|k-1}$ 具有上下界。因为 $\boldsymbol{H}_k$ 行满秩，$\boldsymbol{R}_k$ 正定，所以对所有 $k \in \mathbb{N}^*$，存在正实数 $\underline{c}$，使 $\boldsymbol{G}_k \succeq \underline{c} \boldsymbol{I}_m$。这就意味着，条件 $\lim_{k\to\infty} \boldsymbol{G}_k = \boldsymbol{0}_{m\times m}$ 无法满足，则 $\lim_{k\to\infty} \tilde{q}_k = 0$ 必然满足，也就是 $\tilde{q}_k$ 在 $\mathbb{R}_+$ 上收敛，且 $\lim_{k\to\infty} \tilde{q}_k = 0$。

(4) 根据引理 3.2，容易得到 $\boldsymbol{P}_k$ 具有上下界，则其特征值也应具有上下界。又因序列 σ_k 是单调递减的，所以 $\sigma_k \lambda_j(\boldsymbol{P}_k)$ $j = 1,2,\cdots,n$ 是有界的。因此，与其相对应的椭球 $\mathcal{E}(\hat{\boldsymbol{x}}_k, \sigma_k \boldsymbol{P}_k)$ 的半轴长的平方，以及椭球体积 V_k 是有界的。椭球体积为

$$V_k = \frac{\pi^{\frac{n}{2}}}{\Gamma\left(\frac{n}{2}+1\right)} \sigma_k^{\frac{n}{2}} \prod_{j=1}^{n} \lambda_j^{\frac{n}{2}}(\boldsymbol{P}_k) \tag{3.49}$$

其中，Γ 为欧拉 Gamma 函数。

证毕。

由性质(1)可以知道，只要初始状态位于初始椭球内，则任意时刻由 BEAF 算法得到的椭球定界状态可行集必包含真实状态。性质(2)～性质(4)证明，算法中相关参数的收敛性和定界椭球的有界性。另外，变量 σ_k 可以表征估计误差加权范数 $(\boldsymbol{x}_k - \hat{\boldsymbol{x}}_k)^{\mathrm{T}} \boldsymbol{P}_k^{-1} (\boldsymbol{x}_k - \hat{\boldsymbol{x}}_k)$ 的上边界。在此基础上，可以证明该算法的估计值 $\hat{\boldsymbol{x}}_k$ 在一定条件下是输入-状态稳定的。

在证明稳定性之前，需要先证明下面的引理。

引理 3.3　给定两个正定矩阵 $\boldsymbol{A} \in \mathbb{R}^{n\times n}$、$\boldsymbol{B} \in \mathbb{R}^{n\times n}$ 和两个向量 $\boldsymbol{a} \in \mathbb{R}^n$、$\boldsymbol{b} \in \mathbb{R}^n$，则有

$$(\boldsymbol{a}+\boldsymbol{b})^{\mathrm{T}} (\boldsymbol{A}+\boldsymbol{B})^{-1} (\boldsymbol{a}+\boldsymbol{b}) \leqslant \boldsymbol{a}^{\mathrm{T}} \boldsymbol{A}^{-1} \boldsymbol{a} + \boldsymbol{b}^{\mathrm{T}} \boldsymbol{B}^{-1} \boldsymbol{b} \tag{3.50}$$

证明： 因为 $\boldsymbol{A}$ 和 $\boldsymbol{B}$ 正定，所以它们的和及其逆矩阵 $(\boldsymbol{A}+\boldsymbol{B})^{-1}$ 也正定。假设

$(\boldsymbol{A}+\boldsymbol{B})^{-1}=\boldsymbol{W}^{\mathrm{T}}\boldsymbol{W}$，那么

$$\begin{aligned}(\boldsymbol{a}+\boldsymbol{b})^{\mathrm{T}}(\boldsymbol{A}+\boldsymbol{B})^{-1}(\boldsymbol{a}+\boldsymbol{b})&=(\boldsymbol{a}+\boldsymbol{b})^{\mathrm{T}}\boldsymbol{W}^{\mathrm{T}}\boldsymbol{W}(\boldsymbol{a}+\boldsymbol{b})\\&=\|\boldsymbol{W}(\boldsymbol{a}+\boldsymbol{b})\|^2\\&=\|\boldsymbol{W}\boldsymbol{a}+\boldsymbol{W}\boldsymbol{b}\|^2\\&\leqslant\|\boldsymbol{W}\boldsymbol{a}\|^2+\|\boldsymbol{W}\boldsymbol{b}\|^2\\&=\boldsymbol{a}^{\mathrm{T}}(\boldsymbol{A}+\boldsymbol{B})^{-1}\boldsymbol{a}+\boldsymbol{b}^{\mathrm{T}}(\boldsymbol{A}+\boldsymbol{B})^{-1}\boldsymbol{b}\end{aligned}\tag{3.51}$$

根据矩阵求逆引理，可得

$$(\boldsymbol{A}+\boldsymbol{B})^{-1}=\boldsymbol{A}^{-1}-\boldsymbol{A}^{-1}(\boldsymbol{A}^{-1}+\boldsymbol{B}^{-1})^{-1}\boldsymbol{A}^{-1}\tag{3.52}$$

显然，$\boldsymbol{A}^{-1}(\boldsymbol{A}^{-1}+\boldsymbol{B}^{-1})\boldsymbol{A}^{-1}$是正定的，所以

$$\boldsymbol{a}^{\mathrm{T}}(\boldsymbol{A}+\boldsymbol{B})^{-1}\boldsymbol{a}=\boldsymbol{a}^{\mathrm{T}}\boldsymbol{A}^{-1}\boldsymbol{a}-\boldsymbol{a}^{\mathrm{T}}\boldsymbol{A}^{-1}(\boldsymbol{A}^{-1}+\boldsymbol{B}^{-1})^{-1}\boldsymbol{A}^{-1}\boldsymbol{a}\leqslant\boldsymbol{a}^{\mathrm{T}}\boldsymbol{A}^{-1}\boldsymbol{a}\tag{3.53}$$

$$\boldsymbol{b}^{\mathrm{T}}(\boldsymbol{A}+\boldsymbol{B})^{-1}\boldsymbol{b}\leqslant\boldsymbol{b}^{\mathrm{T}}\boldsymbol{B}^{-1}\boldsymbol{b}\tag{3.54}$$

将式(3.53)和式(3.54)代入式(3.51)，可得式(3.50)。

证毕。

定理 3.3 给定式(3.12)和式(3.13)构成的系统，假设包含状态 $\boldsymbol{x}_k$ 的椭球 $\mathcal{E}(\hat{\boldsymbol{x}}_k,\sigma_k\boldsymbol{P}_k)$ 通过 BEAF 算法计算得到，且 $q_k=\tilde{q}_k$，$(\boldsymbol{F}_k,\boldsymbol{H}_k)$ 一致可观，令 $\mathcal{L}_k=(\boldsymbol{x}_k-\hat{\boldsymbol{x}}_k)^{\mathrm{T}}\boldsymbol{P}_k^{-1}(\boldsymbol{x}_k-\hat{\boldsymbol{x}}_k)$，$\tilde{\boldsymbol{x}}_k=\boldsymbol{x}_k-\hat{\boldsymbol{x}}_k$，则 $\mathcal{L}_k$ 为 ISS-Lyapunov 函数且估计误差 $\tilde{\boldsymbol{x}}_k$ 是输入-状态稳定的。

证明： 首先，直接可得

$$\frac{\|\tilde{\boldsymbol{x}}_k\|^2}{\lambda_{\max}(\boldsymbol{P}_k)}\leqslant\mathcal{L}_k\leqslant\frac{\|\tilde{\boldsymbol{x}}_k\|^2}{\lambda_{\min}(\boldsymbol{P}_k)}\tag{3.55}$$

其中，$\lambda(\boldsymbol{P}_k)$ 为矩阵 $\boldsymbol{P}_k$ 的特征值，显然 $\lambda(\boldsymbol{P}_k)$ 是有界的。

令 $\mathcal{L}_{k|k-1}=(\boldsymbol{x}_k-\hat{\boldsymbol{x}}_{k|k-1})^{\mathrm{T}}\boldsymbol{P}_{k|k-1}^{-1}(\boldsymbol{x}_k-\hat{\boldsymbol{x}}_{k|k-1})$，由式(3.33)和式(3.32)可得

$$\begin{aligned}\mathcal{L}_k&=(\boldsymbol{x}_k-\hat{\boldsymbol{x}}_k)^{\mathrm{T}}\boldsymbol{P}_k^{-1}(\boldsymbol{x}_k-\hat{\boldsymbol{x}}_k)\\&=(\boldsymbol{x}_k-\hat{\boldsymbol{x}}_{k|k-1}-\tilde{q}_k\boldsymbol{P}_k\boldsymbol{H}_k^{\mathrm{T}}\boldsymbol{R}_k^{-1}\boldsymbol{\delta}_k)^{\mathrm{T}}(\boldsymbol{P}_{k|k-1}^{-1}+\tilde{q}_k\boldsymbol{H}_k^{\mathrm{T}}\boldsymbol{R}_k^{-1}\boldsymbol{H}_k)(\boldsymbol{x}_k-\hat{\boldsymbol{x}}_{k|k-1}-q_k\boldsymbol{P}_k\boldsymbol{H}_k^{\mathrm{T}}\boldsymbol{R}_k^{-1}\boldsymbol{\delta}_k)\\&=\mathcal{L}_{k|k-1}+q_k(z_k-\boldsymbol{H}_k\boldsymbol{x}_k)^{\mathrm{T}}\boldsymbol{R}_k^{-1}(z_k-\boldsymbol{H}_k\boldsymbol{x}_k)-q_k\boldsymbol{\delta}_k^{\mathrm{T}}\boldsymbol{R}_k^{-1}\boldsymbol{\delta}_k\\&\quad+(q_k\boldsymbol{H}_k^{\mathrm{T}}\boldsymbol{R}_k^{-1}\boldsymbol{\delta}_k)^{\mathrm{T}}\boldsymbol{P}_k(q_k\boldsymbol{H}_k^{\mathrm{T}}\boldsymbol{R}_k^{-1}\boldsymbol{\delta}_k)\\&\leqslant\mathcal{L}_{k|k-1}+q_k-q_k\boldsymbol{\delta}_k^{\mathrm{T}}\boldsymbol{R}_k^{-1}\boldsymbol{\delta}_k+(q_k\boldsymbol{H}_k^{\mathrm{T}}\boldsymbol{R}_k^{-1}\boldsymbol{\delta}_k)^{\mathrm{T}}\boldsymbol{P}_k(q_k\boldsymbol{H}_k^{\mathrm{T}}\boldsymbol{R}_k^{-1}\boldsymbol{\delta}_k)\\&=\mathcal{L}_{k|k-1}+\sigma_k-\sigma_{k|k-1}\\&\leqslant\mathcal{L}_{k|k-1}\end{aligned}\tag{3.56}$$

所以有 $\mathcal{L}_k-\mathcal{L}_{k-1}\leqslant\mathcal{L}_{k|k-1}-\mathcal{L}_{k-1}$。结合式(2.13)和式(3.24)，可得 $\boldsymbol{x}_k-\hat{\boldsymbol{x}}_{k|k-1}=\boldsymbol{F}_{k-1}\tilde{\boldsymbol{x}}_{k-1}+\boldsymbol{G}_{k-1}\boldsymbol{w}_{k-1}$。利用式(3.27)和引理 3.3，$\mathcal{L}_{k|k-1}$ 可以进行如下转换，即

$$
\begin{aligned}
\mathcal{L}_{k|k-1}&=(\boldsymbol{x}_k-\hat{\boldsymbol{x}}_{k|k-1})^{\mathrm{T}}\boldsymbol{P}_{k|k-1}^{-1}(\boldsymbol{x}_k-\hat{\boldsymbol{x}}_{k|k-1})\\
&\leqslant(\boldsymbol{F}_{k-1}\tilde{\boldsymbol{x}}_{k-1})^{\mathrm{T}}\left[(1+p_k^{-1})\boldsymbol{F}_{k-1}\boldsymbol{P}_{k-1}\boldsymbol{F}_{k-1}^{\mathrm{T}}\right]^{-1}(\boldsymbol{F}_{k-1}\tilde{\boldsymbol{x}}_{k-1})\\
&\quad+(\boldsymbol{G}_{k-1}\boldsymbol{w}_{k-1})^{\mathrm{T}}\left(\frac{1+p_k}{\sigma_{k|k-1}}\boldsymbol{G}_{k-1}\boldsymbol{Q}_{k-1}\boldsymbol{G}_{k-1}^{\mathrm{T}}\right)^{-1}(\boldsymbol{G}_{k-1}\boldsymbol{w}_{k-1})\\
&=\frac{p_k}{1+p_k}\mathcal{L}_{k-1}+\frac{\sigma_{k-1}}{1+p_k}\boldsymbol{w}_{k-1}^{\mathrm{T}}\boldsymbol{Q}_{k-1}^{-1}\boldsymbol{w}_{k-1}
\end{aligned}\tag{3.57}
$$

这意味着

$$
\begin{aligned}
\mathcal{L}_k-\mathcal{L}_{k-1}&\leqslant\frac{p_k}{1+p_k}\mathcal{L}_{k-1}-\mathcal{L}_{k-1}+\frac{\sigma_{k-1}}{1+p_k}\boldsymbol{w}_{k-1}^{\mathrm{T}}\boldsymbol{Q}_{k-1}^{-1}\boldsymbol{w}_{k-1}\\
&=-\frac{1}{1+p_k}\mathcal{L}_{k-1}+\frac{\sigma_{k-1}}{1+p_k}\boldsymbol{w}_{k-1}^{\mathrm{T}}\boldsymbol{Q}_{k-1}^{-1}\boldsymbol{w}_{k-1}\\
&\leqslant-\frac{\|\tilde{\boldsymbol{x}}_{k-1}\|^2}{(1+p_k)\lambda_{\max}(\boldsymbol{P}_{k-1})}+\frac{\sigma_{k-1}\|\boldsymbol{w}_{k-1}\|^2}{(1+p_k)\lambda_{\min}(\boldsymbol{Q}_{k-1})}
\end{aligned}\tag{3.58}
$$

对比定义 2.7 和式(3.55)、式(3.58)，可以说明 $\mathcal{L}_k$ 为 ISS-Lyapunov 函数，并且对该系统而言估计误差 $\tilde{\boldsymbol{x}}_k$ 是输入-状态稳定的。

证毕。

3.5 仿真算例

通过蒙特卡罗仿真来验证本章所提出算法的性能，仿真采用线性离散时间系统，相应的矩阵为

$$
\boldsymbol{F}_k=\begin{bmatrix}0&0&1\\0&1&0\\0.2&-0.9&1.3\end{bmatrix},\quad \boldsymbol{H}_k=\begin{bmatrix}1.2&1.5&-0.9\\-1&0.8&1.1\end{bmatrix},\quad \boldsymbol{G}_k=\begin{bmatrix}0.1&0&0\\0&0.1&0\\0&0&0.1\end{bmatrix}
$$

式(3.14)和式(3.15)决定噪声边界椭球的已知矩阵为 $\boldsymbol{Q}_k=\mathrm{diag}(1,1,1)$ 和 $\boldsymbol{R}_k=\mathrm{diag}(9,9)$，假设状态初始值包含在下列参数确定的椭球中 $\boldsymbol{P}_0=10\boldsymbol{I}_3$、$\hat{\boldsymbol{x}}_0=[0.3\quad 0.3\quad 0.3]^{\mathrm{T}}$、$\sigma_0=1$，而仿真中的真实状态初始值为 $[0\quad 0\quad 0]^{\mathrm{T}}$，这样设置是为考察算法在初始值偏离真实值时的收敛性能。

在仿真中，过程噪声和量测噪声在椭球中的分布分为三种情况。

情况 1　考虑均匀分布的情况，也就是噪声在椭球中均匀分布(图 3.4)。

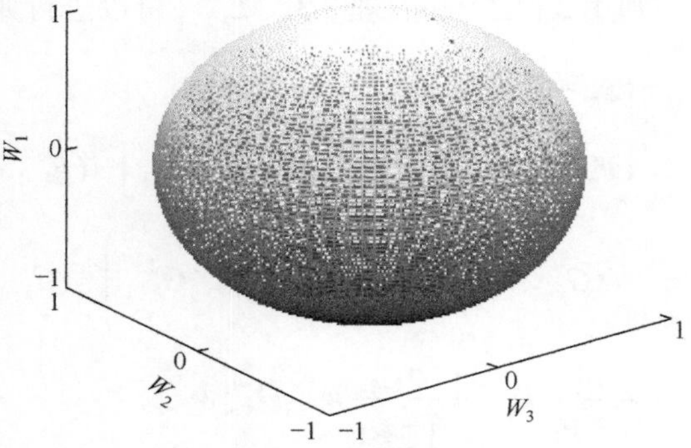

(a) 过程噪声

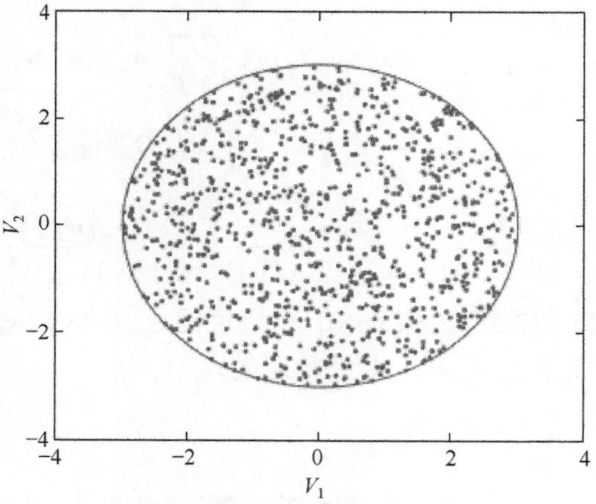

(b) 量测噪声

图 3.4　情况 1 噪声分布情况

情况 2　考虑正态分布的情况，过程噪声和量测噪声取均值为 0，协方差阵为 diag(1/9,1/9,1/9) 和 diag(1,1) 的正态分布噪声在椭球内的部分。由于符合上面分布的噪声本身绝大部分在椭球内部，因此可以近似认为椭球内部的过程噪声和量测噪声符合正态分布(图 3.5)。

情况 3　考虑不对称分布的情况。对于过程噪声，每个轴的噪声 90%均匀分布在(0,1)区间内，10%均匀分布在(−1,0)；对于量测噪声，每个轴的噪声 90%均匀分布在(0,3)区间，10%均匀分布在(−3,0)。这种情况通常由未知动态、模型参数误差和模型结构误差引起的系统误差造成(图 3.6)。

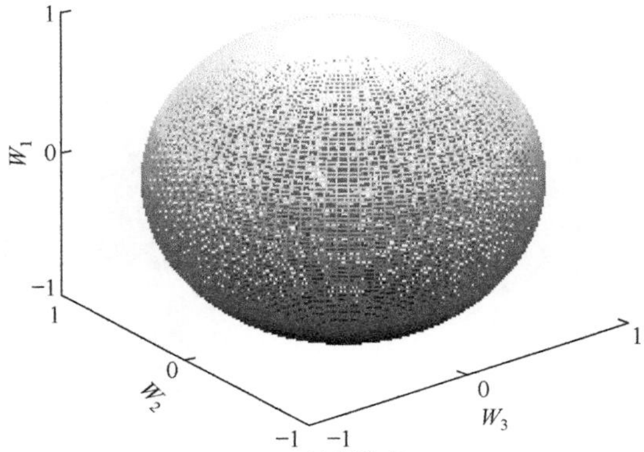

(a) 过程噪声

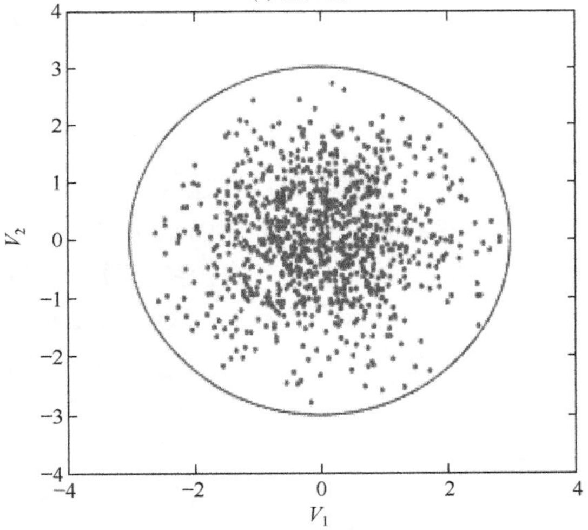

(b) 量测噪声

图 3.5　情况 2 噪声分布情况

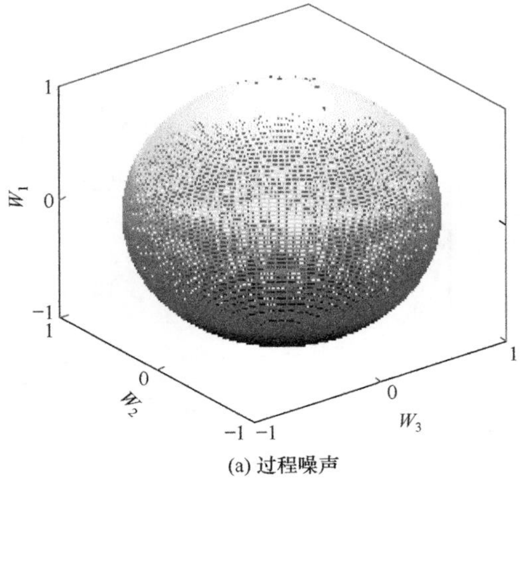

(a) 过程噪声

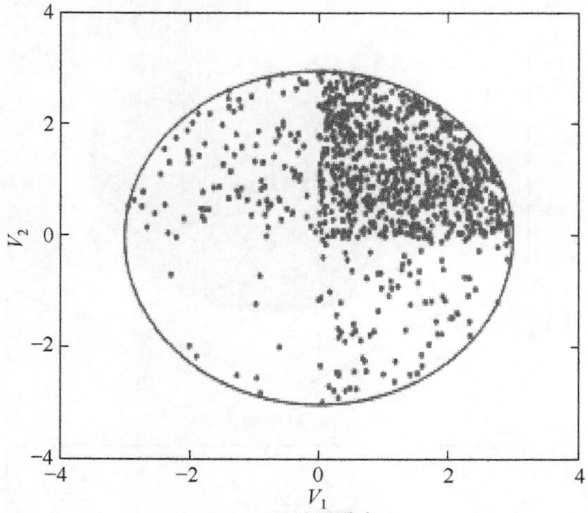

(b) 量测噪声

图 3.6　情况 3 噪声分布情况

本章用三种椭球定界方法与 BEAF 算法进行对比，即 ES-SME 算法[28]、M-N/OBE1 算法、M-N/OBE2 算法[19]。选择这些算法的原因是它们对噪声和初始状态的边界假设与本章所提方法是一致的。前者是近年提出的新算法，后者是经典算法。所有算法均采用椭球中心作为点估计来考察算法性能。仿真同时给出状态估计的经典方法——卡尔曼滤波算法的仿真结果。按照上述条件，使用 MATLAB R2014a 软件在 PC(Intel Core i5，3.2GHz，4G 内存)中进行 100 次蒙特卡罗仿真，每次仿真 500 步。本章考察的算法性能指标包括均方根误差(root mean square error，RMSE)、边界椭球体积、单步平均运算时间，以及量测更新率。其中，量测更新率是指仿真中参与更新的量测值数量与总量测值数量的比值，主要考察算法的选择更新性能。单次仿真中 RMSE 和椭球体积的变化如图 3.7～图 3.10 所示，100 次仿真的统计结果如表 3.1～表 3.3 所示。

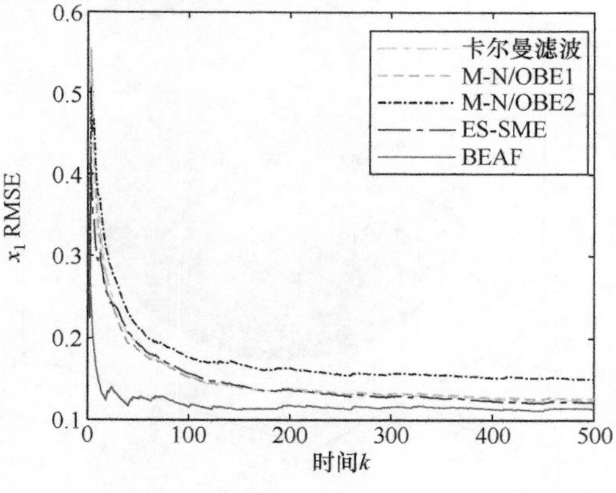

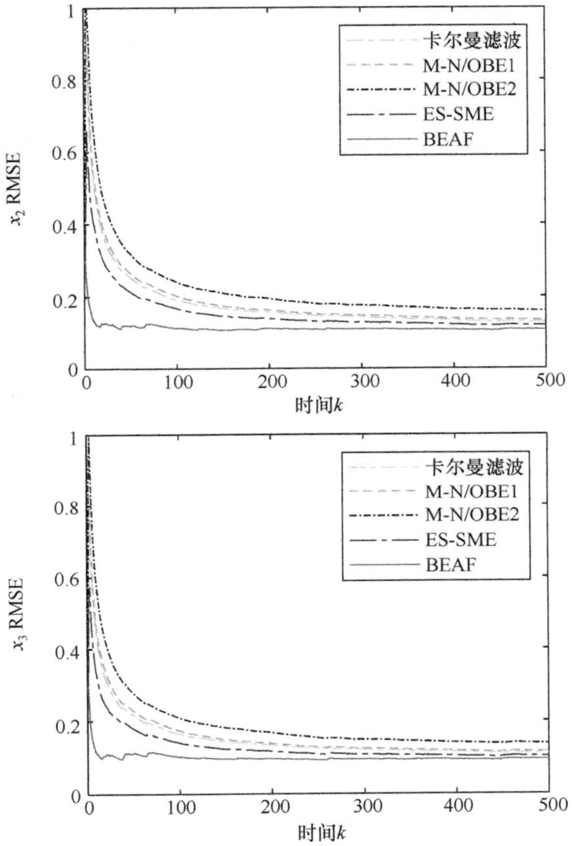

图 3.7　均匀分布噪声条件下各状态分量的 RMSE

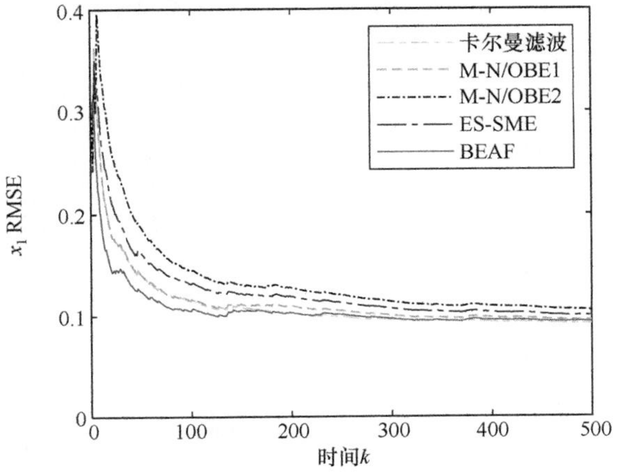

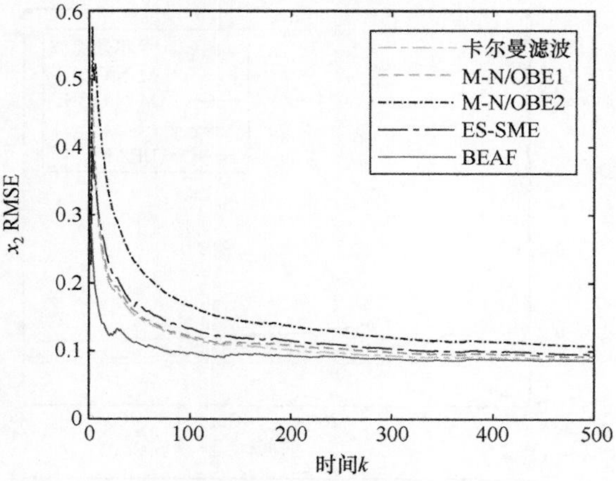

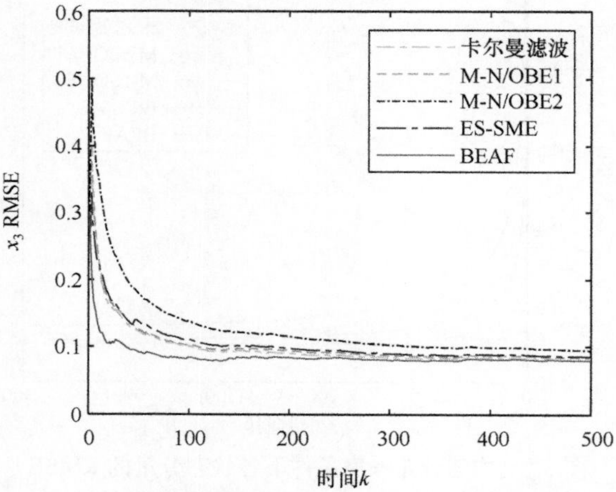

图 3.8　高斯分布噪声条件下各状态分量的 RMSE

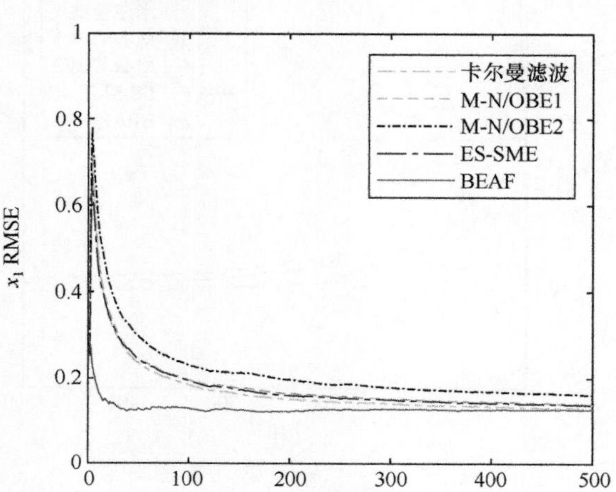

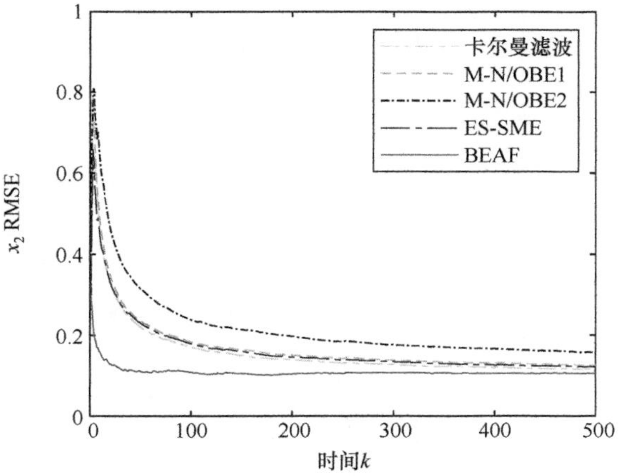

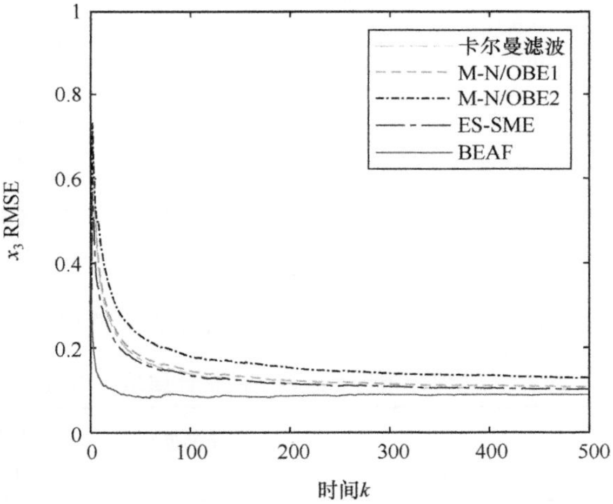

图 3.9　不对称分布噪声条件下各状态分量的 RMSE

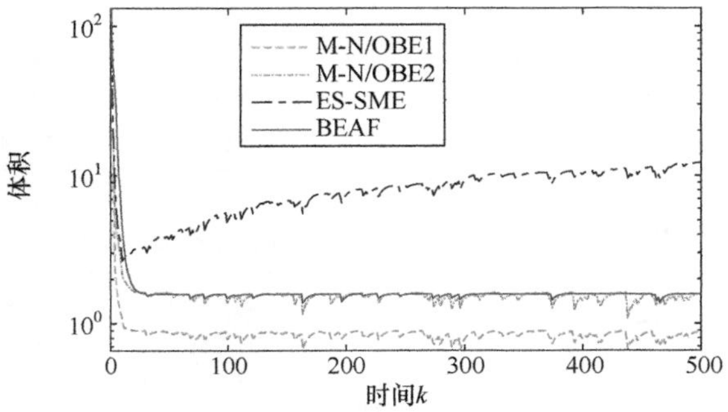

(a) 均匀分布

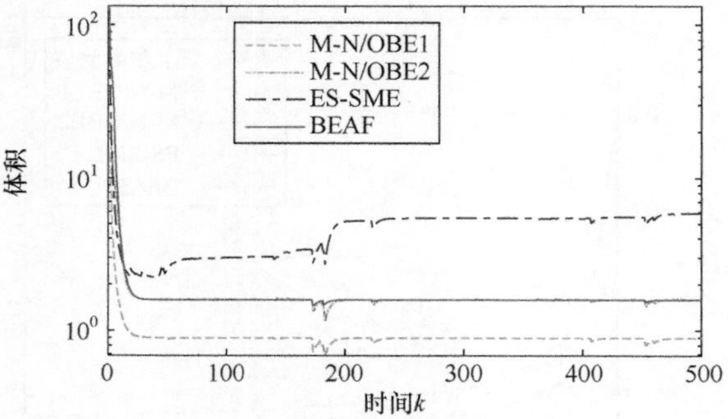

(b) 高斯分布

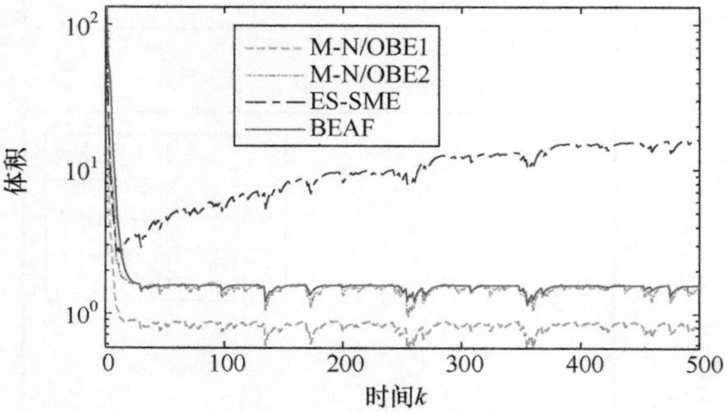

(c) 不对称分布

图 3.10　不同分布噪声条件下各算法的边界椭球体积

表 3.1　均匀分布噪声条件下的估计结果(情况 1)

算法	RMSE			量测更新率/%	定界椭球体积	运行时间/ms
	$\overline{e}_1$	$\overline{e}_2$	$\overline{e}_3$			
卡尔曼滤波	0.1284	0.1235	0.1161	—	—	0.0611
M-N/OBE1	0.1281	0.1229	0.1155	51.72	0.8886	8.2400
M-N/OBE2	0.1531	0.1465	0.1332	77.42	1.6394	2.1731
ES-SME	0.1255	0.1201	0.1131	44.38	9.0108	0.1283
BEAF	0.1247	0.1183	0.1098	13.00	2.2240	0.3395

表 3.2　高斯分布噪声条件下的估计结果(情况 2)

算法	RMSE			量测更新率/%	定界椭球体积	运行时间/ms
	$\overline{e}_1$	$\overline{e}_2$	$\overline{e}_3$			
卡尔曼滤波	0.0907	0.0864	0.0806	—	—	0.0612
M-N/OBE1	0.0951	0.0893	0.0826	7.82	0.9488	7.1889
M-N/OBE2	0.1021	0.0968	0.0891	15.32	1.7393	0.5565

续表

算法	RMSE			量测更新率/%	定界椭球体积	运行时间/ms
	$\overline{e}_1$	$\overline{e}_2$	$\overline{e}_3$			
ES-SME	0.1003	0.0922	0.0844	17.44	4.2307	0.1211
BEAF	0.0933	0.0865	0.0793	1.24	2.2932	0.0888

表 3.3　不对称分布噪声条件下的估计结果(情况 3)

算法	RMSE			量测更新率/%	定界椭球体积	运行时间/ms
	$\overline{e}_1$	$\overline{e}_2$	$\overline{e}_3$			
卡尔曼滤波	0.1313	0.1133	0.1012	—	—	0.0616
M-N/OBE1	0.1386	0.1222	0.1074	60.43	0.8643	258.8634
M-N/OBE2	0.1501	0.1512	0.1296	84.24	1.6175	2.4016
ES-SME	0.1289	0.1172	0.1010	50.61	10.3878	0.1303
BEAF	0.1254	0.1084	0.0910	16.14	2.2426	0.4420

如图 3.7～图 3.9 所示，不论噪声分布如何，BEAF 算法的 RMSE 都小于其他几种集员估计算法，且收敛速度快。与卡尔曼滤波相比，在非高斯噪声分布情况(情况 1 和情况 3)下，BEAF 算法估计精度具有明显优势。特别是，在不对称分布的情况下提高较多；在高斯噪声分布情况下，卡尔曼滤波算法与 BEAF 算法结果近似，对于状态分量 1，BEAF 算法有微弱优势，对于状态分量 3，卡尔曼滤波算法具有微弱的优势。这是因为卡尔曼滤波算法本身要求噪声符合高斯分布，所以其在高斯噪声分布条件下估计精度较高，在噪声分布不符合高斯分布时精度相对较低。

如图 3.10 所示，定界椭球的体积主要反映算法的边界估计情况，体积越小，椭球的边界越紧。显然，通过 BEAF 算法得到的椭球体积明显小于 ES-SME 算法，与 M-N/OBE1 算法近似，但是大于 M-N/OBE2 算法。这是因为 M-N/OBE1 算法和 M-N/OBE2 算法分别通过最小化椭球的迹和体积来优化参数，所以相对而言具有一定的优势。

上述结论在表 3.1～表 3.3 中得到进一步的印证。注意，表中 $\overline{e}_i$ 指第 i 个状态变量的 RMSE。同时，为验证性质(2)的正确性，我们也给出单次仿真中 σ_k 随时间的变化(图 3.11)。显然，σ_k 随时间递减，这与性质(2)的描述是一致。

从 3.4 节的推导过程可以看出，与卡尔曼滤波不同，BEAF 算法具有选择更新的特点，即在某时刻状态可行集和量测结果满足一定的条件时，算法只进行时间更新而不进行量测更新。这有利于提高算法的实时性。从表中的统计结果可知，本书所提算法的量测更新率是最低的。从运算时间来看，BEAF 算法的运算时间远小于两种 M-N/OBE 算法，这正是得益于 BEAF 算法量测更新率低。因为这三

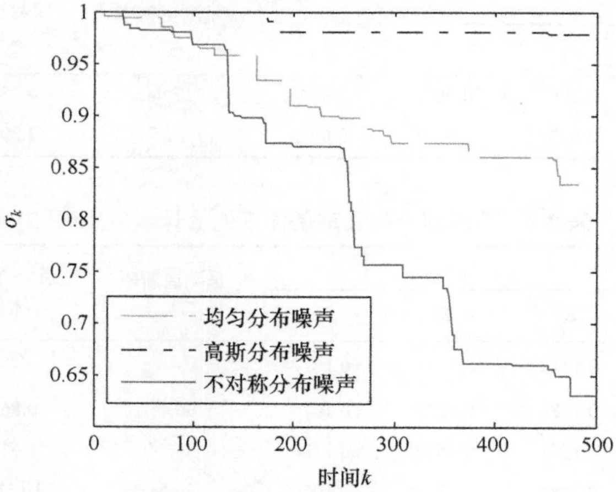

图 3.11　σ_k 随时间变化

种算法在选择参数时都需要求解非线性方程，算法本身运算复杂度较高，但是通过选择更新的方式，本书算法在一定程度上可以改善运算复杂度高的缺点，使算法满足更多对时间有要求的应用。由于 ES-SME 算法不需要求解非线性方程，因此该算法的运算效率相对较高。这是该算法最大的优势。

根据以上分析，本章算法的主要优势在于估计误差小、量测更新率低、收敛速度快，同时在边界估计和运算时间方面保持相对优越的性能。

3.6　本 章 小 结

本章将 BEACON 辨识算法的加权规则和参数求解方法引入状态估计，提出 BEAF 状态估计算法。算法分为时间更新和量测更新过程，分别通过求解两个集合的 Minkowski 和与交集的外包椭球来实现。为了兼顾算法的运算负担、估计精度和稳定性，时间更新采用最小迹准则求解参数，量测更新采用最小化 σ_k 的方法来求取最优参数。同时，从理论上分析算法的相关性质，并证明算法是输入-状态稳定的。这对于算法在控制、导航等领域应用具有重要的意义。仿真结果表明，本章算法在保持量测更新率低的同时可以保证估计误差较小，同时在边界估计和运算时间方面取得了良好的平衡。

第 4 章　基于集员估计的线性有界干扰系统平滑

4.1　引　　言

滤波算法使用当前和所有历史量测信息获得某种意义上的最佳状态估计。其精度很难进一步提高,但是可以通过当前估计时间之前和之后的观测值进行平滑，改善滤波估计[111-113]。特别是，在离线应用或者可以容忍一定的时间延迟时，平滑估计往往是一种改善估计性能的有效策略。虽然在有些应用中微小的时间延迟对应用本身影响并不大，但是可以获得比滤波更准确的状态估计。因此，本章利用固定滞后时间平滑进一步提高估计的精度。

4.2　Rauch-Tung-Striebel 平滑

如果已知量测值 $\boldsymbol{Z}_1,\boldsymbol{Z}_2,\cdots,\boldsymbol{Z}_k$ ，要求找出 $\boldsymbol{X}_j$ 的最优线性估值 $\hat{\boldsymbol{X}}_{j/k}$ ，当 $j<k$ 时，称为平滑。根据 k 和 j 的具体变化情况，平滑可分为固定点平滑、固定滞后平滑和固定区间平滑三种类型。

固定点平滑利用 k 时刻内所有量测值来估计 $0\sim k-1$ 时刻中某个固定时刻的状态向量。在应用中，如果对某项实验或某个过程中某一时刻状态的估计特别重要，常采用固定点平滑，例如利用观测人造卫星轨道的数据来估计其进入轨道时的初始状态,固定滞后平滑利用 k 时刻的所有量测值估计 $k-N$ 时刻的状态 $\hat{\boldsymbol{X}}_{k-N}$ ，N 为某个确定的固定滞后值，即输出结果为 $\hat{\boldsymbol{X}}_{k-N/k}$ 。实际上，固定滞后平滑依然是一种在线估计方法，只是存在一定的延迟。例如，在许多通信系统中，可以采用固定滞后平滑对通信信号进行处理。固定区间平滑是指利用区间 $(0,M]$ 所有量测值来估计区间中每个时刻的状态，这种平滑方法在惯性导航系统中应用较多。本章主要利用RTS(Rauch-Tung-Striebel)平滑结构实现有界干扰系统滤波的固定滞后平滑算法。

RTS 算法[114]取消了后向滤波过程,而前向滤波从执行过程中记录下每次滤波结果，顺序处理完量测信息后，利用记录的结果逆序执行 RTS 平滑算法需要的平滑值。其基本过程如下。

先由前往后正向滤波，获得并存储 $\boldsymbol{\Phi}^{\mathrm{T}}_{j/j-1},\hat{\boldsymbol{X}}_{f,j/j-1},\boldsymbol{P}_{f,j/j-1},\hat{\boldsymbol{X}}_{f,j},\boldsymbol{P}_{f,j}(j=1,$

$2,\cdots,M$)，再按由后往前的量测顺序执行如下 RTS 算法，即

$$\begin{cases}\boldsymbol{K}_{s,k}=\boldsymbol{P}_{f,k}\boldsymbol{\Phi}_{k+1/k}^{\mathrm{T}}\boldsymbol{P}_{f,k+1/k}^{-1}\\ \hat{\boldsymbol{X}}_{s,k}=\hat{\boldsymbol{X}}_{f,k}+\boldsymbol{K}_{s,k}(\hat{\boldsymbol{X}}_{s,k+1}-\hat{\boldsymbol{X}}_{f,k+1/k})\quad,\quad k=M-1,M-2,\cdots,1\\ \boldsymbol{P}_{s,k}=\boldsymbol{P}_{f,k}+\boldsymbol{K}_{s,k}(\boldsymbol{P}_{s,k+1}-\boldsymbol{P}_{f,k+1/k})\boldsymbol{K}_{s,k}^{\mathrm{T}}\end{cases}$$

该算法的优点是避免后向滤波，提高计算效率。

4.3 椭球定界固定滞后时间估计

本章将重点放在固定滞后时间的估计上，首先利用 RTS 平滑结构实现基于 BEAF 算法的反向平滑过程，即先由前向 BEAF 滤波器处理量测信息，再以 BEAF 算法实现反向平滑，从而得到基于 BEAF 的 RTS 平滑(记为 BEARTSS)算法。

4.3.1 基于 BEAF 的 RTS 平滑算法

假设反向递推过程得到的 k 时刻的状态椭球集为

$$\mathcal{E}_k^s=\left\{\boldsymbol{x}:(\boldsymbol{x}-\hat{\boldsymbol{x}}_k^s)^{\mathrm{T}}(\boldsymbol{P}_k^s)^{-1}(\boldsymbol{x}-\hat{\boldsymbol{x}}_k^s)\leqslant\sigma_k^s\right\}\tag{4.1}$$

在此基础上，可以推导由 k 时刻到 k-1 时刻的反向递推过程。

状态方程(2.13)可以反向描述为

$$\boldsymbol{x}_{k-1}=\boldsymbol{F}_{k-1}^{-1}\boldsymbol{x}_k-\boldsymbol{F}_{k-1}^{-1}\boldsymbol{G}_{k-1}\boldsymbol{w}_{k-1}\tag{4.2}$$

在已知椭球 $\mathcal{E}_k$ 的情况下，由式(4.2)可知，$\boldsymbol{x}_{k-1}$ 属于如下集合，即

$$\mathcal{X}_{k-1|k}^s=\left\{\boldsymbol{x}:\boldsymbol{x}=\boldsymbol{F}_{k-1}^{-1}\boldsymbol{x}_k^s-\boldsymbol{F}_{k-1}^{-1}\boldsymbol{G}_{k-1}\boldsymbol{w}_{k-1},\boldsymbol{x}_{k-1}^s\in\mathcal{E}_k^s\ ,\boldsymbol{w}_{k-1}\in\mathcal{W}_{k-1}\right\}\tag{4.3}$$

对于椭球定界算法反向平滑而言，时间更新阶段的目标是得到包含 $\mathcal{X}_{k|k-1}^s$ 的椭球，即

$$\mathcal{E}_{k-1|k}^s=\left\{\boldsymbol{x}:(\boldsymbol{x}-\hat{\boldsymbol{x}}_{k-1|k}^s)^{\mathrm{T}}(\boldsymbol{P}_{k-1|k}^s)^{-1}(\boldsymbol{x}-\hat{\boldsymbol{x}}_{k-1|k}^s)\leqslant\sigma_{k-1|k}^s\right\}\tag{4.4}$$

与正向滤波类似，可得

$$\hat{\boldsymbol{x}}_{k-1|k}^s=\boldsymbol{F}_{k-1}^{-1}\hat{\boldsymbol{x}}_k^s\tag{4.5}$$

$$\sigma_{k-1|k}^s=\sigma_k^s\tag{4.6}$$

$$\boldsymbol{P}_{k-1|k}^s=\left(1+(p_k^s)^{-1}\right)\boldsymbol{F}_{k-1}^{-1}\boldsymbol{P}_k^s(\boldsymbol{F}_{k-1}^{-1})^{\mathrm{T}}+\frac{1+p_k^s}{\sigma_{k-1|k}^s}\boldsymbol{F}_{k-1}^{-1}\boldsymbol{G}_{k-1}\boldsymbol{Q}_{k-1}\boldsymbol{G}_{k-1}^{\mathrm{T}}(\boldsymbol{F}_{k-1}^{-1})^{\mathrm{T}}\tag{4.7}$$

利用最小迹准则，可以选择如下参数 p_k^s，即

$$p_k^s = \left(\frac{\sigma_{k-1|k}^s \operatorname{tr}(\boldsymbol{F}_{k-1}^{-1} \boldsymbol{P}_k^s (\boldsymbol{F}_{k-1}^{-1})^{\mathrm{T}})}{\operatorname{tr}(\boldsymbol{F}_{k-1}^{-1} \boldsymbol{G}_{k-1} \boldsymbol{Q}_{k-1} \boldsymbol{G}_{k-1}^{\mathrm{T}} (\boldsymbol{F}_{k-1}^{-1})^{\mathrm{T}})} \right)^{1/2} \tag{4.8}$$

正向滤波过程使用量测获得包含状态可行集的椭球 $\mathcal{E}_{k-1}$。因此，反向平滑不需要再次使用量测信息，而是将滤波得到的椭球 $\mathcal{E}_{k-1}$ 用于更新状态估计。从几何角度来看，平滑更新阶段的目标是找到椭球 $\mathcal{E}_{k-1}$ 和 $\mathcal{E}_{k-1|k}^s$ 交集的外包椭球 $\mathcal{E}_{k-1}^s$，则 $\mathcal{E}_{k-1}^s$ 可描述为

$$\begin{aligned}\mathcal{E}_{k-1}^s &= \{\boldsymbol{x} : (\boldsymbol{x} - \hat{\boldsymbol{x}}_{k-1}^s)^{\mathrm{T}} (\boldsymbol{P}_{k-1}^s)^{-1} (\boldsymbol{x} - \hat{\boldsymbol{x}}_{k-1}^s) \leqslant \sigma_{k-1}^s\} \\ &= \{\boldsymbol{x} : (\boldsymbol{x} - \hat{\boldsymbol{x}}_{k-1|k}^s)^{\mathrm{T}} (\boldsymbol{P}_{k-1|k}^s)^{-1} (\boldsymbol{x} - \hat{\boldsymbol{x}}_{k-1|k}^s) + q_k^s (\hat{\boldsymbol{x}}_{k-1} - \boldsymbol{x})^{\mathrm{T}} \boldsymbol{P}_{k-1}^{-1} (\hat{\boldsymbol{x}}_{k-1} - \boldsymbol{x}) \\ &\quad \leqslant \sigma_{k-1|k}^s + q_k^s \sigma_{k-1}\}\end{aligned} \tag{4.9}$$

其中，$q_k^s \geqslant 0$。

由式(4.9)，$\mathcal{E}_{k-1}^s$ 中的元素满足

$$\begin{aligned}&(\boldsymbol{x} - \hat{\boldsymbol{x}}_{k-1|k}^s)^{\mathrm{T}} ((\boldsymbol{P}_{k-1|k}^s)^{-1} + q_k^s \boldsymbol{P}_{k-1}^{-1})(\boldsymbol{x} - \hat{\boldsymbol{x}}_{k-1|k}^s) - 2 q_k^s (\hat{\boldsymbol{x}}_{k-1} - \hat{\boldsymbol{x}}_{k-1|k}^s)^{\mathrm{T}} \boldsymbol{P}_{k-1}^{-1} (\boldsymbol{x} - \hat{\boldsymbol{x}}_{k-1|k}^s) \\ &\leqslant \sigma_{k-1|k}^s + q_k^s \sigma_{k-1} - q_k^s (\hat{\boldsymbol{x}}_{k-1} - \hat{\boldsymbol{x}}_{k-1|k}^s)^{\mathrm{T}} \boldsymbol{P}_{k-1}^{-1} (\hat{\boldsymbol{x}}_{k-1} - \hat{\boldsymbol{x}}_{k-1|k}^s)\end{aligned} \tag{4.10}$$

取 $(\boldsymbol{P}_{k-1}^s)^{-1} = (\boldsymbol{P}_{k-1|k}^s)^{-1} + q_k^s \boldsymbol{P}_{k-1}^{-1}$、$\boldsymbol{\delta}_{k-1}^s = \hat{\boldsymbol{x}}_{k-1} - \hat{\boldsymbol{x}}_{k-1|k}^s$，式(4.10)可以转化为

$$\begin{aligned}&(\boldsymbol{x} - \hat{\boldsymbol{x}}_{k-1|k}^s - q_k^s \boldsymbol{P}_{k-1}^s \boldsymbol{P}_{k-1}^{-1} \boldsymbol{\delta}_{k-1}^s)^{\mathrm{T}} (\boldsymbol{P}_{k-1}^s)^{-1} (\boldsymbol{x} - \hat{\boldsymbol{x}}_{k-1|k}^s - q_k^s \boldsymbol{P}_{k-1}^s \boldsymbol{P}_{k-1}^{-1} \boldsymbol{\delta}_{k-1}^s) \\ &\leqslant \sigma_{k-1|k}^s + q_k^s \sigma_{k-1} - q_k^s (\boldsymbol{\delta}_{k-1}^s)^{\mathrm{T}} \boldsymbol{P}_{k-1}^{-1} \boldsymbol{\delta}_{k-1}^s + (q_k^s \boldsymbol{P}_{k-1}^{-1} \boldsymbol{\delta}_{k-1}^s)^{\mathrm{T}} \boldsymbol{P}_{k-1}^s (q_k^s \boldsymbol{P}_{k-1}^{-1} \boldsymbol{\delta}_{k-1}^s)\end{aligned} \tag{4.11}$$

结合 BEAF 算法，经过一系列转换，可得反向平滑更新阶段估计结果，即

$$(\boldsymbol{P}_{k-1}^s)^{-1} = (\boldsymbol{P}_{k-1|k}^s)^{-1} + q_k^s \boldsymbol{P}_{k-1}^{-1} \tag{4.12}$$

$$\hat{\boldsymbol{x}}_{k-1}^s = \hat{\boldsymbol{x}}_{k-1|k}^s + q_k^s \boldsymbol{P}_{k-1}^s \boldsymbol{P}_{k-1}^{-1} \boldsymbol{\delta}_{k-1}^s \tag{4.13}$$

$$\sigma_{k-1}^s = \sigma_{k-1|k}^s + q_k^s \sigma_{k-1} - (\boldsymbol{\delta}_{k-1}^s)^{\mathrm{T}} (\boldsymbol{P}_{k-1|k}^s + (q_k^s)^{-1} \boldsymbol{P}_{k-1})^{-1} \boldsymbol{\delta}_{k-1}^s \tag{4.14}$$

同样，可以采用最小化 σ_{k-1}^s 的方法求取最优参数，经过推导，得到参数求解具体过程。

定理 4.1　给定式(4.14)，当 $(\boldsymbol{\delta}_{k-1}^s)^{\mathrm{T}} \boldsymbol{P}_{k-1}^{-1} \boldsymbol{\delta}_{k-1}^s \geqslant 1$ 时，以 $\min\limits_{q_k^s \geqslant 0} \sigma_{k-1}^s$ 为优化目标，参数 q_k^s 的最优值为下式的解，即

$$(\boldsymbol{\delta}_{k-1}^s)^{\mathrm{T}} (\boldsymbol{P}_{k-1} + q_k^s \boldsymbol{P}_{k-1|k}^s)^{-1} \boldsymbol{P}_{k-1} (\boldsymbol{P}_{k-1} + q_k^s \boldsymbol{P}_{k-1|k}^s)^{-1} \boldsymbol{\delta}_{k-1}^s = 1 \tag{4.15}$$

当$(\boldsymbol{\delta}_{k-1}^{s})^{\mathrm{T}}\boldsymbol{P}_{k-1}^{-1}\boldsymbol{\delta}_{k-1}^{s}<1$时，式(4.15)无解，此时取0为参数最优值。

证明：证明过程与定理3.1类似。将式(4.14)作为q_k^s的函数，为了描述方便，将其表示为$f_s(q_k^s)$，优化目标可以描述为

$$\tilde{q}_k^s=\arg\min_{q_k^s\geqslant 0}f_s(q_k^s) \tag{4.16}$$

其中，$\tilde{q}_k^s$为q_k^s的最优值。

对$f_s(q_k^s)$求导可得

$$f_s'(q_k^s)=1-(\boldsymbol{\delta}_{k-1}^{s})^{\mathrm{T}}(\boldsymbol{P}_{k-1}+q_k^s\boldsymbol{P}_{k-1|k}^{s})^{-1}\boldsymbol{P}_{k-1}(\boldsymbol{P}_{k-1}+q_k^s\boldsymbol{P}_{k-1|k}^{s})^{-1}\boldsymbol{\delta}_{k-1}^{s} \tag{4.17}$$

通过微分法易知$f_s''(q_k^s)\geqslant 0$，所以对任意$q_k^s\geqslant 0$，$f_s'(q_k^s)$是q_k^s的单调递增函数。如果$f_s'(0)>0$，即$(\boldsymbol{\delta}_{k-1}^{s})^{\mathrm{T}}\boldsymbol{P}_{k-1}^{-1}\boldsymbol{\delta}_{k-1}^{s}<1$时，对所有$q_k^s\geqslant 0$，均满足$f_s'(q_k^s)>0$。这意味着，$f_s(q_k^s)$是$q_k^s$的单调递增函数，所以$\tilde{q}_k^s=0$。如果$f'(0)\leqslant 0$，即$(\boldsymbol{\delta}_{k-1}^{s})^{\mathrm{T}}\boldsymbol{P}_{k-1}^{-1}\boldsymbol{\delta}_{k-1}^{s}\geqslant 1$时，根据微分法，$f'(q_k^s)=0$时$f_s(q_k^s)$最小，即参数的最优值满足式(4.15)。

证毕。

综上，在正向滤波已知的前提下，时刻k的状态可行集平滑到k–1时刻的递推过程可简单概括如下。

步骤1，已知k时刻平滑椭球$\mathcal{E}(\hat{\boldsymbol{x}}_k^s,\sigma_k^s\boldsymbol{P}_k^s)$，根据式(4.5)～式(4.7)可以得到时间更新椭球$\mathcal{E}(\hat{\boldsymbol{x}}_{k-1|k}^s,\sigma_{k-1|k}^s\boldsymbol{P}_{k-1|k}^s)$，其中参数$p_k^s$根据式(4.8)计算。

步骤2，如果$(\boldsymbol{\delta}_{k-1}^{s})^{\mathrm{T}}\boldsymbol{P}_{k-1}^{-1}\boldsymbol{\delta}_{k-1}^{s}<1$，取$\boldsymbol{P}_{k-1}^s=\boldsymbol{P}_{k-1|k}^s$、$\hat{\boldsymbol{x}}_{k-1}^s=\hat{\boldsymbol{x}}_{k-1|k}^s$、$\sigma_{k-1}^s=\sigma_{k-1|k}^s$；否则，根据式(4.12)～式(4.14)计算$\boldsymbol{P}_{k-1}^s$、$\hat{\boldsymbol{x}}_{k-1}^s$、$\sigma_{k-1}^s$，参数$q_k^s$根据式(4.15)计算，从而得到$k$–1时刻平滑更新椭球$\mathcal{E}(\hat{\boldsymbol{x}}_{k-1}^s,\sigma_{k-1}^s\boldsymbol{P}_{k-1}^s)$。

4.3.2 基于BEAF的固定滞后时间估计

上述算法仅为从时刻k到k–1的椭球状态可行集平滑递推过程。定义d为允许的固定滞后时间，则在集员框架下，固定滞后估计的目标是利用k时刻之前的所有信息估计k–d时刻的(近似)状态可行集。也就是在正向滤波估计到k时刻的基础上，反向平滑d步，得到k–d时刻的平滑估计结果。本章提出一种基于BEAF的固定滞后d时长的状态估计算法，称为BEARTSS-d算法。其中，正向滤波采用BEAF算法，反向平滑采用BEARTSS算法，最终可得BEARTSS-d算法，步骤如下。

步骤1，初始化$\hat{\boldsymbol{x}}_0,\boldsymbol{P}_0,\sigma_0$，设定$k=1$。

步骤 2，从时刻 1 到 k，运行 BEAF 滤波算法，得到估计的椭球定界状态可行集。存储 $k-d$ 时刻到 k 时刻的状态可行集估计结果，即 $\mathcal{E}(\hat{\boldsymbol{x}}_{k-d},\sigma_{k-d}\boldsymbol{P}_{k-d})$，$\mathcal{E}(\hat{\boldsymbol{x}}_{k-d+1},\sigma_{k-d+1}\boldsymbol{P}_{k-d+1})$，…，$\mathcal{E}(\hat{\boldsymbol{x}}_k,\sigma_k\boldsymbol{P}_k)$。

步骤 3，令 $\hat{\boldsymbol{x}}_k^s=\hat{\boldsymbol{x}}_k$、$\boldsymbol{P}_k^s=\boldsymbol{P}_k$、$\sigma_k^s=\sigma_k$，运行 BEARTSS 算法，根据步骤 2 中存储的信息进行反向平滑，执行 d 步。

步骤 4，输出固定滞后估计结果 $\mathcal{E}(\hat{\boldsymbol{x}}_{k-d}^s,\sigma_{k-d}^s\boldsymbol{P}_{k-d}^s)$。

步骤 5，$k+1$ 时刻，执行一步 BEAF 滤波算法，存储新的滤波估计结果 $\mathcal{E}(\hat{\boldsymbol{x}}_{k+1},\sigma_{k+1}\boldsymbol{P}_{k+1})$，删除 $k-d$ 时刻的滤波估计结果 $\mathcal{E}(\hat{\boldsymbol{x}}_{k-d},\sigma_{k-d}\boldsymbol{P}_{k-d})$。

步骤 6，令 $k\leftarrow k+1$，返回步骤 3。

4.4　仿 真 算 例

通过蒙特卡罗仿真验证 BEARTSS-d 算法的性能，量测噪声的边界椭球形状矩阵设置为 $\boldsymbol{R}_k=\mu\mathrm{diag}(9,9)$，$\mu=\{0.01,0.1,1\}$，仿真采用的系统及其他条件与 3.5 节的仿真一致，过程噪声和量测噪声均匀分布在相应椭球内。量测噪声矩阵中 μ 的设置主要是为考察量测信息不同时，平滑对精度的影响。仿真设置 $d=1,5,10$，用于比较 BEARTSS-d 算法固定滞后时长对精度提升的影响。BEAF 算法和 BEARTSS-d 算法估计状态的 RMSE 如图 4.1～图 4.3 所示。100 次仿真的统计结果如表 4.1～表 4.3 所示，包括平均 RMSE、平均运行时间和状态椭球平均体积。

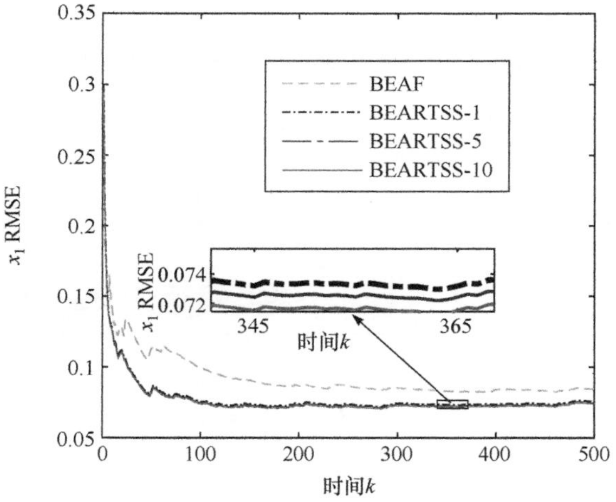

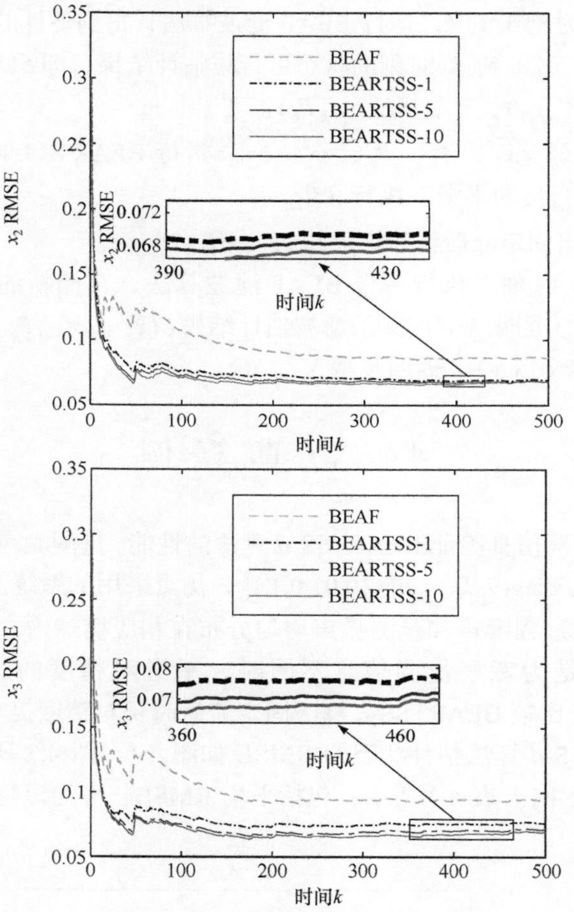

图 4.1 $\mu=0.01$ 时各状态分量的 RMSE

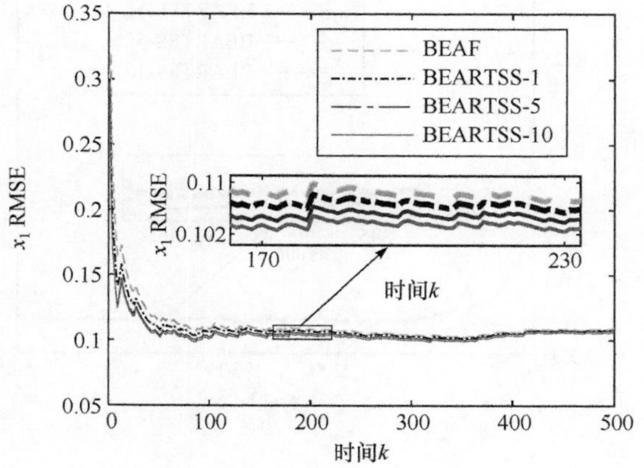

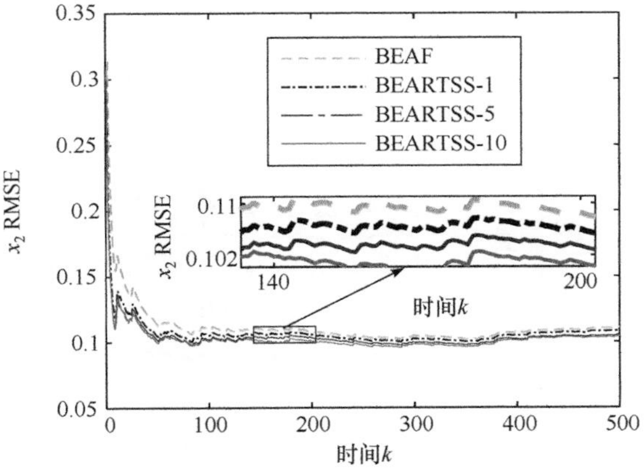

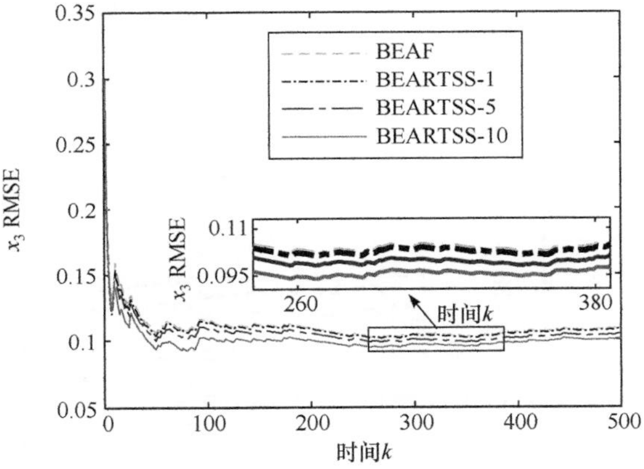

图 4.2　$\mu = 0.1$时各状态分量的 RMSE

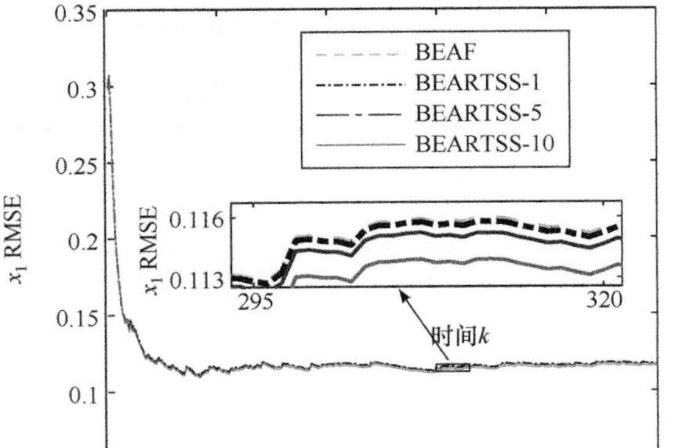

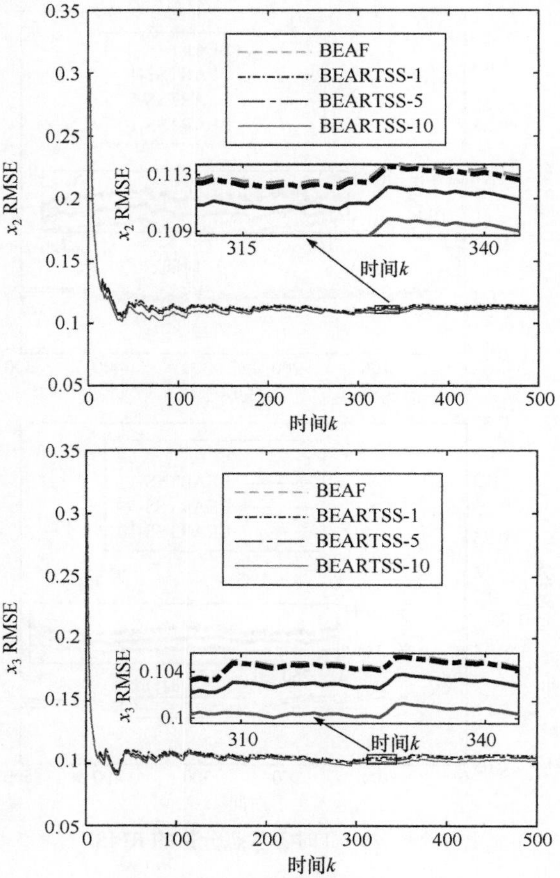

图 4.3 $\mu=1$ 时各状态分量的 RMSE

表 4.1 $\mu=0.01$ 时估计结果比较

算法	RMSE			定界椭球体积	运行时间/ms
	$\overline{e}_1$	$\overline{e}_2$	$\overline{e}_3$		
BEAF	0.0846	0.0869	0.0952	1.7532	1.7793
BEARTSS-1	0.0759	0.0691	0.0774	1.7514	11.2053
BEARTSS-5	0.0751	0.0682	0.0720	1.7535	38.1250
BEARTSS-10	0.0742	0.0678	0.0699	1.7496	66.4788

表 4.2　$\mu = 0.1$ 时估计结果比较

算法	RMSE			定界椭球体积	运行时间/ms
	$\bar{e}_1$	$\bar{e}_2$	$\bar{e}_3$		
BEAF	0.1194	0.1140	0.1061	1.9256	1.0978
BEARTSS-1	0.1147	0.1112	0.1055	1.9014	11.4363
BEARTSS-5	0.1142	0.1079	0.1015	1.9275	38.4176
BEARTSS-10	0.1133	0.1044	0.0960	1.9157	61.5908

表 4.3　$\mu = 1$ 时估计结果比较

算法	RMSE			定界椭球体积	运行时间/ms
	$\bar{e}_1$	$\bar{e}_2$	$\bar{e}_3$		
BEAF	0.1235	0.1166	0.1083	2.2410	0.3757
BEARTSS-1	0.1210	0.1145	0.1074	2.3354	13.4956
BEARTSS-5	0.1209	0.1135	0.1059	2.2352	44.8146
BEARTSS-10	0.1190	0.1124	0.1036	2.2214	62.6757

同时，通过计算得到 $\mu = \{0.01, 0.1, 1\}$ 时，BEAF 算法的量测更新率为 56.3%、38%和 12.6%。可以看出，固定滞后平滑可以显著提高状态估计精度，而且滞后时间越长，精度提高越大。从不同的量测噪声来看，量测噪声的权重系数越小，固定滞后平滑的精度提升效果越明显。这是因为权重系数越小，量测信息在估计中起到的作用越大。这一点从量测更新率也可以看出，而固定滞后平滑主要是利用当前时刻后面的量测信息来估计当前时刻的状态，所以权重系数越小，估计精度越高。

本章提出固定滞后平滑的目的是，在离线应用或对实时性要求不高的场合提高算法的估计精度。从仿真结果来看实现了这个目标，同时平滑算法的滞后时间越长，算法消耗的运算时间提高也越明显。所以，在实际应用中应根据允许的滞后时间和对精度的要求综合考虑来合理选择相应的算法。

4.5 应用算例

本节通过微机电系统(micro-electro-mechanical system，MEMS)陀螺阵列实验进一步验证算法的效果。误差模型是 MEMS 陀螺进行误差估计的基础，假设输入角速率为 ω，带噪声的量测值 y 可以描述为

$$\begin{cases} y = \omega + b + n \\ \dot{b} = w \end{cases} \tag{4.18}$$

其中，b 为角速率随机游走过程 w 导致的漂移；n 为白噪声，可以用角度随机游走过程来描述。

由于环境干扰的存在，即使在静态条件下，真实角速率 ω 也并非绝对等于 0，可以将其模型建立为由白噪声 n_{ω} 驱动的随机游走过程，因此 6 陀螺阵列的离散系统模型可以描述为

$$\begin{cases}\boldsymbol{x}(k)=\boldsymbol{\Phi}(k-1)\boldsymbol{x}(k-1)+\boldsymbol{\Gamma}(k-1)\boldsymbol{w}(k-1)\\ \boldsymbol{z}(k)=\boldsymbol{H}(k)\boldsymbol{x}(k)+\boldsymbol{v}(k)\end{cases}\tag{4.19}$$

其中，$\boldsymbol{x}(k)=[b_1(k),b_2(k),\cdots,b_6(k),\omega]$；$\boldsymbol{z}(k)=[z_1(k),z_2(k),\cdots,z_6(k)]^{\mathrm{T}}$；$\boldsymbol{\Phi}(k-1)=\boldsymbol{I}_{6+1}$，$\boldsymbol{\Gamma}(k-1)=T\times\boldsymbol{I}_{6+1}$；$\boldsymbol{H}(k)=[\boldsymbol{I}_6\,\vdots\,1_6]$；$\boldsymbol{w}(k-1)$ 和 $\boldsymbol{v}(k)$ 为过程噪声和量测噪声，$\boldsymbol{w}(k-1)=[w_1(k-1),w_2(k-1),\cdots,w_6(k-1),n_{\omega}]^{\mathrm{T}}$，$\boldsymbol{v}(k)=[v_1(k),v_2(k),\cdots,v_6(k)]^{\mathrm{T}}$，通常情况下，这两个噪声会假设为高斯噪声，然后用卡尔曼滤波及其拓展方法进行处理。

这些噪声通常难以满足高斯假设的条件，因此本章将其假设为 UBB 噪声，并用椭球来包围，即

$$\boldsymbol{W}(k)\equiv\{\boldsymbol{w}(k):\boldsymbol{w}^{\mathrm{T}}(k)\boldsymbol{Q}^{-1}(k)\boldsymbol{w}(k)\leqslant 1\}\tag{4.20}$$

$$\boldsymbol{V}(k)\equiv\{\boldsymbol{v}(k):\boldsymbol{v}^{\mathrm{T}}(k)\boldsymbol{R}^{-1}(k)\boldsymbol{v}(k)\leqslant 1\}\tag{4.21}$$

其中，$\boldsymbol{Q}(k)$ 和 $\boldsymbol{R}(k)$ 为已知的正定矩阵。

相应的，初始状态也假设

$$\mathcal{E}_0\equiv\{\boldsymbol{x}(0):(\boldsymbol{x}(0)-\hat{\boldsymbol{x}}(0))^{\mathrm{T}}\boldsymbol{P}^{-1}(0)(\boldsymbol{x}(0)-\hat{\boldsymbol{x}}(0))\leqslant 1\}\tag{4.22}$$

其中，$\hat{\boldsymbol{x}}(0)$ 为初始椭球中心；$\boldsymbol{P}(0)$ 为正定矩阵。

当测量动态信号时，真实角速率信号难以直接获取，本章采用间接方法将漂移作为状态估计对象。然后，用估计得到的漂移补偿动态信号，从而得到最优的角速率估计结果。

将状态向量 $\boldsymbol{x}(k)$ 设置为 $[b_1(k),b_2(k),\cdots,b_6(k)]$，然后采用差分法消除未知的真实角速率的影响。动态条件下的离散系统模型可以表示为

$$\boldsymbol{\Phi}(k-1)=\boldsymbol{I}_6,\boldsymbol{\Gamma}(k-1)=T\times\boldsymbol{I}_6\quad \boldsymbol{w}(k-1)=[w_1(k-1),w_2(k-1),\cdots,w_6(k-1)]^{\mathrm{T}}$$

$$\boldsymbol{z}(k)=\begin{bmatrix}z_2(k)-z_1(k)\\ z_3(k)-z_2(k)\\ z_4(k)-z_3(k)\\ z_5(k)-z_4(k)\\ z_6(k)-z_5(k)\\ z_1(k)-z_6(k)\end{bmatrix},\quad \boldsymbol{v}(k-1)=\begin{bmatrix}v_2(k-1)-v_1(k-1)\\ v_3(k-1)-v_2(k-1)\\ v_4(k-1)-v_3(k-1)\\ v_5(k-1)-v_4(k-1)\\ v_6(k-1)-v_5(k-1)\\ v_1(k-1)-v_6(k-1)\end{bmatrix}$$

$$
\boldsymbol{H}(k)=\begin{bmatrix}-1 & 1 & 0 & 0 & 0 & 0\\ 0 & -1 & 1 & 0 & 0 & 0\\ 0 & 0 & -1 & 1 & 0 & 0\\ 0 & 0 & 0 & -1 & 1 & 0\\ 0 & 0 & 0 & 0 & -1 & 1\\ 1 & 0 & 0 & 0 & 0 & -1\end{bmatrix}
$$

同样，$\boldsymbol{w}(k-1)$ 、 $\boldsymbol{v}(k)$ ，以及初始状态都假设为由椭球定界的集合。通过这种方法可以将漂移 b 提取出来，并在进一步的滤波过程中减小噪声的影响。

接下来的工作可以归纳为给定上述公式描述的模型，以及陀螺阵列中采集的量测数据，计算出包含真实状态 $\boldsymbol{x}(k)$ 的最小椭球。椭球的中心可以作为点估计结果并估计真实角速率。

实验采用 6 陀螺方案，即在一块电路板上焊接 6 个陀螺芯片 ADXRS300[115]，并设计配备相应的功能电路，然后搭建数据采集系统，同时采集 6 个陀螺的输出信号并进行融合。实验中搭建的 MEMS 陀螺阵列如图 4.4 所示。单个陀螺的带宽设置为 40Hz，所以为满足 Nyquist 定律，将采样频率设置为 200Hz。

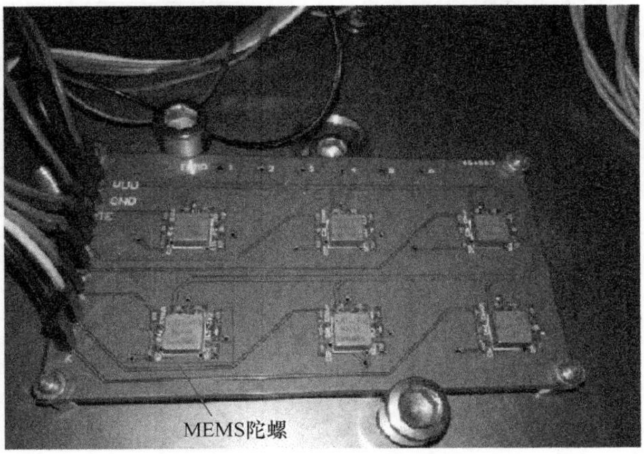

图 4.4　陀螺阵列实验板

1. 静态实验

将陀螺仪放置在温控平台上并保持静止。为充分反映噪声特性，对陀螺仪连续采样 10h，然后使用卡尔曼滤波算法、BEAF 算法，以及本章提出的 BEARTSS 算法进行处理，单个陀螺的漂移和陀螺阵列的融合结果如图 4.5 和图 4.6 所示。

通过计算，使用 BEARTSS 平滑算法可以将陀螺仪的静态漂移从 0.5130 °/s (Gyro 3)减小为 0.1368 °/s ， 原始漂移是处理后的 3.75 倍，使用卡尔曼滤波算法

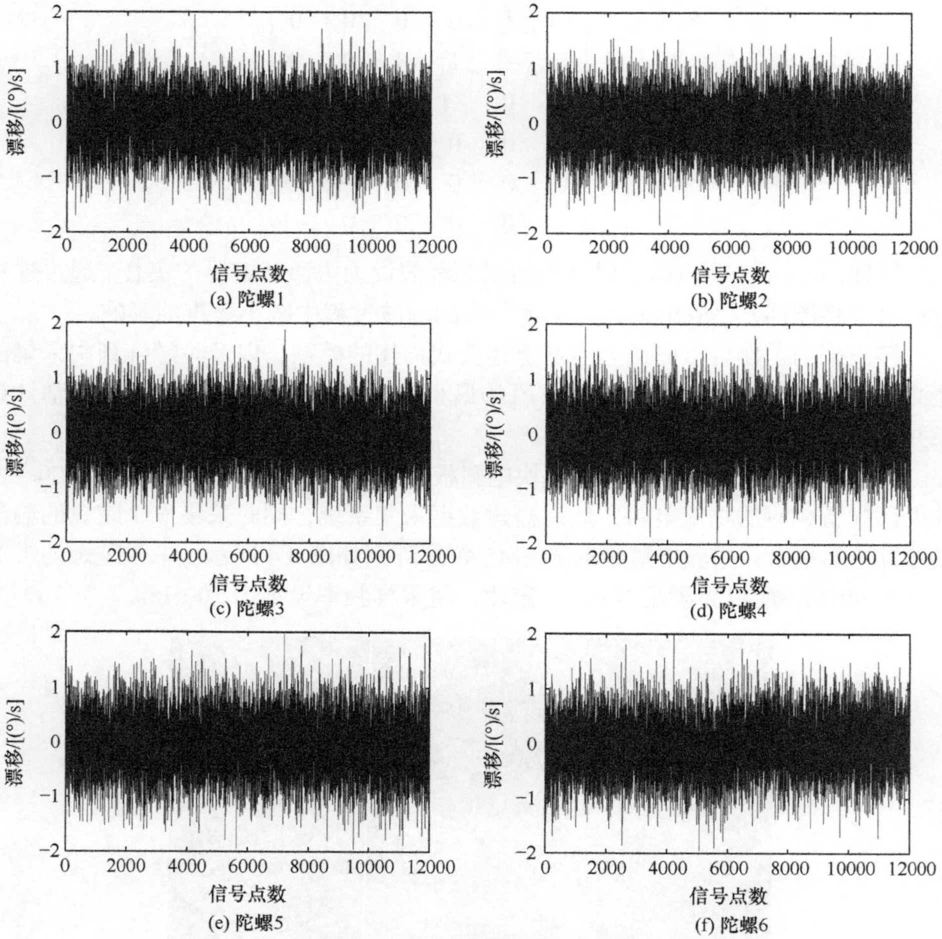

图 4.5　单个陀螺的静态漂移

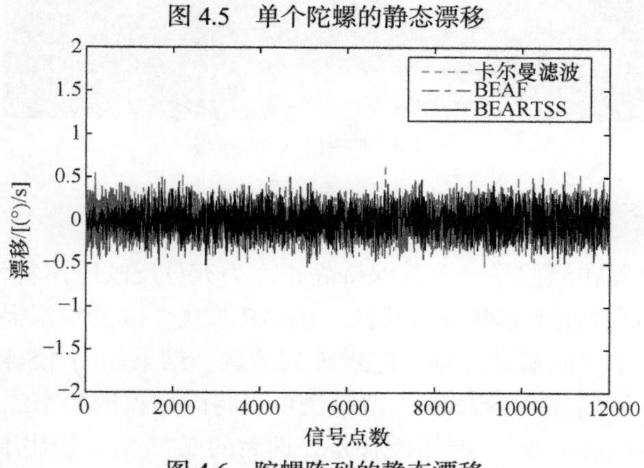

图 4.6　陀螺阵列的静态漂移

和 BEAF 算法则分别减小到 0.1570 °/s 和 0.1568 °/s 。显然，上述所有方法对于提升 MEMS 陀螺仪的精度都是有效的，而本章提出的方法略具优势。其主要原因是，在静态条件下，陀螺仪的噪声以高斯噪声为主，与卡尔曼滤波的条件一致。

2. 动态测试

在动态测试中，状态设置为按照正弦输入做摇摆运动。首先，通过差分方法估计陀螺漂移并进行补偿，然后将各陀螺信号融合估计得到真实角速率。动态实验中的输入信号和估计角速率如图 4.7 和图 4.8 所示。单个陀螺和陀螺阵列的输出噪声如图 4.9 和图 4.10 所示。

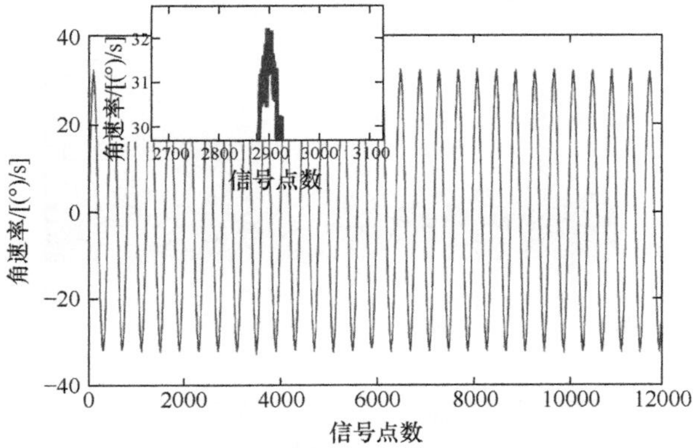

图 4.7　动态实验中的输入信号

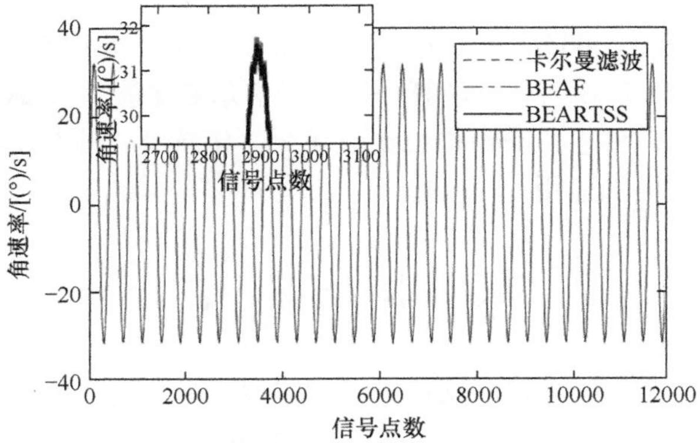

图 4.8　动态实验估计角速率

可以看出，使用上述三种方法进行陀螺阵列信号的融合滤波可以大幅度提高陀螺仪的动态精度。使用 BEARTSS 平滑算法可以将陀螺仪的动态漂移从 0.5343 °/s (Gyro 3)减小为 0.1704 °/s ，精度提高 3.1356 倍，使用卡尔曼滤波算法和 BEAF

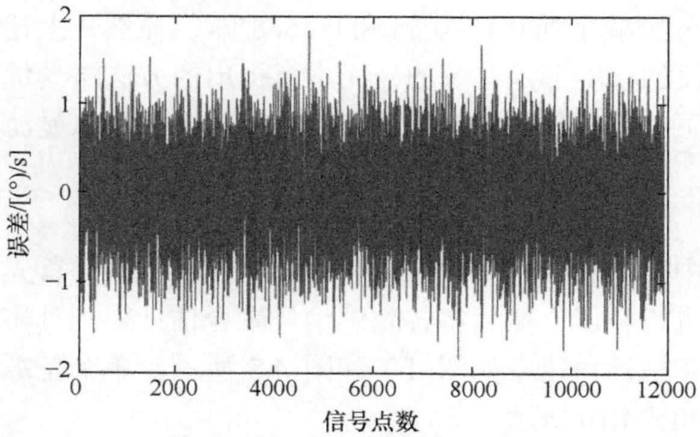

图 4.9 单个陀螺的输出噪声

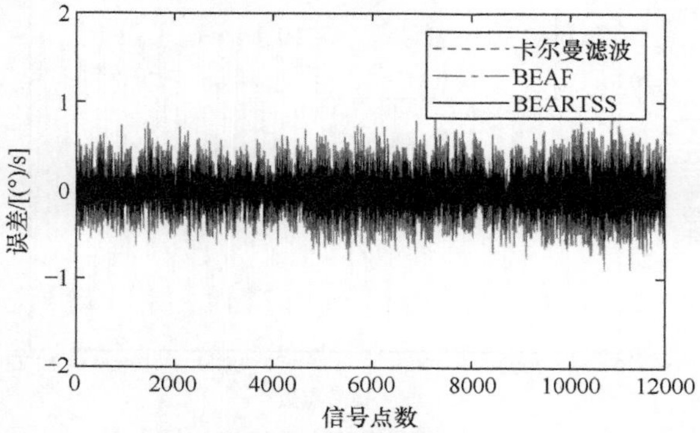

图 4.10 陀螺阵列的输出噪声

算法则分别降低到 0.2400 °/s 和 0.2332 °/s 。显然，对于 MEMS 陀螺阵列融合滤波，动态条件下的 BEARTSS 平滑算法是优于卡尔曼滤波和 BEAF 算法的。其主要原因是，在动态条件下，噪声构成比较复杂，高斯噪声只占较小的部分，有界干扰系统滤波方法更加适用。

4.6 本 章 小 结

本章以 BEAF 算法为基础，考虑不同应用场合的需求，研究基于集员估计的线性有界干扰系统平滑方法，提出固定滞后时间集员估计方法，即 BEARTSS-d 算法。仿真结果表明，随着滞后时间 d 的增大，算法的估计精度明显提高，显著优于滤波算法。量测噪声的权重系数越小，固定滞后平滑的精度提升效果越明显。

第 5 章　基于集员估计的线性有界干扰系统快速滤波

5.1　引　　言

为满足高实时性应用的需求，本章从改进量测更新过程的角度出发，通过寻求次优定界椭球解决方案，降低算法复杂度，同时保证算法的稳定性和较高的估计精度。

5.2　基于量测序贯更新的有界干扰系统快速滤波

5.2.1　基于椭球-带求交的量测序贯更新

实现量测序贯更新的第一步是对量测噪声集进行松弛，为使估计状态的边界尽可能紧，有必要寻找包含集合 $\mathcal{X}_k$ 的最小超平行体。

定义 5.1　一个 n 维超平行体可定义为

$$\mathcal{P}=\left\{\boldsymbol{x}:\boldsymbol{x}=\boldsymbol{a}+\boldsymbol{H}\boldsymbol{z},\|\boldsymbol{z}\|_{\infty}\leqslant 1\right\} \tag{5.1}$$

其中，$\boldsymbol{a}$ 为超平行体的中心；超平行体的边界由非奇异矩阵 $\boldsymbol{H}\in\mathbb{R}^{n\times n}$ 的各列定义。

经过推导可知，任意椭球集的所有外包超平行体中存在最小的超平行体，具体描述如下。

定理 5.1　给定椭球集 $\mathcal{E}(\boldsymbol{a},\boldsymbol{M})$，假设 $\boldsymbol{B}=\mathrm{diag}(b_0,b_1,\cdots,b_{m-1})$、$\boldsymbol{C}=[\boldsymbol{c}_0\quad \boldsymbol{c}_1\quad \cdots\quad \boldsymbol{c}_{m-1}]$、$\boldsymbol{M}=\boldsymbol{C}\boldsymbol{B}\boldsymbol{C}^{\mathrm{T}}$，其中 b_i 为 $\boldsymbol{M}$ 的特征值，$\boldsymbol{c}_i$ 为相对应的特征向量，那么在该椭球所有的外包超平行体中，存在体积最小的超平行体，并表示为

$$\mathcal{P}=\bigcap_{i}\left\{\boldsymbol{x}:-\sqrt{b_i}\leqslant \boldsymbol{c}_i^{\mathrm{T}}(\boldsymbol{x}-\boldsymbol{a})\leqslant\sqrt{b_i}\right\} \tag{5.2}$$

证明： 椭球集 $\mathcal{E}(\boldsymbol{a},\boldsymbol{M})$ 可以由欧氏空间的单位球经过仿射变换得到。由于

$$\begin{aligned}
&\{\boldsymbol{x}:(\boldsymbol{x}-\boldsymbol{a})^{\mathrm{T}}\boldsymbol{M}^{-1}(\boldsymbol{x}-\boldsymbol{a})\leqslant 1\}\\
\Leftrightarrow &\{\boldsymbol{x}:(\boldsymbol{x}-\boldsymbol{a})^{\mathrm{T}}(\boldsymbol{C}\boldsymbol{B}\boldsymbol{C}^{\mathrm{T}})^{-1}(\boldsymbol{x}-\boldsymbol{a})\leqslant 1\}\\
\Leftrightarrow &\{\boldsymbol{x}:(\boldsymbol{x}-\boldsymbol{a})^{\mathrm{T}}\boldsymbol{H}^{-\mathrm{T}}\boldsymbol{H}^{-1}(\boldsymbol{x}-\boldsymbol{a})\leqslant 1\}
\end{aligned}$$

$$\Leftrightarrow \{x:\left\|H^{-1}(x-a)\right\|_2 \leqslant 1\}$$
$$\Leftrightarrow \{x: x=a+Hz, \|z\|_2 \leqslant 1\}$$

因此，椭球集 $\mathcal{E}(a,M)$ 可以表示为

$$\mathcal{E}(a,M)=\left\{x: x=a+Hz, \|z\|_2 \leqslant 1\right\} \tag{5.3}$$

其中，$H=C\Sigma$，$\Sigma=\operatorname{diag}(\sqrt{b_0},\sqrt{b_1},\cdots,\sqrt{b_{m-1}})$。

因此，该椭球的每个外包超平行体都可以看作单位球的外包超平行体经过相同的仿射变换得到的。

假设 V_O 为任意单位球的外包超平行体或盒子的体积，显然有 $V_O \geqslant 2^m$，2^m 为单位盒子的体积，是单位球外包超平行体中体积最小的。

假设 $\mathcal{E}(a,M)$ 的外包超平行体的体积为 V_P。经过式(5.3)所示的仿射变换，V_P 可以表示为

$$V_P=f(H)V_O \geqslant 2^m f(H) \tag{5.4}$$

其中，$f(H)$ 为与 H 相关的函数；$\mathcal{E}(a,M)$ 外包超平行体中的最小体积为 $2^m f(H)$。

对式(5.2)进行相关的变换，可得

$$\begin{aligned}
\|&=\bigcap_i\{x:-\sqrt{b_i}\leqslant c_i^{\mathrm{T}}(x-a)\leqslant\sqrt{b_i}\}\\
&=\bigcap_i\left\{x:\left|\frac{c_i^{\mathrm{T}}}{\sqrt{b_i}}(x-a)\right|\leqslant 1\right\}\\
&=\left\{x:\left\|\left[\frac{c_0^{\mathrm{T}}}{\sqrt{b_0}},\frac{c_1^{\mathrm{T}}}{\sqrt{b_1}},\cdots,\frac{c_{m-1}^{\mathrm{T}}}{\sqrt{b_{m-1}}}\right]^{\mathrm{T}}(x-a)\right\|_\infty\leqslant 1\right\}\\
&=\{x:\left\|C^{\mathrm{T}}\Sigma^{-1}(x-a)\right\|_\infty\leqslant 1\}\\
&=\{x:\left\|H^{-1}(x-a)\right\|_\infty\leqslant 1\}\\
&=\{x:x=a+Hz,\|z\|_\infty\leqslant 1\}
\end{aligned} \tag{5.5}$$

对比式(5.3)和式(5.5)，集合 $\mathcal{P}$ 可以看作单位盒子经过相同的仿射变换得到的，且其体积为 $2^m f(H)$。所以，对于所有椭球集 $\mathcal{E}(a,M)$ 的外包超平行体而言，$\mathcal{P}$ 的体积最小。

证毕。

根据定理 5.1，可以采用如下外包超平行体代替量测椭球集 $\mathcal{E}(0,R_k)$ 进行量测更新，即

$$\mathcal{V}_k = \bigcap_i \left\{ \boldsymbol{v}_k : -\sqrt{\lambda_{k,i}} \leqslant \boldsymbol{u}_{k,i}^{\mathrm{T}} \boldsymbol{v}_k \leqslant \sqrt{\lambda_{k,i}} \right\}, \quad i = 0,1,\cdots,m-1 \tag{5.6}$$

其中，$\boldsymbol{u}_{k,i}$ 为相对应的特征向量；$\lambda_{k,i}$ 为 $\boldsymbol{R}_k$ 的特征值，$\boldsymbol{R}_k = \sum_{i=0}^{m-1} \lambda_{k,i} \boldsymbol{u}_{k,i} \boldsymbol{u}_{k,i}^{\mathrm{T}}$。

由于

$$\begin{aligned} & -\sqrt{\lambda_{k,i}} \leqslant \boldsymbol{u}_{k,i}^{\mathrm{T}} \boldsymbol{v}_k \leqslant \sqrt{\lambda_{k,i}} \\ \Leftrightarrow & -\sqrt{\lambda_{k,i}} \leqslant \boldsymbol{u}_{k,i}^{\mathrm{T}} (z_k - \boldsymbol{H}_k \boldsymbol{x}_k) \leqslant \sqrt{\lambda_{k,i}} \\ \Leftrightarrow & -\sqrt{\lambda_{k,i}} \leqslant z_{k,i} - \boldsymbol{h}_{k,i}^{\mathrm{T}} \boldsymbol{x}_k \leqslant \sqrt{\lambda_{k,i}} \\ \Leftrightarrow & (z_{k,i} - \boldsymbol{h}_{k,i}^{\mathrm{T}} \boldsymbol{x}_k)^2 \leqslant \lambda_{k,i} \end{aligned}$$

因此，为方便处理，式(5.6)又可以表示为

$$\bar{\mathcal{X}}_k = \bigcap_i \bar{\mathcal{X}}_{k,i}, \quad \bar{\mathcal{X}}_{k,i} = \left\{ \boldsymbol{x}_k : (z_{k,i} - \boldsymbol{h}_{k,i}^{\mathrm{T}} \boldsymbol{x}_k)^2 \leqslant \lambda_{k,i} \right\} \tag{5.7}$$

其中，$\boldsymbol{h}_{k,i} = \boldsymbol{H}_k^{\mathrm{T}} \boldsymbol{u}_{k,i}$；$z_{k,i} = \boldsymbol{u}_{k,i}^{\mathrm{T}} \boldsymbol{z}_k$。

$\mathcal{E}_{k|k-1}$ 和 $\bar{\mathcal{X}}_k$ 的交集可以通过 m 次序贯更新得到。设定序贯更新的初始椭球为 $\mathcal{E}(\hat{\boldsymbol{x}}_{k,0}, \sigma_{k,0} \boldsymbol{P}_{k,0})$，其中 $\hat{\boldsymbol{x}}_{k,0} = \hat{\boldsymbol{x}}_{k|k-1}$，$\boldsymbol{P}_{k,0} = \boldsymbol{P}_{k|k-1}$，$\sigma_{k,0} = \sigma_{k|k-1}$。

给定椭球集 $\mathcal{E}(\hat{\boldsymbol{x}}_{k,i}, \sigma_{k,i} \boldsymbol{P}_{k,i})$ 和集合 $\bar{\mathcal{X}}_{k,i}$，则两者交集的外包椭球中的状态 $\boldsymbol{x}_k$ 必定满足下式，即

$$(\boldsymbol{x}_k - \hat{\boldsymbol{x}}_{k,i})^{\mathrm{T}} \boldsymbol{P}_{k,i}^{-1} (\boldsymbol{x}_k - \hat{\boldsymbol{x}}_{k,i}) + q_{k,i} (z_{k,i} - \boldsymbol{h}_{k,i}^{\mathrm{T}} \boldsymbol{x}_k)^2 \leqslant \sigma_{k,i} + q_{k,i} \lambda_{k,i} \tag{5.8}$$

其中，$q_{k,i} \geqslant 0$。

经过一系列变换，式(5.8)变为

$$\begin{aligned} & (\boldsymbol{x}_k - \hat{\boldsymbol{x}}_{k,i})^{\mathrm{T}} (\boldsymbol{P}_{k,i}^{-1} + q_{k,i} \boldsymbol{h}_{k,i} \boldsymbol{h}_{k,i}^{\mathrm{T}}) (\boldsymbol{x}_k - \hat{\boldsymbol{x}}_{k,i}) - 2 q_{k,i} (z_{k,i} - \boldsymbol{h}_{k,i}^{\mathrm{T}} \hat{\boldsymbol{x}}_{k,i}) \boldsymbol{h}_{k,i}^{\mathrm{T}} (\boldsymbol{x}_k - \hat{\boldsymbol{x}}_{k,i}) \\ & \leqslant \sigma_{k,i} + q_{k,i} \lambda_{k,i} - q_{k,i} (z_{k,i} - \boldsymbol{h}_{k,i}^{\mathrm{T}} \hat{\boldsymbol{x}}_{k,i})^2 \end{aligned} \tag{5.9}$$

令 $\delta_{k,i} = z_{k,i} - \boldsymbol{h}_{k,i}^{\mathrm{T}} \hat{\boldsymbol{x}}_{k,i}$，以及

$$\boldsymbol{P}_{k,i+1}^{-1} = \boldsymbol{P}_{k,i}^{-1} + q_{k,i} \boldsymbol{h}_{k,i} \boldsymbol{h}_{k,i}^{\mathrm{T}} \tag{5.10}$$

经过一些复杂但比较常规的公式变换，式(5.9)等价于

$$\begin{aligned} & (\boldsymbol{x}_k - \hat{\boldsymbol{x}}_{k,i} - q_{k,i} \delta_{k,i} \boldsymbol{P}_{k,i+1} \boldsymbol{h}_{k,i})^{\mathrm{T}} \boldsymbol{P}_{k,i+1}^{-1} (\boldsymbol{x}_k - \hat{\boldsymbol{x}}_{k,i} - q_{k,i} \delta_{k,i} \boldsymbol{P}_{k,i+1} \boldsymbol{h}_{k,i}) \\ & \leqslant \sigma_{k,i} + q_{k,i} \lambda_{k,i} - q_{k,i} \delta_{k,i}^2 (1 - q_{k,i} \boldsymbol{h}_{k,i}^{\mathrm{T}} \boldsymbol{P}_{k,i+1} \boldsymbol{h}_{k,i}) \end{aligned} \tag{5.11}$$

因此，可得

$$\hat{\boldsymbol{x}}_{k,i+1} = \hat{\boldsymbol{x}}_{k,i} + q_{k,i} \delta_{k,i} \boldsymbol{P}_{k,i+1} \boldsymbol{h}_{k,i} \tag{5.12}$$

$$\sigma_{k,i+1}=\sigma_{k,i}+q_{k,i}\lambda_{k,i}-q_{k,i}\delta_{k,i}^2(1-q_{k,i}\boldsymbol{h}_{k,i}^{\mathrm{T}}\boldsymbol{P}_{k,i+1}\boldsymbol{h}_{k,i}) \tag{5.13}$$

为避免矩阵求逆，利用矩阵求逆引理，可以将式(5.10)转化为

$$\boldsymbol{P}_{k,i+1}=\boldsymbol{P}_{k,i}+\frac{q_{k,i}\boldsymbol{P}_{k,i}\boldsymbol{h}_{k,i}\boldsymbol{h}_{k,i}^{\mathrm{T}}\boldsymbol{P}_{k,i}}{1+q_{k,i}g_{k,i}} \tag{5.14}$$

其中，$g_{k,i}=\boldsymbol{h}_{k,i}^{\mathrm{T}}\boldsymbol{P}_{k,i}\boldsymbol{h}_{k,i}$。

将其代入式(5.13)，可得

$$\begin{aligned}\sigma_{k,i+1}&=\sigma_{k,i}+q_{k,i}\lambda_{k,i}-q_{k,i}\delta_{k,i}^2\left[1-q_{k,i}\boldsymbol{h}_{k,i}^{\mathrm{T}}\left(\boldsymbol{P}_{k,i}+\frac{q_{k,i}\boldsymbol{P}_{k,i}\boldsymbol{h}_{k,i}\boldsymbol{h}_{k,i}^{\mathrm{T}}\boldsymbol{P}_{k,i}}{1+q_{k,i}g_{k,i}}\right)\boldsymbol{h}_{k,i}\right]\\&=\sigma_{k,i}+q_{k,i}\lambda_{k,i}-q_{k,i}\delta_{k,i}^2\left(1-q_{k,i}g_{k,i}+\frac{q_{k,i}^2g_{k,i}^2}{1+q_{k,i}g_{k,i}}\right)\\&=\sigma_{k,i}+q_{k,i}\lambda_{k,i}-\frac{q_{k,i}\delta_{k,i}^2}{1+q_{k,i}g_{k,i}}\end{aligned} \tag{5.15}$$

根据上述推导，可知 $\boldsymbol{x}_k\in\mathcal{E}(\hat{\boldsymbol{x}}_{k,i+1},\sigma_{k,i+1}\boldsymbol{P}_{k,i+1})\supseteq\mathcal{E}(\hat{\boldsymbol{x}}_{k,i},\sigma_{k,i}\boldsymbol{P}_{k,i})\cap\bar{\mathcal{X}}_{k,i}$。经过 m 次迭代更新，可得

$$\boldsymbol{x}_k\in\mathcal{E}(\hat{\boldsymbol{x}}_{k,m},\sigma_{k,m}\boldsymbol{P}_{k,m})\supseteq\mathcal{E}(\hat{\boldsymbol{x}}_{k,0},\sigma_{k,0}\boldsymbol{P}_{k,0})\cap\left(\bigcap_i\bar{\mathcal{X}}_{k,i}\right) \tag{5.16}$$

最终，取 $\hat{\boldsymbol{x}}_k=\hat{\boldsymbol{x}}_{k,m}$、$\boldsymbol{P}_k=\boldsymbol{P}_{k,m}$、$\sigma_k=\sigma_{k,m}$。

5.2.2　参数优化

采用最小化 $\sigma_{k,i+1}$ 的方法求取最优参数 $q_{k,i}$，经过推导，最优值可根据如下的定理求取。

定理 5.2　给定式(5.15)，以 $\min\limits_{q_{k,i}\geqslant 0}\sigma_{k,i+1}$ 为优化目标，参数 $q_{k,i}$ 的最优值为

$$\tilde{q}_{k,i}=\begin{cases}0, & \delta_{k,i}^2\leqslant\lambda_{k,i}\\ \dfrac{1}{g_{k,i}}\left(\dfrac{|\delta_{k,i}|}{\sqrt{\lambda_{k,i}}}-1\right), & \delta_{k,i}^2>\lambda_{k,i}\end{cases} \tag{5.17}$$

证明：根据式(5.15)，$\sigma_{k,i+1}$ 可以当作 $q_{k,i}$ 的函数，其一阶、二阶导数为

$$\frac{\mathrm{d}\sigma_{k,i+1}}{\mathrm{d}q_{k,i}}=\lambda_{k,i}-\frac{\delta_{k,i}^2}{(1+q_{k,i}g_{k,i})^2} \tag{5.18}$$

$$\frac{\mathrm{d}^2\sigma_{k,i+1}}{\mathrm{d}q_{k,i}^2}=\frac{2g_{k,i}\delta_{k,i}^2}{(1+q_{k,i}g_{k,i})^3} \tag{5.19}$$

由于 $\boldsymbol{P}_{k,i}$ 正定，因此 $g_{k,i}=\boldsymbol{h}_{k,i}^{\mathrm{T}}\boldsymbol{P}_{k,i}\boldsymbol{h}\geqslant 0$，则 $1+q_{k,i}g_{k,i}\geqslant 1$。

如果 $\delta_{k,i}^2\leqslant\lambda_{k,i}$，则对所有 $q_{k,i}\geqslant 0$，$\dfrac{\mathrm{d}\sigma_{k,i+1}}{\mathrm{d}q_{k,i}}\geqslant 0$，这就意味着 $\sigma_{k,i+1}$ 是 $q_{k,i}$ 在区间 $[0,+\infty]$ 的增函数，因此 $q_{k,i}$ 取 0 时 $\sigma_{k,i+1}$ 最小。

如果 $\delta_{k,i}^2>\lambda_{k,i}$，则 $\left.\dfrac{\mathrm{d}\sigma_{k,i+1}}{\mathrm{d}q_{k,i}}\right|_{q_{k,i}=0}<0$。根据式(5.19)，显然有 $\dfrac{\mathrm{d}^2\sigma_{k,i+1}}{\mathrm{d}q_{k,i}^2}\geqslant 0$，所以 $\dfrac{\mathrm{d}\sigma_{k,i+1}}{\mathrm{d}q_{k,i}}$ 是 $q_{k,i}$ 在区间 $[0,+\infty]$ 的增函数，又 $\left.\dfrac{\mathrm{d}\sigma_{k,i+1}}{\mathrm{d}q_{k,i}}\right|_{q_{k,i}=0}<0$，所以 $\dfrac{\mathrm{d}\sigma_{k,i+1}}{\mathrm{d}q_{k,i}}=0$ 时 $\sigma_{k,i+1}$ 最小，可得 $q_{k,i}=\dfrac{1}{g_{k,i}}\left(\dfrac{|\delta_{k,i}|}{\sqrt{\lambda_{k,i}}}-1\right)$。

证毕。

同样，$q_{k,i}=0$ 意味着当前量测分量不对状态进行更新，也就是 $\boldsymbol{P}_{k,i+1}=\boldsymbol{P}_{k,i}$、$\hat{\boldsymbol{x}}_{k,i+1}=\hat{\boldsymbol{x}}_{k,i}$、$\sigma_{k,i+1}=\sigma_{k,i}$。

从上述计算过程可以发现，通过序贯更新，不但可以避免参数优化过程中非线性方程的求解，而且在量测递推过程中可以避免 m 维矩阵的求逆运算，因此可以有效地降低算法的运算负担。最终，基于量测序贯更新的快速 BEAF(fast BEAF, FBEAF)算法的执行步骤如下。

步骤 1，初始化 $\hat{\boldsymbol{x}}_0$、$\boldsymbol{P}_0$、σ_0，设定 $k\leftarrow 1$。

步骤 2，根据式(3.24)、式(3.26)和式(3.27)计算时间更新椭球 $\mathcal{E}(\hat{\boldsymbol{x}}_{k|k-1},\sigma_{k|k-1}\boldsymbol{P}_{k|k-1})$，其中参数 p_k 根据式(3.41)计算。

步骤 3，初始化序贯更新初始椭球 $\mathcal{E}(\hat{\boldsymbol{x}}_{k,0},\sigma_{k,0}\boldsymbol{P}_{k,0})$，即 $\boldsymbol{P}_{k,0}=\boldsymbol{P}_{k|k-1}$、$\sigma_{k,0}=\sigma_{k|k-1}$，设定 $i\leftarrow 0$。

步骤 4，如果 $\delta_{k,i}^2\leqslant\lambda_{k,i}$，取 $\boldsymbol{P}_{k,i+1}=\boldsymbol{P}_{k,i}$、$\hat{\boldsymbol{x}}_{k,i+1}=\hat{\boldsymbol{x}}_{k,i}$、$\sigma_{k,i+1}=\sigma_{k,i}$；否则，根据式(5.14)、式(5.12)和式(5.15)计算 $\boldsymbol{P}_{k,i+1}$、$\hat{\boldsymbol{x}}_{k,i+1}$、$\sigma_{k,i+1}$，其中参数 $q_{k,i}$ 可以根据式(5.17)计算。

步骤 5，如果 $i<m-1$，令 $i\leftarrow i+1$ 并返回执行步骤 4；否则，令 $\boldsymbol{P}_k=\boldsymbol{P}_{k,m}$、$\hat{\boldsymbol{x}}_k=\hat{\boldsymbol{x}}_{k,m}$、$\sigma_k=\sigma_{k,m}$。

步骤 6，令 $k\leftarrow k+1$ 并返回步骤 2，直到程序终止。

5.2.3 算法特性分析与稳定性证明

下面证明经过量测更新过程改进之后的 FBEAF 算法依然保持 BEAF 算法的相关性质，包括稳定性。

定理 5.3 给定式(2.13)和式(2.14)构成的系统，对所有 $k \in \mathbb{N}^*$ 和 $p_k > 0$，FBEAF 算法具有以下性质。

(1) 如果 $\boldsymbol{x}_0 \in \mathcal{E}(\hat{\boldsymbol{x}}_0, \sigma_0 \boldsymbol{P}_0)$，那么对所有 $q_{k,i} \geqslant 0 (i = 0,1,\cdots,m-1)$，都有 $\boldsymbol{x}_k \in \mathcal{E}\left(\hat{\boldsymbol{x}}_k, \sigma_k \boldsymbol{P}_k\right)$。

(2) 如果取 $q_{k,i} = \tilde{q}_{k,i}$，则 σ_k 递减且在 $\mathbb{R}_+$ 上收敛。

(3) 如果取 $q_{k,i} = \tilde{q}_{k,i}$，且 $(\boldsymbol{F}_k, \boldsymbol{H}_k)$ 一致可观，则有 $\tilde{q}_{k,i}$ 在 $\mathbb{R}_+$ 上收敛，且 $\lim_{k \to \infty} \tilde{q}_{k,i} = 0$。

(4) 如果取 $q_{k,i} = \tilde{q}_{k,i}$，且 $(\boldsymbol{F}_k, \boldsymbol{H}_k)$ 一致可观，则对所有 $k \in \mathbb{N}^*$，椭球 $\mathcal{E}\left(\hat{\boldsymbol{x}}_k, \sigma_k \boldsymbol{P}_k\right)$ 的体积和轴长是有界的。

证明： (1) 由 BEAF 算法的时间更新阶段推导过程可知，如果 $\boldsymbol{x}_{k-1} \in \mathcal{E}_{k-1}$，则必有 $\boldsymbol{x}_k \in \mathcal{E}_{k|k-1}$。由 FBEAF 算法的推导过程可知，如果 $\boldsymbol{x}_k \in \mathcal{E}_{k|k-1}$，那么 $\boldsymbol{x}_k \in \mathcal{E}_{k|k-1} \cap \mathcal{X}_k$，又 $\bar{\mathcal{X}}_k \supseteq \mathcal{X}_k$，且 $\mathcal{E}_k = \mathcal{E} = (\hat{\boldsymbol{x}}_{k,m}, \sigma_{k,m} \boldsymbol{P}_{k,m}) \supseteq \mathcal{E}(\hat{\boldsymbol{x}}_{k,0}, \sigma_{k,0} \boldsymbol{P}_{k,0}) \cap \left(\bigcap_i \bar{\mathcal{X}}_{k,i} \right) = \mathcal{E}_{k|k-1} \cap \bar{\mathcal{X}}_k$，所以 $\mathcal{E}_k \supseteq \mathcal{E}_{k|k-1} \cap \mathcal{X}_k$，这就意味着 $\boldsymbol{x}_k \in \mathcal{E}_k$。综上，可得 $\boldsymbol{x}_0 \in \mathcal{E}_0 \Rightarrow \boldsymbol{x}_1 \in \mathcal{E}_1 \Rightarrow \cdots \Rightarrow \boldsymbol{x}_{k-1} \in \mathcal{E}_{k-1} \Rightarrow \boldsymbol{x}_k \in \mathcal{E}_k$。

(2) 根据式(5.15)和式(5.17)，取 $q_{k,i} = \tilde{q}_{k,i}$，如果 $\delta_{k,i}^2 \leqslant \lambda_{k,i}$，则有 $\tilde{q}_{k,i} = 0$，$\sigma_{k,i+1} = \sigma_{k,i}$；否则，有

$$\tilde{q}_{k,i} = \frac{1}{g_{k,i}} \left(\frac{\left|\delta_{k,i}\right|}{\sqrt{\lambda_{k,i}}} - 1 \right) \tag{5.20}$$

且 $\sigma_{k,i+1} = \sigma_{k,i} + \tilde{q}_{k,i} \lambda_{k,i} - \dfrac{\tilde{q}_{k,i} \delta_{k,i}^2}{1 + \tilde{q}_{k,i} g_{k,i}}$。根据式(5.20)，可得 $\tilde{q}_{k,i} g_{k,i} \geqslant 0$，且

$$\lambda_{k,i} = \frac{\delta_{k,i}^2}{(1 + \tilde{q}_{k,i} g_{k,i})^2} \leqslant \frac{\delta_{k,i}^2}{1 + \tilde{q}_{k,i} g_{k,i}} \tag{5.21}$$

则有

$$\sigma_{k,i+1} = \sigma_{k,i} + \tilde{q}_{k,i} \left(\lambda_{k,i} - \frac{\delta_{k,i}^2}{1 + \tilde{q}_{k,i} g_{k,i}} \right) \leqslant \sigma_{k,i} \tag{5.22}$$

因此，$\sigma_k = \sigma_{k,m} \geqslant \sigma_{k,m-1} \geqslant \cdots \geqslant \sigma_{k,1} \geqslant \sigma_{k,0} = \sigma_{k|k-1}$。由于 $\sigma_{k|k-1} = \sigma_{k-1}$，可得

$\sigma_k \leqslant \sigma_{k-1}$。这意味着，变量序列 σ_k 是单调递减的，而且 σ_k 大于 0，所以它在 $\mathbb{R}_+$ 上收敛。

(3) 令 $\varsigma_k(\tilde{q}_{k,i})=\sigma_k-\sigma_{k-1}$，则有

$$\begin{aligned}\sigma_{k,i+1}-\sigma_{k,i}&=\tilde{q}_{k,i}\left(\lambda_{k,i}-\frac{\delta_{k,i}^2}{1+\tilde{q}_{k,i}g_{k,i}}\right)\\&=\tilde{q}_{k,i}\left[\lambda_{k,i}-\lambda_{k,i}(1+\tilde{q}_{k,i}g_{k,i})\right]\\&=-\tilde{q}_{k,i}^2\lambda_{k,i}g_{k,i}\end{aligned}\tag{5.23}$$

从而

$$\begin{aligned}\varsigma_k(\tilde{q}_{k,i})&=\sigma_k-\sigma_{k-1}\\&=\sigma_{k,m}-\sigma_{k,0}\\&=(\sigma_{k,m}-\sigma_{k,m-1})+(\sigma_{k,m-1}-\sigma_{k,m-2})+\cdots+(\sigma_{k,1}-\sigma_{k,0})\\&=-\sum_{i=0}^{m-1}\tilde{q}_{k,i}^2\lambda_{k,i}g_{k,i}\end{aligned}\tag{5.24}$$

由 σ_k 收敛，可得 $\lim_{k\to\infty}\varsigma_k(\tilde{q}_{k,i})=0$，也就是 $\lim_{k\to\infty}\sum_{i=0}^{m-1}\tilde{q}_{k,i}^2\lambda_{k,i}g_{k,i}=0$。根据引理 3.2，容易得到 $\boldsymbol{P}_{k,i}$ 具有上下界。又因为 $\boldsymbol{P}_{k,i}$ 是正定矩阵，且 $\lambda_{k,i}$ 是 $\boldsymbol{R}_k$ 的最大特征值，所以对所有 $k\in\mathbb{N}^*, i=0,1,\cdots,m-1$，存在正实数 $\underline{c}$ 使 $\lambda_{k,i}g_{k,i}=\lambda_{k,i}\boldsymbol{h}_{k,i}^{\mathrm{T}}\boldsymbol{P}_{k,i}\boldsymbol{h}_{k,i}\geqslant\underline{c}>0$。假设当 $k\mapsto\infty$ 时，$\max\limits_i\tilde{q}_{k,i}\neq 0$，那么 $\lim_{k\to\infty}\sum_{i=0}^{m-1}\tilde{q}_{k,i}^2\lambda_{k,i}g_{k,i}\geqslant\underline{c}\max\limits_i\tilde{q}_{k,i}>0$，这与上面已经得到的结论 $\lim_{k\to\infty}\sum_{i=0}^{m-1}\tilde{q}_{k,i}^2\lambda_{k,i}g_{k,i}=0$ 相悖。因此，当 $k\mapsto\infty$ 时，$\max\limits_i\tilde{q}_{k,i}=0$，这意味着 $\lim_{k\to\infty}\tilde{q}_{k,i}=0$。

(4) 根据引理 3.2，容易得到 $\boldsymbol{P}_k$ 具有上下界，则其特征值也应具有上下界。又序列 σ_k 是单调递减的，所以 $\sigma_k\lambda_j(\boldsymbol{P}_k)$，$j=1,2,\cdots,n$ 是有界的。因此，与其相对应的椭球 $\mathcal{E}(\hat{\boldsymbol{x}}_k,\sigma_k\boldsymbol{P}_k)$ 的半轴长的平方，以及椭球体积 $\dfrac{\pi^{\frac{n}{2}}}{\Gamma\left(\frac{n}{2}+1\right)}\sigma_k^{\frac{n}{2}}\prod_{j=1}^{n}\lambda_j^{\frac{n}{2}}(\boldsymbol{P}_k)$ 是有界的，其中 Γ 是欧拉 Gamma 函数。

证毕。

定理 5.4　给定式(2.13)和式(2.14)构成的系统，假设包含状态 $\boldsymbol{x}_k$ 的椭球 $\mathcal{E}(\hat{\boldsymbol{x}}_k,\sigma_k\boldsymbol{P}_k)$ 通过 FBEAF 算法计算得到，且 $q_{k,i}=\tilde{q}_{k,i}$，同时 $(\boldsymbol{F}_k,\boldsymbol{H}_k)$ 一致可观，令

$\mathcal{L}_k = (\boldsymbol{x}_k - \hat{\boldsymbol{x}}_k)^{\mathrm{T}} \boldsymbol{P}_k^{-1} (\boldsymbol{x}_k - \hat{\boldsymbol{x}}_k)$，$\tilde{\boldsymbol{x}}_k = \boldsymbol{x}_k - \hat{\boldsymbol{x}}_k$，则 $\mathcal{L}_k$ 为 ISS-Lyapunov 函数且估计误差 $\tilde{\boldsymbol{x}}_k$ 是输入-状态稳定的。

证明：首先，可得

$$\frac{\|\tilde{\boldsymbol{x}}_k\|^2}{\lambda_{\max}(\boldsymbol{P}_k)} \leqslant \mathcal{L}_k \leqslant \frac{\|\tilde{\boldsymbol{x}}_k\|^2}{\lambda_{\min}(\boldsymbol{P}_k)} \tag{5.25}$$

其中，$\lambda(\boldsymbol{P}_k)$ 为矩阵 $\boldsymbol{P}_k$ 的特征值。

令 $\mathcal{L}_{k,i} = (\boldsymbol{x}_k - \hat{\boldsymbol{x}}_{k,i})^{\mathrm{T}} \boldsymbol{P}_{k,i}^{-1} (\boldsymbol{x}_k - \hat{\boldsymbol{x}}_{k,i})$、$\mathcal{L}_{k|k-1} = (\boldsymbol{x}_k - \hat{\boldsymbol{x}}_{k|k-1})^{\mathrm{T}} \boldsymbol{P}_{k|k-1}^{-1} (\boldsymbol{x}_k - \hat{\boldsymbol{x}}_{k|k-1})$，根据式(5.8)、式(5.11)和式(5.15)进行一系列复杂但比较常规的公式变换，可得

$$\begin{aligned}\mathcal{L}_{k,i+1} - \mathcal{L}_{k,i} &= \tilde{q}_{k,i}(z_{k,i} - \boldsymbol{h}_{k,i}^{\mathrm{T}} \boldsymbol{x}_k)^2 - \frac{\tilde{q}_{k,i}\delta_{k,i}^2}{1+\tilde{q}_{k,i}g_{k,i}} \\ &\leqslant \tilde{q}_{k,i}\lambda_{k,i} - \frac{\tilde{q}_{k,i}\delta_{k,i}^2}{1+\tilde{q}_{k,i}g_{k,i}}\end{aligned} \tag{5.26}$$

根据 FBEAF 算法性质(2)，可得

$$\mathcal{L}_{k,i+1} - \mathcal{L}_{k,i} \leqslant \tilde{q}_{k,i}\left(\lambda_{k,i} - \frac{\delta_{k,i}^2}{1+\tilde{q}_{k,i}g_{k,i}}\right) \leqslant 0 \tag{5.27}$$

进一步，可得

$$\begin{aligned}\mathcal{L}_k - \mathcal{L}_{k|k-1} &= \mathcal{L}_{k,m} - \mathcal{L}_{k,0} \\ &= \sum_{i=0}^{m-1}(\mathcal{L}_{k,i+1} - \mathcal{L}_{k,i}) \\ &\leqslant 0\end{aligned} \tag{5.28}$$

所以有 $\mathcal{L}_k - \mathcal{L}_{k-1} \leqslant \mathcal{L}_{k|k-1} - \mathcal{L}_{k-1}$。结合定理 3.3 的证明过程，可得

$$\mathcal{L}_k - \mathcal{L}_{k-1} \leqslant -\frac{\|\tilde{\boldsymbol{x}}_{k-1}\|^2}{(1+p_k)\lambda_{\max}(\boldsymbol{P}_{k-1})} + \frac{\sigma_{k-1}\|\boldsymbol{w}_{k-1}\|^2}{(1+p_k)\lambda_{\min}(\boldsymbol{Q}_{k-1})} \tag{5.29}$$

对比定义 2.7，式(5.25)和式(5.29)可以说明 $\mathcal{L}_k$ 为 ISS-Lyapunov 函数，并且对该系统而言估计误差 $\tilde{\boldsymbol{x}}_k$ 是输入-状态稳定的。

证毕。

5.3 仿真算例

本节通过蒙特卡罗仿真来验证 FBEAF 算法的性能。仿真中量测噪声的边界

椭球形状矩阵设置为 $\boldsymbol{R}_k=\mu\text{diag}(9,9)$ 、 $\mu=\{0.1,1,5\}$ 。仿真采用的系统和其他条件与 3.5 节的仿真一致，过程噪声和量测噪声均匀分布在相应椭球内。量测噪声矩阵中 μ 的设置主要是为考察量测信息的重要程度不同时改进算法对精度和运算时间的影响。仿真中，各算法估计状态的 RMSE 如图 5.1～图 5.3 所示，估计状态边界椭球体积如图 5.4 所示，100 次仿真的统计结果如表 5.1～表 5.3 所示，包括平均 RMSE、平均运行时间和状态椭球平均体积。

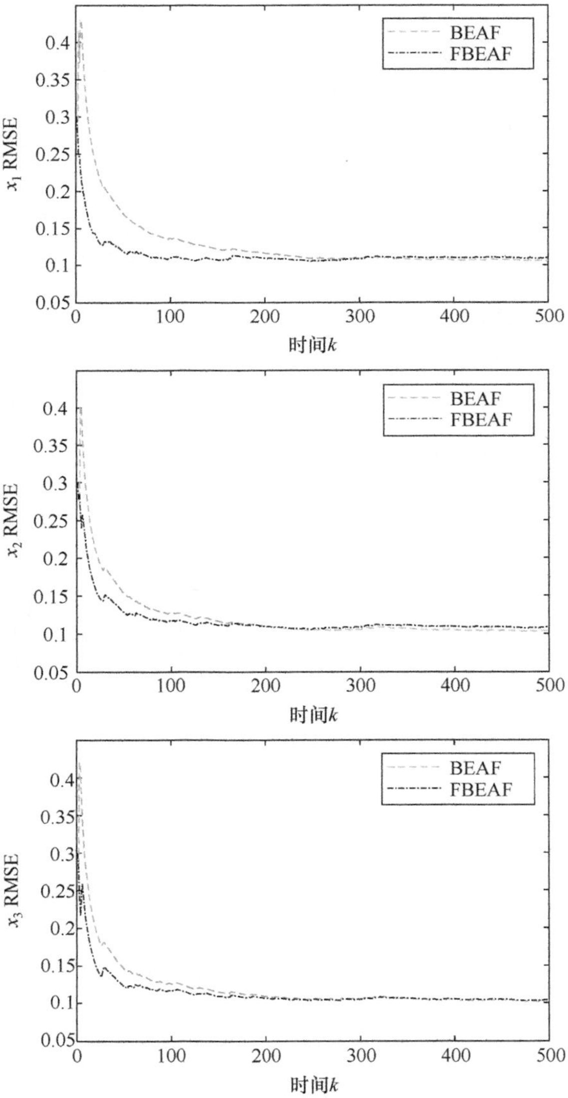

图 5.1　$\mu=0.1$ 时各状态分量的 RMSE

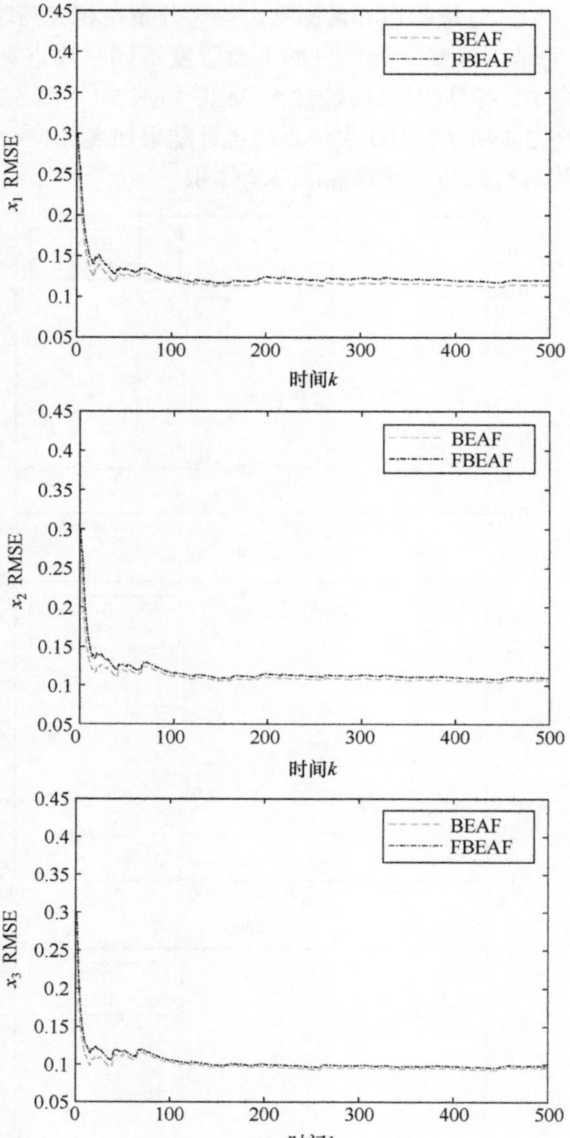

图 5.2　$\mu=1$ 时各状态分量的 RMSE

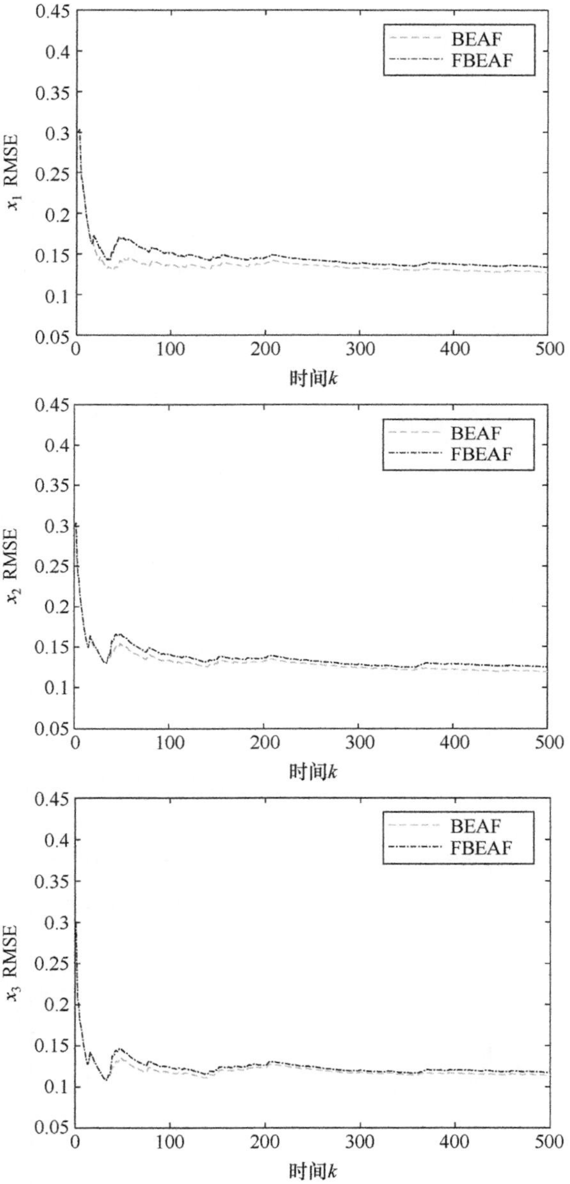

图 5.3　$\mu = 5$ 时各状态分量的 RMSE

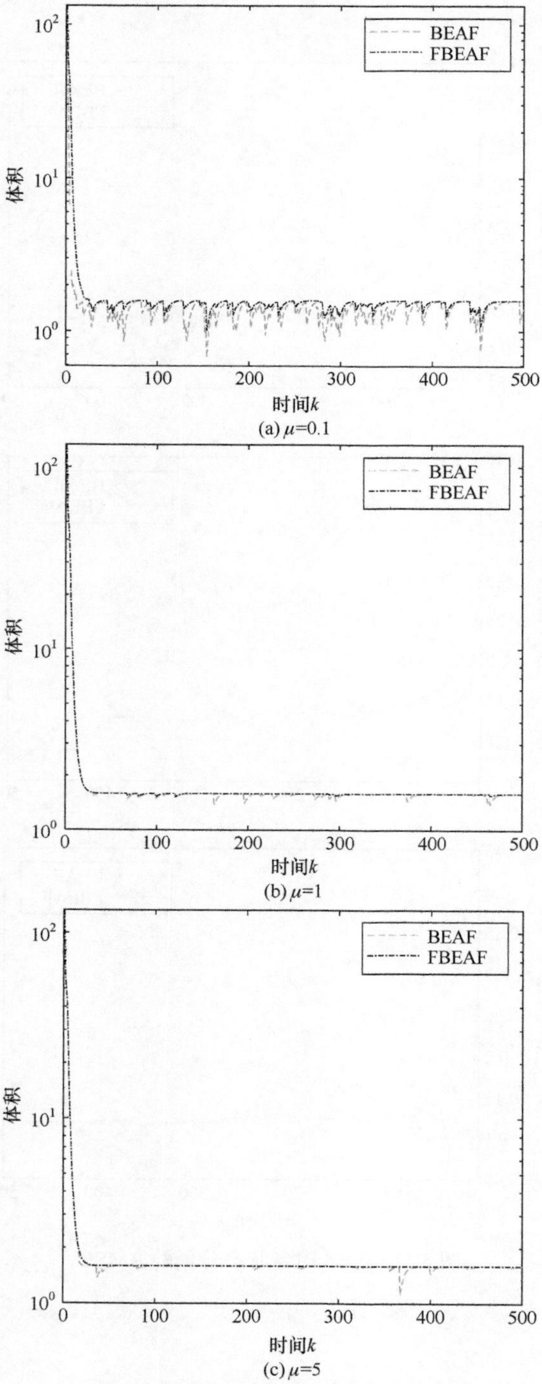

(a) μ=0.1

(b) μ=1

(c) μ=5

图 5.4　各算法的边界椭球体积

表 5.1　$\mu = 0.1$ 时估计结果比较

算法	RMSE			量测更新率/%	定界椭球体积	运行时间/ms
	$\bar{e}_1$	$\bar{e}_2$	$\bar{e}_3$			
BEAF	0.1196	0.1123	0.1042	37.78	1.8586	1.1434
FBEAF	0.1136	0.1096	0.1036	23.16	2.2012	0.1272

表 5.2　$\mu = 1$ 时估计结果比较

算法	RMSE			量测更新率/%	定界椭球体积	运行时间/ms
	$\bar{e}_1$	$\bar{e}_2$	$\bar{e}_3$			
BEAF	0.1227	0.1159	0.1075	12.54	2.2410	0.3406
FBEAF	0.1250	0.1173	0.1086	4.80	2.2883	0.1195

表 5.3　$\mu = 5$ 时估计结果比较

算法	RMSE			量测更新率/%	定界椭球体积	运行时间/ms
	$\bar{e}_1$	$\bar{e}_2$	$\bar{e}_3$			
BEAF	0.1245	0.1172	0.1089	6.04	2.2858	0.1867
FBEAF	0.1271	0.1190	0.1101	8.52	2.2948	0.1191

可以看出，快速算法与原始 BEAF 算法相比运算速度提升明显；从不同的量测噪声来看，量测噪声的权重系数越小，快速算法的运行时间提升效果越明显。从椭球体积来看，原始算法的椭球大部分情况下略小于快速算法，这是合理的。因为对于 FBEAF 而言，该算法量测更新时使用的状态可行集与原始算法使用的实际量测信息确定的状态可行集是包含关系，本质上采用次优的方案，所以会放大状态可行集。从点估计误差的角度来看，快速算法的 RMSE 与原始算法相比差别较小，而且在量测噪声的权重系数较小时可得优于原始算法的结果。

总体来说，快速算法在运算速度方面提升明显，同时保持较高的估计精度。特别是 $\mu = 0.1$ 时，快速算法与原始算法相比运算速度提高一个数量级，而点估计性能也具有明显优势。这意味着，应用中量测噪声越小，越适合使用本章提出的快速 BEAF 算法。

同时，图 5.5 给出两种算法的 σ_k 随时间的变化情况。显然两种算法估计的 σ_k 都是随时间单调递减的，证明了各算法中性质(2)的正确性。由此可以发现两个规律：一是对同一算法而言，μ 越小，σ_k 递减速度越快；二是当 μ 相同时，BEAF 算法的 σ_k 递减速度比 FBEAF 算法慢，这显然是两种算法优化参数时对 σ_k 的最小化程度不同造成的。

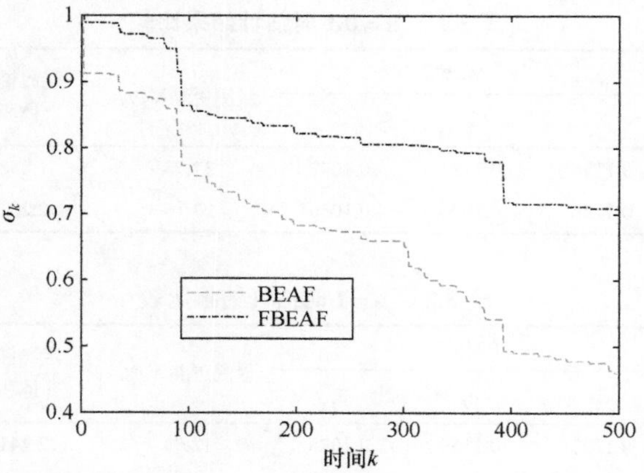

(a) μ=0.1

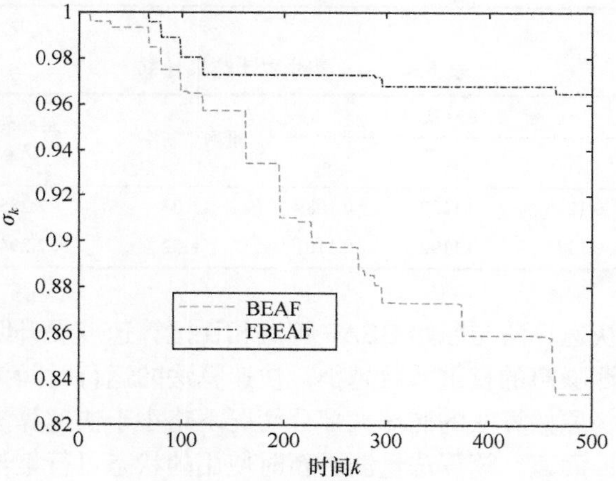

(b) μ=1

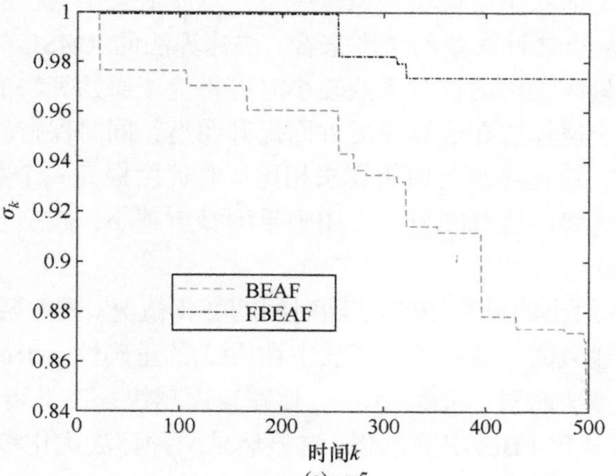

(c) μ=5

图 5.5　σ_k 随时间变化

5.4 本章小结

本章从改进量测更新过程的角度出发，对 BEAF 算法进行改进，在保持算法稳定性的前提下，提出低复杂度 BEAF 算法，提高算法的实时性。将量测噪声确定的状态可行集用外包超平行体代替，从而将椭球的交转化为多次椭球和带的交，用序贯更新的方式避免求解非线性方程和矩阵逆的求解，极大地提高算法的效率。从理论上证明了 BEAF 的稳定性在快速算法中得到保持。仿真结果表明，快速算法在运算复杂度和估计精度方面取得了良好的平衡，实际应用中可根据对算法精度和实时性的不同要求对算法做出合理的选择。特别是，量测噪声较小时，快速算法的性能优势明显。

第 6 章　基于集员估计的非线性有界干扰系统滤波

6.1 引　言

目前以椭球噪声假设为基础的非线性有界干扰系统滤波的基本思想如下：首先围绕状态估计值对非线性模型进行一阶泰勒展开，从而实现非线性模型的线性化近似，典型代表为 ESMF 算法；然后利用区间分析估计省略的高阶项误差范围，并将该范围的外定界椭球与原噪声椭球集相结合，作为线性化后的系统噪声；最后应用线性 OBE 算法进行迭代更新。然而，一阶泰勒展开导致 ESMF 类算法存在一些不足。例如，对于强非线性系统，简单的一阶泰勒近似误差较大，甚至会造成滤波器的不稳定；雅可比矩阵及其幂计算复杂，极易出错，并且要求函数各点可微，增加非线性有界干扰系统滤波的使用难度。同时，采用区间分析方法确定的线性化误差边界过于保守，保守边界的累积效应也会影响其精度，甚至会导致滤波器发散。另外，量测更新中椭球体积或迹最小化带来的复杂微分方程求解会降低算法的可实现性。

本章提出一种新的非线性有界干扰系统滤波方法，借助 Stirling 插值公式将非线性模型按中心差分形式展开，作为其线性化近似，以克服泰勒展开的固有缺陷；利用半定规划(semi-definite programming，SDP)方法对线性化误差进行外包定界，降低线性化误差的保守性，并给出利用 DC(difference of convex)规划提高其实时性的方法。同时，在文献[40]的基础上，采用改进的椭球-带迭代求交的方法减小其累计误差。

6.2 问 题 描 述

一般的非线性离散系统可以由下式描述，即

$$\boldsymbol{x}_k = \boldsymbol{f}(\boldsymbol{x}_{k-1}) + \boldsymbol{w}_{k-1} \tag{6.1}$$

$$\boldsymbol{z}_k = \boldsymbol{h}(\boldsymbol{x}_k) + \boldsymbol{v}_k \tag{6.2}$$

其中，$\boldsymbol{x}_k \in \mathbb{R}^n$ 为状态变量；$\boldsymbol{w}_{k-1} \in \mathbb{R}^n$ 为过程噪声；$\boldsymbol{z}_k \in \mathbb{R}^m$ 为量测变量；$\boldsymbol{v}_k \in \mathbb{R}^m$ 为量测噪声；$\boldsymbol{f}(\cdot)$ 和 $\boldsymbol{h}(\cdot)$ 为已知的非线性函数，在 ESMF 算法及其扩展算法中假设为二阶可微，这是由泰勒展开的使用决定的。

假设过程噪声、量测噪声、初始状态均属于椭球定界的集合，所属椭球集合的具体描述，以及其他相关的定义和符号与第 2～5 章相同。

6.3 扩展集员滤波算法

6.3.1 基于区间分析的线性化误差定界

给定式(6.1)和式(6.2)，初始状态 $\mathcal{E}(\hat{\boldsymbol{x}}_0,\sigma_0\boldsymbol{P}_0)(\sigma_0=1)$，噪声假设同式(3.14)和式(3.15)，假设 $\boldsymbol{f}(\cdot)$ 和 $\boldsymbol{h}(\cdot)$ 二阶可微，k−1 时刻的系统状态椭球集 $\mathcal{E}(\hat{\boldsymbol{x}}_{k-1},\boldsymbol{P}_{k-1})$，则基于区间分析的线性化误差定界过程如下[33]。

(1) 根据椭球极值计算状态不确定区间，即

$$\boldsymbol{x}_{k-1,\pm}^i=\hat{\boldsymbol{x}}_{k-1}^i\pm\sqrt{\boldsymbol{P}_{k-1}^{i,i}} \tag{6.3}$$

$$\boldsymbol{X}_{k-1}^i=\left[\boldsymbol{x}_{k-1,-}^i,\boldsymbol{x}_{k-1,+}^i\right] \tag{6.4}$$

其中，i 表示第 i 个状态变量；+和−表示最大最小值；$\boldsymbol{P}^{i,j}$ 为矩阵 $\boldsymbol{P}$ 的第 i 行第 j 列的元素。

(2) 通过区间分析可以得到拉格朗日余子项的不确定区间，即

$$\boldsymbol{X}_{R_{k-1}}^n=\operatorname{diag}(\boldsymbol{X}_{k-1}^{\mathrm{T}})\begin{bmatrix}\boldsymbol{H}_1\\ \vdots\\ \boldsymbol{H}_n\end{bmatrix}\boldsymbol{X}_{k-1}^{\mathrm{T}},\quad i=1,2,\cdots,n \tag{6.5}$$

其中，$\boldsymbol{H}_i$ 为 $\boldsymbol{f}(\cdot)$ 的海森矩阵。

(3) 计算线性化误差的外包椭球，即

$$\left[\bar{\boldsymbol{Q}}_{k-1}\right]_{R_{k-1}}^{i,i}=2(\boldsymbol{X}_{R_{k-1}}^i)^2,\quad \left[\bar{\boldsymbol{Q}}_{k-1}\right]_{R_{k-1}}^{i,j}=0,\quad i\neq j \tag{6.6}$$

得到的线性化误差外包椭球为 $\mathcal{E}(0_{n\times1},\bar{\boldsymbol{Q}}_{k-1})$。

6.3.2 扩展集员滤波迭代过程

得到线性化的误差外包椭球后，可按照下述过程进行非线性干扰系统滤波[33]。

(1) 计算由过程噪声和状态方程线性化误差合成的虚拟过程噪声椭球 $\mathcal{E}(0_{n\times1},\hat{\boldsymbol{Q}}_{k-1})$，其实质是求解两椭球 Minkowski 和的外包椭球，即

$$\hat{\boldsymbol{Q}}_{k-1}=\frac{\bar{\boldsymbol{Q}}_{k-1}}{1-\beta_{Q_k}}+\frac{\boldsymbol{Q}_{k-1}}{\beta_{Q_k}} \tag{6.7}$$

其中，$\beta_{Q_k}\in(0,1)$。

(2) 计算由量测噪声和量测方程线性化误差合成的虚拟量测噪声椭球 $\mathcal{E}(0_{m\times 1},\hat{\boldsymbol{R}}_k)$。

(3) 根据线性 SMF 的预测过程，计算一步预测状态定界椭球 $\mathcal{E}(\hat{\boldsymbol{x}}_{k|k-1},\boldsymbol{P}_{k|k-1})$，即求解线性化预测椭球 $\mathcal{E}(f(\hat{\boldsymbol{x}}_{k-1}),\boldsymbol{F}_{k-1}\boldsymbol{P}_{k-1}\boldsymbol{F}_{k-1}^{\mathrm{T}})$ 和虚拟过程噪声椭球 $\mathcal{E}(0_{n\times 1},\hat{\boldsymbol{Q}}_{k-1})$ 的 Minkowski 和的外包椭球，同时利用参数 β_k 对椭球进行优化，即

$$\hat{\boldsymbol{x}}_{k|k-1}=\boldsymbol{f}(\hat{\boldsymbol{x}}_{k-1}) \tag{6.8}$$

$$\boldsymbol{P}_{k|k-1}=\boldsymbol{F}_{k-1}\frac{\boldsymbol{P}_{k-1}}{1-\beta_k}\boldsymbol{F}_{k-1}^{\mathrm{T}}+\frac{\hat{\boldsymbol{Q}}_{k-1}}{\beta_k} \tag{6.9}$$

其中，$\boldsymbol{F}_{k-1}=\left.\dfrac{\partial \boldsymbol{f}(\boldsymbol{x})}{\partial \boldsymbol{x}}\right|_{\boldsymbol{x}=\hat{\boldsymbol{x}}_{k-1}}$；$\beta_k\in(0,1)$。

(4) 根据线性 SMF，计算更新过程状态定界椭球 $\mathcal{E}(\hat{\boldsymbol{x}}_k,\boldsymbol{P}_k)$，即求解预测状态椭球 $\mathcal{E}(\hat{\boldsymbol{x}}_{k|k-1},\boldsymbol{P}_{k|k-1})$ 和观测集 $\mathcal{X}_k=\left\{\boldsymbol{x}\left|(z_k-\boldsymbol{h}(\boldsymbol{x}))^{\mathrm{T}}\boldsymbol{R}_k^{-1}(z_k-\boldsymbol{h}(\boldsymbol{x}))\leqslant 1\right.\right\}$ 交集的外包椭球，同时利用参数 ρ_k 对椭球进行优化，即

$$\hat{\boldsymbol{x}}_k=\hat{\boldsymbol{x}}_{k|k-1}+\boldsymbol{L}_k^E(z_k-\boldsymbol{h}(\hat{\boldsymbol{x}}_{k|k-1})) \tag{6.10}$$

$$\bar{\boldsymbol{P}}_k=\frac{\boldsymbol{P}_{k|k-1}}{1-\rho_k}-\frac{\boldsymbol{P}_{k|k-1}}{1-\rho_k}\boldsymbol{H}_k^{\mathrm{T}}\boldsymbol{M}_k^{-1}\boldsymbol{H}_k\frac{\boldsymbol{P}_{k|k-1}}{1-\rho_k} \tag{6.11}$$

$$\boldsymbol{P}_k=(1-\delta_k)\bar{\boldsymbol{P}}_k \tag{6.12}$$

其中，$\delta_k=(z_k-\boldsymbol{h}(\hat{\boldsymbol{x}}_{k|k-1}))^{\mathrm{T}}\boldsymbol{M}_k^{-1}(z_k-\boldsymbol{h}(\hat{\boldsymbol{x}}_{k|k-1}))$；$\boldsymbol{L}_k^E=\dfrac{\boldsymbol{P}_{k|k-1}}{1-\rho_k}\boldsymbol{H}_k^{\mathrm{T}}\boldsymbol{M}_k^{-1}$；$\boldsymbol{M}_k=\boldsymbol{H}_k\dfrac{\boldsymbol{P}_{k|k-1}}{1-\rho_k}\boldsymbol{H}_k^{\mathrm{T}}+\dfrac{\hat{\boldsymbol{R}}_k}{\rho_k}$；$\boldsymbol{H}_k=\left.\dfrac{\partial \boldsymbol{h}(\boldsymbol{x})}{\partial \boldsymbol{x}}\right|_{\boldsymbol{x}=\hat{\boldsymbol{x}}_{k|k-1}}$；$\rho_k\in(0,1)$。

有一些算法是在该算法的基础上改进得到的，如 AESMF 算法是在此基础上将椭球形状矩阵进行 UD 分解，然后利用分解后的矩阵参与更新，加强算法的稳定性。同时，在量测更新过程中通过序列更新和选择更新降低算法的复杂度。MIT-AESMF 是在 AESMF 的基础上利用 MIT 优化规则在线调整过程噪声，以实现一步预测椭球的最小化，从而保证滤波器的有效迭代更新。EEOB-SME 算法是将 ESMF 算法与线性 ES-SME 算法相结合的非线性集员估计方法。

6.4 基于中心差分的非线性有界干扰系统滤波

本章提出的非线性有界干扰系统滤波方法是中心差分集员滤波(central difference

SMF，CDSMF)算法，主要从 3 个方面对 ESMF 算法进行改进，即改进线性化过程、改进线性化误差定界和改进椭球-带迭代求交过程。

6.4.1　基于 Stirling 内插公式的非线性模型线性化

ESMF 算法及其拓展算法的一个特点是计算函数的雅可比矩阵不但要求函数各点都是可微的，而且计算复杂。这些问题的根源在于采用了泰勒展开近似，为克服这些问题，本书利用 Stirling 内插公式将非线性函数按多项式展开，代替泰勒展开作为函数的线性近似。其优势在于不需要计算函数的偏导数，因此可以避免高维雅可比矩阵的计算，而且即使非线性函数不连续且存在奇异点，也能进行状态估计。另外，通过步长的设置，可以使 Stirling 插值展开式的精度高于同阶的泰勒级数展开式。

函数 $f(x)$ 在 $x=\bar{x}$ 处的泰勒展开可以表示为

$$f(x)=f(\bar{x})+f'(\bar{x})(x-\bar{x})+\frac{f''(\bar{x})}{2!}(x-\bar{x})^2+\frac{f^{(3)}(\bar{x})}{3!}(x-\bar{x})^3+\cdots \tag{6.13}$$

以 $x=\bar{x}$ 为中心的 Stirling 插值公式可以表示为[116]

$$\begin{aligned}f(x)&=f(\bar{x}+ph)\\&=f(\bar{x})+\frac{p^2}{2!}\delta^2 f(\bar{x})+\begin{bmatrix}p+1\\3\end{bmatrix}\mu\delta^3 f(\bar{x})\\&\quad+\frac{p^2(p^2-1)}{4!}\delta^4 f(\bar{x})+\begin{bmatrix}p+2\\5\end{bmatrix}\mu\delta^5 f(\bar{x})+\cdots\end{aligned} \tag{6.14}$$

其中，h 为差分步长。

两个算子为

$$\delta f(x)=f\left(x+\frac{h}{2}\right)-f\left(x-\frac{h}{2}\right) \tag{6.15}$$

$$\mu f(x)=\frac{1}{2}\left(f\left(x+\frac{h}{2}\right)+f\left(x-\frac{h}{2}\right)\right) \tag{6.16}$$

只保留二阶近似，$f(x)$ 可以近似为

$$f(x)\approx f(\bar{x})+f'_{DD}(\bar{x})(x-\bar{x})+\frac{f''_{DD}(\bar{x})}{2!}(x-\bar{x})^2 \tag{6.17}$$

其中

$$f'_{DD}(\bar{x})=\frac{f(\bar{x}+h)-f(\bar{x}-h)}{2h} \tag{6.18}$$

$$f''_{DD}(\bar{x}) = \frac{f(\bar{x}+h)+f(\bar{x}-h)-2f(x)}{h^2} \tag{6.19}$$

将 $f(\bar{x}+h)$ 和 $f(\bar{x}-h)$ 用泰勒展开代替，可得

$$\begin{aligned}
&f(\bar{x})+f'_{DD}(\bar{x})(x-\bar{x})+\frac{f''_{DD}(\bar{x})}{2!}(x-\bar{x})^2 \\
&=f(\bar{x})+f'(\bar{x})(x-\bar{x})+\frac{f''(\bar{x})}{2!}(x-\bar{x})^2+\left(\frac{f^{(3)}(\bar{x})}{3!}h^2+\frac{f^{(5)}(\bar{x})}{5!}h^4+\cdots\right)(x-\bar{x}) \\
&\quad+\left(\frac{f^{(4)}(\bar{x})}{4!}h^2+\frac{f^{(6)}(\bar{x})}{6!}h^4+\cdots\right)(x-\bar{x})^2
\end{aligned} \tag{6.20}$$

展开的前三项与泰勒二阶展开相同，其余项可以由步长控制，显然二阶Stirling公式与泰勒二阶展开式相比多了可由步长控制的多余项，通过选择步长可以控制多余项，使其尽可能接近完整泰勒展开式的高阶项，从而提高近似精度。最优步长的选择策略可以参考文献[117]，且该文献中已证明 h^2 与误差峭度相等时可以有效提高 Stirling 插值展开式的近似精度。

将 Stirling 差值展开拓展到高维的情况，设 $\boldsymbol{x}\in\mathbb{R}^n$，$\boldsymbol{y}=\boldsymbol{f}(\boldsymbol{x})$ 为函数向量，在 $\boldsymbol{x}=\bar{\boldsymbol{x}}$ 处用 Stirling 插值公式展开可得

$$\boldsymbol{y}=\boldsymbol{f}\left(\bar{\boldsymbol{x}}+\Delta\boldsymbol{x}\right)\approx\boldsymbol{f}\left(\bar{\boldsymbol{x}}\right)+\tilde{D}_{\Delta x}\boldsymbol{f}+\text{H.O.T} \tag{6.21}$$

其中，H.O.T 为展开式的高阶余子项；差分算子，即

$$\tilde{D}_{\Delta x}\boldsymbol{f}=\frac{1}{h}\left(\sum_{p=1}^{n}\Delta x_p\mu_p\delta_p\right)\boldsymbol{f}\left(\bar{x}\right) \tag{6.22}$$

其中，μ_p 为第 p 个平均算子；δ_p 为第 p 个差分算子，在多维情况下，为

$$\delta_p\boldsymbol{f}\left(\bar{\boldsymbol{x}}\right)=\boldsymbol{f}\left(\bar{\boldsymbol{x}}+\frac{h}{2}\boldsymbol{e}_p\right)-f\left(\bar{\boldsymbol{x}}-\frac{h}{2}\boldsymbol{e}_p\right) \tag{6.23}$$

$$\mu_p\boldsymbol{f}(\bar{\boldsymbol{x}})=\frac{1}{2}\left(\boldsymbol{f}\left(\bar{\boldsymbol{x}}+\frac{h}{2}\boldsymbol{e}_p\right)+f\left(\bar{\boldsymbol{x}}+\frac{h}{2}\boldsymbol{e}_p\right)\right) \tag{6.24}$$

其中，$\boldsymbol{e}_p$ 为相应的单位坐标向量。

取展开式的线性项作为非线性函数的近似，然后按照线性集员估计算法设计递推过程即可得到非线性中心差分集员估计算法。$\tilde{D}_{\Delta x}\boldsymbol{f}$ 可以作如下转化，即

$$
\begin{aligned}
\tilde{D}_{\Delta x}\boldsymbol{f} &= \frac{1}{h}\left(\sum_{p=1}^{n}\Delta x_p \mu_p \delta_p\right) f(\overline{\boldsymbol{x}}) \\
&= \frac{1}{h}[\mu_1\delta_1 f(\overline{\boldsymbol{x}})\ \ \mu_2\delta_2 f(\overline{\boldsymbol{x}})\ \cdots\ \mu_n\delta_n f(\overline{\boldsymbol{x}})](\boldsymbol{x}-\overline{\boldsymbol{x}}) \\
&= \frac{1}{2h}([\boldsymbol{f}(\overline{\boldsymbol{x}}+h\boldsymbol{e}_1)\ \ \boldsymbol{f}(\overline{\boldsymbol{x}}+h\boldsymbol{e}_2)\ \cdots\ \boldsymbol{f}(\overline{\boldsymbol{x}}+h\boldsymbol{e}_n)] \\
&\quad -[\boldsymbol{f}(\overline{\boldsymbol{x}}+h\boldsymbol{e}_1)\ \ \boldsymbol{f}(\overline{\boldsymbol{x}}+h\boldsymbol{e}_2)\ \cdots\ \boldsymbol{f}(\overline{\boldsymbol{x}}+h\boldsymbol{e}_n)])(\boldsymbol{x}-\overline{\boldsymbol{x}})
\end{aligned} \tag{6.25}
$$

利用这种形式可以方便地计算线性化后的状态转移矩阵和量测矩阵，以式(6.21)和式(6.25)为基础，将系统中的非线性模型在 $\hat{\boldsymbol{x}}_k$ 和 $\hat{\boldsymbol{x}}_{k|k-1}$ 处按中心差分形式展开，可得如下线性模型，即

$$
\boldsymbol{f}(\boldsymbol{x}_k) \approx \boldsymbol{f}(\hat{\boldsymbol{x}}_k) + \boldsymbol{F}_k(\boldsymbol{x}_k - \hat{\boldsymbol{x}}_k) \tag{6.26}
$$

$$
\boldsymbol{h}(\boldsymbol{x}_k) \approx \boldsymbol{h}(\hat{\boldsymbol{x}}_{k|k-1}) + \boldsymbol{H}_k(\boldsymbol{x}_k - \hat{\boldsymbol{x}}_{k|k-1}) \tag{6.27}
$$

其中

$$
\boldsymbol{F}_k = \frac{1}{2h}\begin{bmatrix}
(\boldsymbol{f}(\hat{\boldsymbol{x}}+h\boldsymbol{e}_1)-\boldsymbol{f}(\hat{\boldsymbol{x}}+h\boldsymbol{e}_1))^{\mathrm{T}} \\
(\boldsymbol{f}(\hat{\boldsymbol{x}}+h\boldsymbol{e}_2)-\boldsymbol{f}(\hat{\boldsymbol{x}}+h\boldsymbol{e}_2))^{\mathrm{T}} \\
\vdots \\
(\boldsymbol{f}(\hat{\boldsymbol{x}}+h\boldsymbol{e}_n)-\boldsymbol{f}(\hat{\boldsymbol{x}}+h\boldsymbol{e}_n))^{\mathrm{T}}
\end{bmatrix}^{\mathrm{T}} \tag{6.28}
$$

$$
\boldsymbol{H}_k = \frac{1}{2h}\begin{bmatrix}
(\boldsymbol{h}(\hat{\boldsymbol{x}}_{k|k-1}+h\boldsymbol{e}_1)-\boldsymbol{h}(\hat{\boldsymbol{x}}_{k|k-1}+h\boldsymbol{e}_1))^{\mathrm{T}} \\
(\boldsymbol{h}(\hat{\boldsymbol{x}}_{k|k-1}+h\boldsymbol{e}_2)-\boldsymbol{h}(\hat{\boldsymbol{x}}_{k|k-1}+h\boldsymbol{e}_2))^{\mathrm{T}} \\
\vdots \\
(\boldsymbol{h}(\hat{\boldsymbol{x}}_{k|k-1}+h\boldsymbol{e}_n)-\boldsymbol{h}(\hat{\boldsymbol{x}}_{k|k-1}+h\boldsymbol{e}_n))^{\mathrm{T}}
\end{bmatrix}^{\mathrm{T}} \tag{6.29}
$$

可见，利用多维 Stirling 插值公式线性化时，不需要计算雅可比矩阵，只需要将相应的单位列向量代入函数，计算方便，不要求连续可导，而且 Stirling 插值展开式精度在合理选择步长的情况下高于泰勒级数展开式。所以，CDSMF 算法在理论上可得高于 ESMF 的估计精度，并克服 ESMF 的固有缺陷。

中心差分线性化处理与泰勒展开线性化的差别主要表现为 $\boldsymbol{F}_k$ 和 $\boldsymbol{H}_{k+1}$ 的计算过程不同，假如雅可比矩阵已经通过离线计算得到，则泰勒展开线性化处理中两个矩阵的计算需要将估计值代入函数矩阵计算得到。中心差分线性化处理的两个矩阵是通过将估计值代入式(6.28)和式(6.29)计算得到的。在这种情况下，计算的复杂程度与具体的系统函数有关，在不考虑具体函数表达式的情况下难以对两种处理方法的实时性进行比较。但是，如果要求算法在线计算雅可比矩阵，将导致泰勒展开线性化处理的运算负担显著提高。在这种情况下，由于中心差分线性化

是将估计值直接代入原函数计算 $\boldsymbol{F}_k$ 和 $\boldsymbol{H}_{k+1}$，而不需要计算雅可比矩阵，所以在实时性上会有较大优势。

6.4.2 基于半定规划和 DC 分解的线性化误差定界

在 ESMF 及其拓展算法中，对于线性化误差不确定边界的确定，通常采用区间分析的方法。这种方法会增加边界估计的保守性。主要原因有三点。

(1) 由状态区间矢量 $\boldsymbol{X}_k$ 的计算过程可知，计算误差界采用的区间矢量覆盖范围大于上一步迭代得到的状态可行集 $\mathcal{E}(\hat{\boldsymbol{x}}_k,\boldsymbol{P}_k)$。

(2) 区间分析方法本身会在一定程度上放大误差范围。例如，函数 $f(x)=x^2-e^x, x\in[0,2]$ 的实际范围为 $f(x)\in[-3.3891,-1]$，区间分析得到的函数范围为 $f([0,2])\in[-7.3891,3]$。

(3) ESMF 中基于区间分析的误差定界方法得到的外包椭球以原点为中心，并不符合实际情况，会导致误差界趋于保守。例如，函数 $f(x)=x^2$ 在 x_0 处泰勒展开后，非线性余子项可以表示为 $(x-x_0)^2$，其值大于 0，而并非以原点为中心。本书采用非线性规划方法优化线性化误差的保证边界，以得到更为紧致的边界估计，从而降低算法的保守性。系统方程 $\boldsymbol{f}(\boldsymbol{x}_k)$ 在 $\hat{\boldsymbol{x}}_k$ 处的线性化误差可以表示为

$$\Delta\boldsymbol{f}(\boldsymbol{x}_k)=\boldsymbol{f}(\boldsymbol{x}_k)-\boldsymbol{f}(\hat{\boldsymbol{x}}_k)-\boldsymbol{F}_k(\boldsymbol{x}_k-\hat{\boldsymbol{x}}_k) \tag{6.30}$$

则线性化误差范围可以表示为 $[\Delta\boldsymbol{f}_{\min}(\boldsymbol{x}_k),\Delta\boldsymbol{f}_{\max}(\boldsymbol{x}_k)]$，$\Delta\boldsymbol{f}_{\min}^i(\boldsymbol{x}_k)$ 可通过如下非线性规划问题求得，即

$$\begin{cases}\min\ \ \Delta\boldsymbol{f}_k^i\\ \text{s.t.}\ \ (\boldsymbol{x}_k-\hat{\boldsymbol{x}}_k)^{\mathrm{T}}\boldsymbol{P}_k(\boldsymbol{x}_k-\hat{\boldsymbol{x}}_k)\leqslant 1\end{cases} \tag{6.31}$$

根据 Schur 补引理，该优化过程可以转化为如下的 SDP 问题，从而采用内点法等优化方法解决，即

$$\begin{cases}\min\ \Delta\boldsymbol{f}_k^i\\ \text{s.t.}\ \begin{bmatrix}-1 & (\boldsymbol{x}_k-\hat{\boldsymbol{x}}_k)^{\mathrm{T}}\\ \boldsymbol{x}_k-\hat{\boldsymbol{x}}_k & -\boldsymbol{P}_k\end{bmatrix}\preceq 0\end{cases} \tag{6.32}$$

得到线性化误差范围的区间矢量之后，可按照如下过程计算系统方程线性化误差的外包椭球 $\mathcal{E}(\boldsymbol{a}_Q,\bar{\boldsymbol{Q}}_k)$ 的椭球中心和形状矩阵，即

$$\begin{cases}\left[\bar{\boldsymbol{Q}}_k\right]^{i,i}=\dfrac{1}{2}(\Delta\boldsymbol{f}_{\max}^i(\boldsymbol{x}_k)-\Delta\boldsymbol{f}_{\min}^i(\boldsymbol{x}_k))^2\\ \left[\bar{\boldsymbol{Q}}_k\right]^{i,j}=0,\quad i\neq j\end{cases} \tag{6.33}$$

$$\boldsymbol{a}_{Q_k} = \frac{1}{2}(\Delta \boldsymbol{f}_{\max}(\boldsymbol{x}_k) + \Delta \boldsymbol{f}_{\min}(\boldsymbol{x}_k)) \tag{6.34}$$

按照同样的思路可得量测方程线性化误差的外包椭球 $\mathcal{E}(\boldsymbol{a}_{R_k}, \bar{\boldsymbol{R}}_k)$，进而合成虚拟过程噪声椭球 $\mathcal{E}(\boldsymbol{a}_{Q_k}, \hat{\boldsymbol{Q}}_k)$ 和虚拟量测噪声椭球 $\mathcal{E}(\boldsymbol{a}_{R_k}, \hat{\boldsymbol{R}}_k)$。

经过理论和实验分析，该算法虽然可行，但内点法求解 SDP 问题计算量较大。特别是在高维情况下，算法的实时性会受到较大的影响。因此，当算法在实时性要求较高的情况下应用时，可以通过 DC 分解对该 SDP 问题进行松弛求解。具体过程如下。

首先，按照每个分量构造函数 $\boldsymbol{f}(\boldsymbol{x})$ 的 DC 表示形式，如第 i 个分量，即 $\boldsymbol{f}^i(\boldsymbol{x}) = \boldsymbol{f}_{d1}^i(\boldsymbol{x}) - \boldsymbol{f}_{d2}^i(\boldsymbol{x})$，其中 $\boldsymbol{f}_{d1}^i(\boldsymbol{x}) = \boldsymbol{f}^i(\boldsymbol{x}) + \alpha \boldsymbol{x}^{\mathrm{T}}\boldsymbol{x}$，$\boldsymbol{f}_{d2}^i(\boldsymbol{x}) = \alpha \boldsymbol{x}^{\mathrm{T}}\boldsymbol{x}$，$\alpha > 0$，上标 i 表示第 i 个状态变量。取

$$\begin{cases} \Delta \bar{\boldsymbol{f}}^i(\boldsymbol{x}_k) = \boldsymbol{f}_{d1}^i(\boldsymbol{x}_k) - \bar{\boldsymbol{f}}_{d2}^i(\boldsymbol{x}_k) - \boldsymbol{f}_L^i(\boldsymbol{x}_k) \\ \Delta \underline{\boldsymbol{f}}^i(\boldsymbol{x}_k) = \bar{\boldsymbol{f}}_{d1}^i(\boldsymbol{x}_k) - \boldsymbol{f}_{d2}^i(\boldsymbol{x}_k) - \boldsymbol{f}_L^i(\boldsymbol{x}_k) \end{cases} \tag{6.35}$$

其中，$\bar{\boldsymbol{f}}_{d1}^i(\boldsymbol{x}_k) = \boldsymbol{f}_{d1}^i(\hat{\boldsymbol{x}}_k) + \dfrac{\partial \boldsymbol{f}_{d1}^i(\hat{\boldsymbol{x}}_k)}{\partial \boldsymbol{x}}(\boldsymbol{x}_k - \hat{\boldsymbol{x}}_k)$；$\bar{\boldsymbol{f}}_{d2}^i(\boldsymbol{x}_k) = \boldsymbol{f}_{d2}^i(\hat{\boldsymbol{x}}_k) + \dfrac{\partial \boldsymbol{f}_{d2}^i(\hat{\boldsymbol{x}}_k)}{\partial \boldsymbol{x}}(\boldsymbol{x}_k - \hat{\boldsymbol{x}}_k)$；$\boldsymbol{f}_L(\boldsymbol{x}_k) = \boldsymbol{f}(\hat{\boldsymbol{x}}_k) + \boldsymbol{F}_k(\boldsymbol{x}_k - \hat{\boldsymbol{x}}_k)$。

然后，将线性化误差范围 $\left[\Delta \boldsymbol{f}_{\min}^i(\boldsymbol{x}_k), \Delta \boldsymbol{f}_{\max}^i(\boldsymbol{x}_k)\right]$ 松弛为

$$\left[\min_{\boldsymbol{x}_k \in \mathrm{vert}(\mathcal{E}(\hat{\boldsymbol{x}}_k, \boldsymbol{P}_k))} \Delta \underline{\boldsymbol{f}}^i(\boldsymbol{x}_k), \max_{\boldsymbol{x}_k \in \mathrm{vert}(\mathcal{E}(\hat{\boldsymbol{x}}_k, \boldsymbol{P}_k))} \Delta \bar{\boldsymbol{f}}^i(\boldsymbol{x}_k)\right] \tag{6.36}$$

其中，$\mathrm{vert}(\,)$ 表示集合中所有的顶点。

由椭球边界的平滑性可知，椭球可行集的顶点集合是无限集，因此式(6.36)的计算依然需要求解两个 SDP 问题。为了减小计算量，可以采用外包超平行体 $P(\hat{\boldsymbol{x}}_k, \boldsymbol{T}_k) = \{\boldsymbol{x} \in \mathrm{R}^n \mid \boldsymbol{x} = \hat{\boldsymbol{x}}_k + \boldsymbol{T}_k \boldsymbol{z}, \|\boldsymbol{z}\|_\infty \leqslant 1\}$ 逼近椭球体 $\mathcal{E}(\hat{\boldsymbol{x}}_k, \boldsymbol{P}_k)$，其中 $\boldsymbol{P}_k = \boldsymbol{T}_k^{\mathrm{T}} \boldsymbol{T}_k$。由此线性化误差边界可进一步松弛为

$$\left[\min_{\boldsymbol{x}_k \in \mathrm{vert}(P(\hat{\boldsymbol{x}}_k, \boldsymbol{T}_k))} \Delta \underline{\boldsymbol{f}}^i(\boldsymbol{x}_k), \max_{\boldsymbol{x}_k \in \mathrm{vert}(P(\hat{\boldsymbol{x}}_k, \boldsymbol{T}_k))} \Delta \bar{\boldsymbol{f}}^i(\boldsymbol{x}_k)\right] \tag{6.37}$$

由于超平行体 $P(\hat{\boldsymbol{x}}_k, \boldsymbol{T}_k)$ 的顶点数为 $2n$，因此式(6.37)的计算只需要将所有顶点值代入公式计算最大或最小值，可以避免内点法等复杂的运算过程，极大地提高算法的实时性。虽然在精度方面与通过内点法直接求解 SDP 问题相比有所降低，但是依然可提供线性化误差的二阶近似结果。因此，可以说，它在计算复杂度与精度间取得了良好的平衡。关于 DC 规划更多详细内容可以参考文献[40]和[118]。

6.4.3 算法更新过程

完成非线性模型线性化、线性化误差定界之后，可按照式(6.8)～式(6.12)对状态进行估计。但是，由于线性化误差定界造成噪声定界椭球发生偏移，即在噪声椭球中心加入了一个偏置量，因此各阶段的更新过程略有不同。对于量测更新过程，为兼顾算法的精度和复杂度，本书在文献[40]算法的基础上进行改进。具体更新过程如下。

(1) 时间更新。线性化后，时间更新的目标是求解 $\mathcal{E}(\hat{\boldsymbol{x}}_{k|k-1},\boldsymbol{P}_{k|k-1})\supseteq \boldsymbol{F}_{k-1}\mathcal{E}(\hat{\boldsymbol{x}}_{k-1},\boldsymbol{P}_{k-1})\oplus\mathcal{E}(\boldsymbol{a}_{Q_{k-1}},\hat{\boldsymbol{Q}}_{k-1})$，由引理 3.1 可得

$$\hat{\boldsymbol{x}}_{k|k-1}=\boldsymbol{f}(\hat{\boldsymbol{x}}_{k-1})+\boldsymbol{a}_{Q_{k-1}} \tag{6.38}$$

$$\boldsymbol{P}_{k|k-1}=(1+p_k^{-1})\boldsymbol{F}_{k-1}\boldsymbol{P}_{k-1}\boldsymbol{F}_{k-1}^{\mathrm{T}}+(1+p_k)\hat{\boldsymbol{Q}}_{k-1} \tag{6.39}$$

其中，$p_k\in(0,+\infty)$，按照最小迹准则，其最优值为

$$\tilde{p}_k=\left[\frac{\mathrm{tr}(\boldsymbol{F}_{k-1}\boldsymbol{P}_{k-1}\boldsymbol{F}_{k-1}^{\mathrm{T}})}{\mathrm{tr}(\hat{\boldsymbol{Q}}_{k-1})}\right]^{1/2} \tag{6.40}$$

(2) 量测更新。量测更新的目标是求解 $\mathcal{E}(\hat{\boldsymbol{x}}_k,\boldsymbol{P})_k\supseteq\mathcal{E}(\hat{\boldsymbol{x}}_{k|k-1},\boldsymbol{P}_{k|k-1})\cap\mathcal{X}_k$，其中观测集 $\mathcal{X}_k=\left\{\boldsymbol{x}\middle|(\boldsymbol{z}_k-\boldsymbol{h}(\boldsymbol{x}))^{\mathrm{T}}\boldsymbol{R}_k^{-1}(\boldsymbol{z}_k-\boldsymbol{h}(\boldsymbol{x}))\leqslant 1\right\}$。线性化后，观测集可描述为

$$\mathcal{X}_k'=\left\{\boldsymbol{x}\middle|\boldsymbol{A}(\boldsymbol{x})^{\mathrm{T}}\hat{\boldsymbol{R}}_k^{-1}\boldsymbol{A}(\boldsymbol{x})\leqslant 1\right\} \tag{6.41}$$

其中，$\boldsymbol{A}(\boldsymbol{x})=\boldsymbol{z}_k-\boldsymbol{h}(\hat{\boldsymbol{x}}_{k|k-1})-\boldsymbol{H}_k(\boldsymbol{x}-\hat{\boldsymbol{x}}_{k|k-1})-\boldsymbol{a}_{R_k}$。

因此，线性化后的量测目标变为 $\mathcal{E}(\hat{\boldsymbol{x}}_k,\boldsymbol{P}_k)\supseteq\mathcal{E}(\hat{\boldsymbol{x}}_{k|k-1},\boldsymbol{P}_{k|k-1})\cap\mathcal{X}_k'$。

假设由量测噪声和量测方程线性化误差合成的虚拟量测噪声为 $\hat{\boldsymbol{v}}_k$，结合定理 5.1，$\hat{\boldsymbol{v}}_k$ 的外包椭球 $\mathcal{E}(\boldsymbol{a}_{R_k},\hat{\boldsymbol{R}}_k)$ 可以松弛为 m 个带的交。每个带由一对正交于椭球特征向量的超平面构成，即

$$\mathcal{E}(\boldsymbol{a}_{R_k},\hat{\boldsymbol{R}}_k)\subset\bigcap_i\left\{\boldsymbol{v}:a_i-r_i\leqslant\boldsymbol{u}_i^{\mathrm{T}}\boldsymbol{v}\leqslant a_i+r_i\right\},\quad i=1,2,\cdots,m \tag{6.42}$$

其中，$a_i=\boldsymbol{u}_i^{\mathrm{T}}\boldsymbol{a}_{R_k}$；$r_i^2$ 为 $\hat{\boldsymbol{R}}_k$ 的特征值，$\hat{\boldsymbol{R}}_k=\boldsymbol{U}\boldsymbol{R}_d\boldsymbol{U}^{\mathrm{T}}$，$\boldsymbol{R}_d=\mathrm{diag}(r_1^2,r_2^2,\cdots,r_m^2)$；$\boldsymbol{u}_i$ 为相应的特征向量。

进一步，可以将 $\mathcal{X}_k'$ 松弛为 m 个带的交，即

$$\mathcal{X}_k'=\bigcap_i\mathcal{X}_{k,i}'=\bigcap_i\left\{\boldsymbol{x}:z_i-a_i-r_i\leqslant\boldsymbol{h}_i^{\mathrm{T}}\boldsymbol{x}\leqslant z_i-a_i+r_i\right\} \tag{6.43}$$

其中，$z_i=\boldsymbol{u}_i^{\mathrm{T}}(\boldsymbol{z}_k-\boldsymbol{h}(\hat{\boldsymbol{x}}_{k,k-1})+\boldsymbol{H}_k\hat{\boldsymbol{x}}_{k,k-1})$；$[\boldsymbol{h}_1\ \ \boldsymbol{h}_2\ \ \cdots\ \ \boldsymbol{h}_m]_k=\boldsymbol{U}^{\mathrm{T}}\boldsymbol{H}_k$，$\boldsymbol{U}=[\boldsymbol{u}_1\ \ \boldsymbol{u}_2\ \ \cdots\ \ \boldsymbol{u}_m]$。

在这种转换的基础上，可以采用文献[40]提出的迭代更新方法实现状态估计，具体过程如下。

迭代初始化为 $\hat{\boldsymbol{x}}_k^0 = \hat{\boldsymbol{x}}_{k|k-1}$、$\boldsymbol{P}_k^0 = \boldsymbol{P}_{k|k-1}$，假设 α_i^+ 和 α_i^- 表示椭球中心到第 i 对超平面的归一化距离。当 $\alpha_i^+\alpha_i^- \leqslant -1/n$ 时，有 $\hat{\boldsymbol{x}}_k^i = \hat{\boldsymbol{x}}_k^{i-1}$，$\boldsymbol{P}_k^i = \boldsymbol{P}_k^{i-1}$；否则，有

$$\hat{\boldsymbol{x}}_k^i = \hat{\boldsymbol{x}}_k^{i-1} + \lambda_i \frac{\boldsymbol{S}_i \boldsymbol{h}_i e_i}{d_i^2} \tag{6.44}$$

$$\boldsymbol{P}_k^i = \left(1 + \lambda_i - \frac{\lambda_i e_i^2}{d_i^2 + \lambda_i g_i}\right)\boldsymbol{S}_i \tag{6.45}$$

其中，$\boldsymbol{S}_i = \boldsymbol{P}_k^{i-1} - \dfrac{\lambda_i}{d_i^2 + \lambda_i g_i}\boldsymbol{P}_k^{i-1}\boldsymbol{h}_i\boldsymbol{h}_i^{\mathrm{T}}\boldsymbol{P}_k^{i-1}$，$g_i = \boldsymbol{h}_i^{\mathrm{T}}\boldsymbol{P}_k^{i-1}\boldsymbol{h}_i$；$e_i = \sqrt{g_i}\left(\dfrac{\alpha_i^+ + \alpha_i^-}{2}\right)$；$d_i = \sqrt{g_i}\left(\dfrac{\alpha_i^+ - \alpha_i^-}{2}\right)$。

为使椭球 $\mathcal{E}(\hat{\boldsymbol{x}}_k^i, \boldsymbol{P}_k^i)$ 体积最小，参数 λ_i 取下式的正根，即

$$(n-1)g_i^2\lambda_i^2 + \left[(2n-1)d_i^2 - g_i + e_i^2\right]g_i\lambda_i + \left[n(d_i^2 - e_i^2) - g_i\right]d_i^2 = 0 \tag{6.46}$$

最终有 $\hat{\boldsymbol{x}}_k = \hat{\boldsymbol{x}}_k^m$、$\boldsymbol{P}_k = \boldsymbol{P}_k^m$。

式(6.44)～式(6.46)所示的椭球-带求交的迭代过程由文献[40]给出。对于 α_i^+ 和 α_i^- 的计算，该文献只考虑上一次迭代得到的椭球，即直接计算从中心 $\hat{\boldsymbol{x}}_{k+1}^{i-1}$ 到每个超平面的归一化距离。但是，采用序列更新的方法求椭球与多个带的交的主要缺点是，每次迭代的近似误差都会累积，只考虑最后一个椭球会导致误差放大。因此，本书对椭球中心到超平面的归一化距离的计算过程进行了改进，计算距离时考虑之前每次迭代的椭球，从而修正超平面边界，寻求最优距离，以减弱这种误差累积的影响，提高量测更新精度。具体描述如下。

进行第 i 次迭代前，对于前 $i-1$ 次迭代得到的椭球 $\mathcal{E}(\hat{\boldsymbol{x}}_k^j, \boldsymbol{P}_k^j), j = 0,1,\cdots,i-1$，计算每个椭球与第 i 组超平面的距离，即

$$\gamma_j^+ = \frac{y_i - a_i + r_i - \boldsymbol{h}_i^{\mathrm{T}}\hat{\boldsymbol{x}}_k^j}{\sqrt{\boldsymbol{h}_i^{\mathrm{T}}\boldsymbol{P}_k^j\boldsymbol{h}_i}} \tag{6.47}$$

$$\gamma_j^- = \frac{y_i - a_i - r_i - \boldsymbol{h}_i^{\mathrm{T}}\hat{\boldsymbol{x}}_k^j}{\sqrt{\boldsymbol{h}_i^{\mathrm{T}}\boldsymbol{P}_k^j\boldsymbol{h}_i}} \tag{6.48}$$

其中，γ_j^+ 和 γ_j^- 用于判断原始超平面与椭球间的位置关系，进而计算修正后的超平面边界。

假设修正后第 i 对超平面包围的区域为

$$\mathcal{X}'_{k,i}=\left\{\boldsymbol{x}:\beta_i^- \leqslant \boldsymbol{h}_i^{\mathrm{T}}\boldsymbol{x}\leqslant \beta_i^+\right\} \tag{6.49}$$

当$\gamma_j^+>1$时，取

$$\beta_j^+=\boldsymbol{h}_i^{\mathrm{T}}\hat{\boldsymbol{x}}_k^j+\sqrt{\boldsymbol{h}_i^{\mathrm{T}}\boldsymbol{P}_k^j\boldsymbol{h}_i} \tag{6.50}$$

当$\gamma_j^-<-1$时，取

$$\beta_j^-=\boldsymbol{h}_i^{\mathrm{T}}\hat{\boldsymbol{x}}_k^j-\sqrt{\boldsymbol{h}_i^{\mathrm{T}}\boldsymbol{P}_k^j\boldsymbol{h}_i} \tag{6.51}$$

因为此时超平面与椭球不相交，所以用与椭球相切的超平面来代替。当超平面与椭球相交时，β_j^+ 和 β_j^- 取值不变。

当$-1\leqslant\gamma_j^+\leqslant 1$时，取

$$\beta_j^+=z_i-a_i+r_i \tag{6.52}$$

当$-1\leqslant\gamma_j^-\leqslant 1$时，取

$$\beta_j^-=z_i-a_i-r_i \tag{6.53}$$

当$\gamma_j^+<-1$或$\gamma_j^->1$时，椭球与带无交集，表明噪声边界与数据冲突，可以修改模型、噪声边界，或者直接结束此次迭代，取预测椭球作为本时刻的估计状态可行集。

在所有修正的边界中寻求最优值参与归一化距离计算，即取 $\beta_i^+=\min\limits_j(\beta_j^+)$，$\beta_i^-=\max\limits_j(\beta_j^-)$，最终可得

$$\alpha_i^+=\frac{\beta_i^+-\boldsymbol{h}_i^{\mathrm{T}}\hat{\boldsymbol{x}}_k^{i-1}}{\sqrt{\boldsymbol{h}_i^{\mathrm{T}}\boldsymbol{P}_k^{i-1}\boldsymbol{h}_i}} \tag{6.54}$$

$$\alpha_i^-=\frac{\beta_i^--\boldsymbol{h}_i^{\mathrm{T}}\hat{\boldsymbol{x}}_k^{i-1}}{\sqrt{\boldsymbol{h}_i^{\mathrm{T}}\boldsymbol{P}_k^{i-1}\boldsymbol{h}_i}} \tag{6.55}$$

图 6.1 直观地展示了归一化距离计算过程改进之后量测更新精度的提升。如图 6.1 所示，初始椭球 $\mathcal{E}(\hat{\boldsymbol{x}}_k^0,\boldsymbol{P}_k^0)$、第 1 步迭代得到的椭球 $\mathcal{E}(\hat{\boldsymbol{x}}_k^1,\boldsymbol{P}_k^1)$，以及参与第 2 步迭代的带 $\mathcal{X}'_{k,2}$ 均相同，但改进的第 2 步迭代得到的椭球 $\mathcal{E}(\hat{\boldsymbol{x}}_k^2,\boldsymbol{P}_k^2)$ (虚线)明显小于改进之前。

需要说明的是，在式(6.42)～式(6.55)中，为了描述方便，量测更新中出现的中间变量和矩阵均省略了下标 k。另外，归一化距离计算过程的改进也可以与 FBEAF 算法相结合，减小该算法的累计误差。

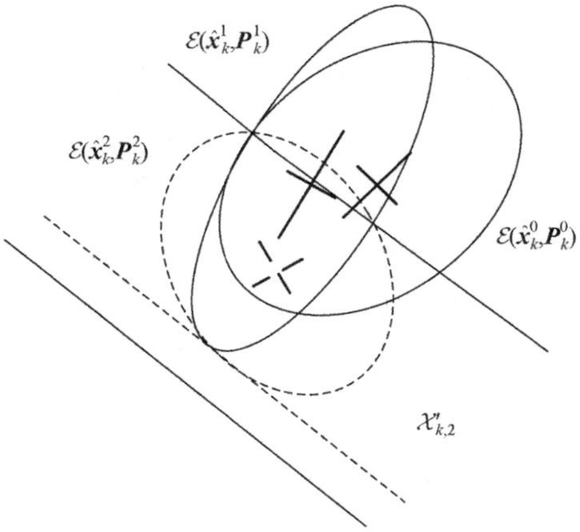

(a) 改进之前得到的边界椭球

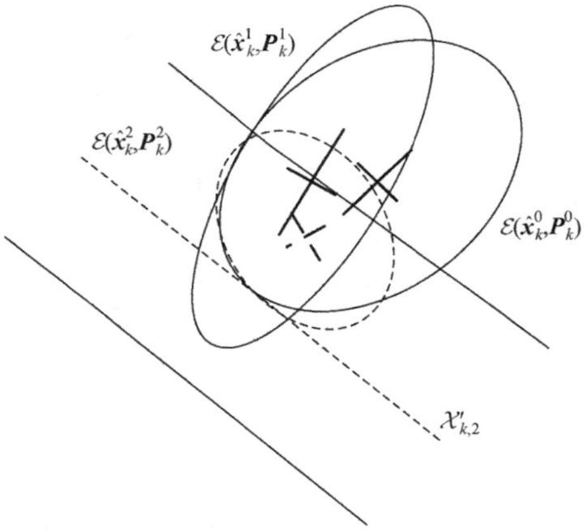

(b) 改进之后得到的边界椭球

图 6.1　归一化距离计算过程改进前后的比较

最终，CDSMF 算法的执行步骤总结如下。

步骤 1，初始化 $\hat{\boldsymbol{x}}_0$ 、 $\boldsymbol{P}_0$ 、 σ_0 ，设定 $k \leftarrow 1$ 。

步骤 2，对非线性方程进行线性化处理。

步骤 3，对线性化误差进行定界。

步骤 4，根据式(6.38)和式(6.39)计算时间更新椭球 $\mathcal{E}(\hat{\boldsymbol{x}}_{k|k-1},\boldsymbol{P}_{k|k-1})$ ，其中参数 p_k 根据式(6.40)计算。

步骤 5，根据式(6.44)～式(6.46)所示的迭代过程计算 $\mathcal{E}(\hat{\boldsymbol{x}}_k,\boldsymbol{P}_k)$ ，参数 λ_i 取式(6.46)的正根，其中归一化距离按照式(6.47)～式(6.55)所述的过程计算。

步骤 6，令 $k \leftarrow k+1$ 并返回步骤 2，直到程序终止。

6.5 仿真研究

仿真采用图 6.2 所示的非线性质量-弹簧-阻尼系统。质量块的运动方程为

$$\ddot{x} + k_0 x(1 + k_d x^2) + c\dot{x} = 0 \tag{6.56}$$

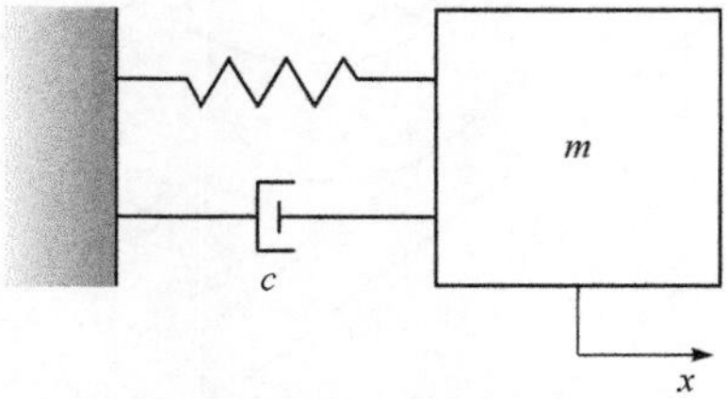

图 6.2　非线性质量-弹簧-阻尼系统

式(6.56)通常被称为杜芬方程，可以描述几种不同的物理过程，如非线性振动和非线性电路。可以发现，位移越大，弹簧的非线性就越大。将式(6.56)转换为离散时间状态空间模型，可得

$$\boldsymbol{x}_k = \boldsymbol{f}(\boldsymbol{x}_{k-1}) + \boldsymbol{w}_k \tag{6.57}$$

$$z_k = \boldsymbol{H}_k \boldsymbol{x}_k + v_k \tag{6.58}$$

其中，$\boldsymbol{f}(\boldsymbol{x}_{k-1}) = \begin{bmatrix} x_{1,k} + \Delta T x_{2,k} \\ x_{2,k} + \Delta T(-k_0 x_{1,k}(1 - k_d x_{1,k}^2) - c x_{2,k}) \end{bmatrix}$；状态向量为 $\boldsymbol{x}_k = \begin{bmatrix} x_{1,k} & x_{2,k} \end{bmatrix}^{\mathrm{T}}$，两个状态分量为位置和速度，显然仅质量块的位置是可以测量的；$\boldsymbol{H}_k = \begin{bmatrix} 1 & 0 \end{bmatrix}$。

模型中包含的常数取值如下，$k_0 = 1.5$、$k_d = 3$、$c = 1.24$；仿真初始状态为 $\boldsymbol{x}_0 = \begin{bmatrix} 0.2 & 0.3 \end{bmatrix}^{\mathrm{T}}$，总仿真时间为 7s，采样间隔 $\Delta T = 100\mathrm{ms}$。在仿真中，假设过程噪声和量测噪声均匀分布，且属于式(3.14)和式(3.15)所示的椭球集，并取 $\boldsymbol{Q}_k = \mathrm{diag}(0.002^2, 0.002^2)$，$R_k = 0.001^2$，初始状态椭球中心 $\hat{\boldsymbol{x}}_0 = \begin{bmatrix} 0.2 & 0.3 \end{bmatrix}^{\mathrm{T}}$，形状矩阵 $\boldsymbol{P}_0 = \mathrm{diag}(0.01, 0.01)$。

此仿真对象与文献[33], [39], [40]中的仿真对象一致，并采用与文献[33]相同的仿真参数。该仿真对象实质为非线性质量-弹簧-阻尼机械系统质量块的位移估计。仿真将本书提出的算法与文献[33], [39]提出的算法进行对比，选择这两种算法的原因是它们对噪声和初始状态的边界假设与本书所提的方法是一致的，而文献[40]虽然使用椭球定界方法，但噪声的边界假设并非椭球边界。所有算法均采用可行集的椭球中心作为点估计来考察算法性能，并以均方根误差作为性能指标。按照上述条件进行 100 次蒙特卡罗仿真，单次仿真结果如图 6.3～图 6.8 所示。100 次仿真的 RMSE 和椭球体积平均值如表 6.1 所示。

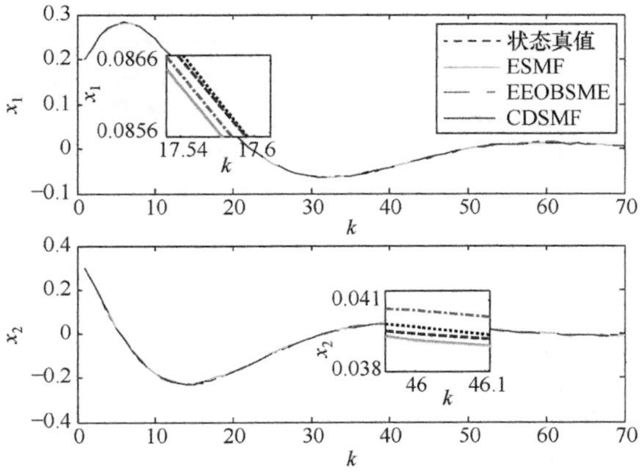

图 6.3　状态估计

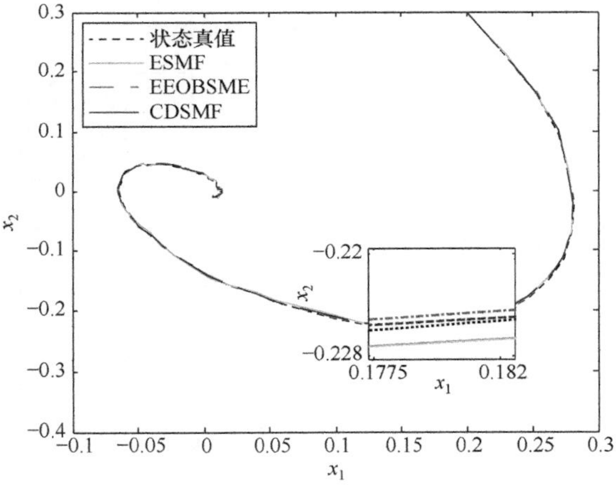

图 6.4　状态轨迹

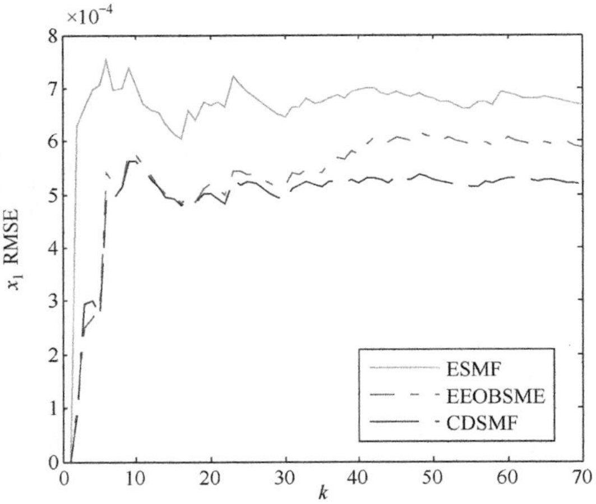

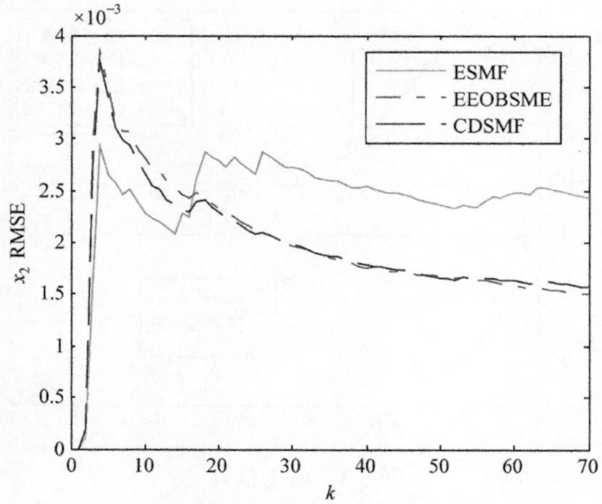

图 6.5　状态估计均方根误差

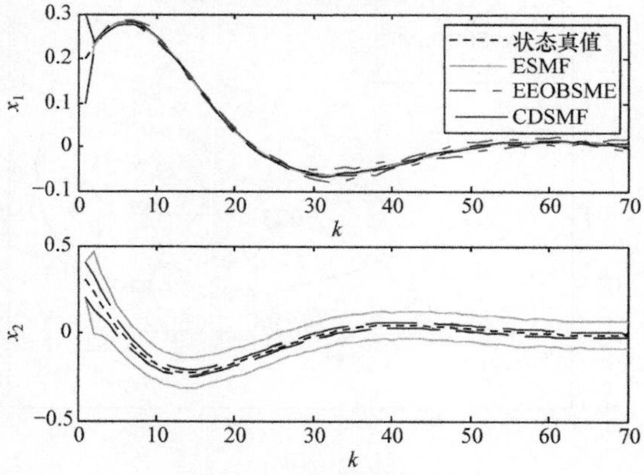

图 6.6　状态估计边界

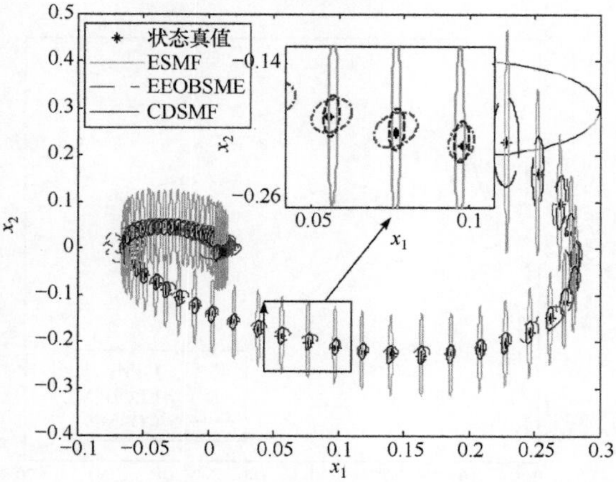

图 6.7　椭球可行集

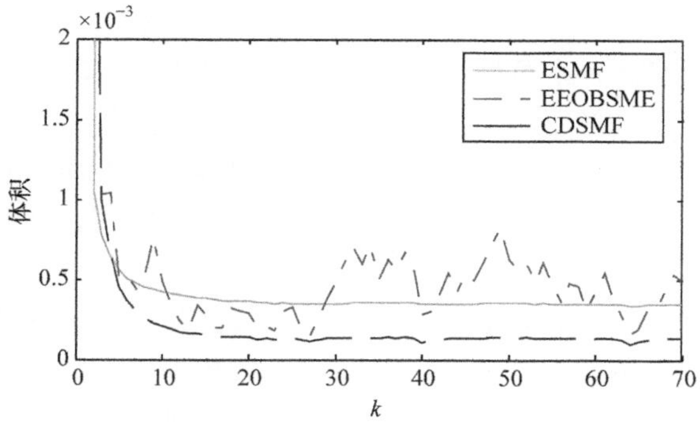

图 6.8　椭球体积

表 6.1　估计结果比较

算法	RMSE		体积	时间/ms
	x_1	x_2		
ESMF	7.15×10^{-4}	2.59×10^{-3}	3.53×10^{-4}	3.1
EEOBSME	6.36×10^{-4}	1.51×10^{-3}	4.38×10^{-4}	2.9
CDSMF	5.52×10^{-4}	1.53×10^{-3}	1.31×10^{-4}	3.4
DCCDSMF	5.58×10^{-4}	1.54×10^{-3}	1.72×10^{-4}	2.5

图 6.3～图 6.5 主要关注各滤波方法的点估计性能。这里的状态轨迹只是数学概念，而非真实的运动轨迹。由图 6.3 和图 6.4 可以看出，三种算法均能很好地跟踪状态真值和真实轨迹值。由图 6.5 可以看出，就状态 x_1 而言，CDSMF 算法的估计精度明显优于 EEOBSME 算法和原始 ESMF 算法。对于状态 x_2，CDSMF 算法和 EEOBSME 算法得到的 RMSE 非常接近，但这两种算法的点估计精度均优于标准 ESMF 算法。

图 6.6～图 6.8 主要关注各滤波方法的边界估计性能。图 6.6 给出了各种算法的状态估计边界，就状态 x_1 而言，ESMF 算法和 CDSMF 算法得到的估计边界非常接近，都能紧紧包围真实状态值，其中 EEOBSME 算法得到的边界虽然也能包围真实值，但在 3～7s 估计边界相对比较保守。就状态 x_2 而言，与 ESMF 算法相比，采用 CDSMF 算法可得更为紧致的边界，而 EEOBSME 算法的结果与 CDSMF 算法近似。

图 6.7 和图 6.8 分别给出了各时刻估计状态可行集的椭球边界和体积。可以看出，采用 CDSMF 算法估计得到的边界椭球体积明显小于其他两种方法。EEOBSME 算法在 1～3s 之间体积小于 ESMF 算法，但是 3～7s 边界估计性能下降，导致椭球体积变大且具有较明显的波动。这与图 6.6 中的结论一致。

同时，表 6.1 中 100 次仿真的 RMSE 和椭球体积平均值进一步印证了上述结论。从点估计性能来看，本章提出的方法较 ESMF 算法有较大的提高，状态估计的 RMSE 分别提高约 23%和 41%。与 EEOBSME 算法相比，状态 x_1 的估计结果具有明显的提高，状态 x_2 估计结果则略低。从边界估计性能来看，本书提出的方法与其他两种方法相比均有较大幅度的提升，椭球体积减小为 ESMF 算法和 EEOBSME 算法的 1/3 左右。

EEOBSME 算法是在 ESMF 算法线性化和线性化误差定界的基础上，通过最大化最坏噪声情况下估计误差的 Lyapunov 函数减少量来优化参数，因此对于降低点估计误差有一定的优势。ESMF 算法通过最小化椭球体积来优化参数。其主要目的是使状态可行集的边界更加紧致，所以在边界估计上更具优势。因此，EEOBSME 算法的 RMSE 小，ESMF 算法的可行集体积比较小。

CDSMF 算法与 ESMF 算法一样，也是通过最小化椭球体积来优化参数，同时从估计误差和估计边界的保守性两个方面进行改进。一方面，算法通过中心差分的线性化方法提高线性化精度，从而改善点估计误差。另一方面，通过改进线性化误差定界方法和归一化距离计算方法降低可行集边界的保守性。当然，这是各种改进措施的主要贡献，它们相互之间也会产生一定的影响。正是以上因素导致 CDSMF 算法相对于 ESMF 算法在 RMSE 和可行集体积两个指标上都有提高。与 EEOBSME 算法相比，CDSMF 算法在边界估计性能具有明显优势是必然的。从估计误差来看，两者都可以看作在 ESMF 算法基础上的改进，EEOBSME 算法是从参数优化的角度降低估计误差，而 CDSMF 算法则是从改进线性化误差的角度来改善估计误差情况，所以两者的 RMSE 都低于 ESMF 算法。对于 EEOBSME 算法而言，越是误差较大的方向，越会降低该方向的误差。这是由其参数优化指标决定的，所以 EEOBSME 算法反而在 x_2 的估计上略优于 CDSMF 算法，而在 x_1 的估计上 CDSMF 算法的优势明显。

从仿真耗时来看，CDSMF 算法与其他两种算法相比，每次迭代消耗的时间略有提高。其原因在于，对于 ESMF 算法和 EEOBSME 算法，雅可比矩阵和海森矩阵是人工离线计算的，没有计入耗时。在这种情况下，CDSMF 算法复杂度更高一些，但与其他两种方法相比差距很小，在低阶次系统中均能满足实时性的要求。在高维情况下，可以通过 6.4.2 节设计的松弛和 DC 规划方法降低算法的复杂度。其效果如表 6.1 所示，提高实时性的同时可行集的体积出现了一定的扩大，但依然优于 ESMF 算法和 EEOBSME 算法。同时，RMSE 变化不大，这是因为改变的部分主要放大了边界的保守性，对估计误差影响比较小。

综上，CDSMF 算法的主要优势是边界估计性能的提高，同时点估计性能也具有一定的优势。这是本书采用精度更高的新线性化方法和线性化误差定界方法共同作用的结果。同时，量测更新时在最小化体积准则的基础上采用次优方法选择参数，并对迭代过程进行改进，减小累计误差的影响。

6.6　本 章 小 结

本章提出一种基于中心差分线性化的非线性集员估计算法。首先，利用多维 Stirling 插值公式代替泰勒公式将非线性模型展开，以实现方程的线性化处理，提高线性化近似精度的同时避免雅可比矩阵的计算。其次，考虑由线性化误差引起的不确定性，通过半定规划的方法确定其边界，改善线性化误差定界的保守性。然后，通过预测更新过程估计以椭球为边界的状态可行集。在量测更新过程中，将虚拟量测噪声椭球松弛为多个带的交,通过迭代求交的方法实现次优边界估计，以降低算法复杂度。同时，为提高估计精度，改进归一化距离的求解过程，避免近似误差累积的影响。最后，验证所提算法在点估计和边界估计方面的性能优势。

使用半定规划进行线性化误差定界的主要缺陷是时间复杂度阶数较高，随着系统复杂度的提高，其实时性必然会变差。因此，系统复杂度较低，或者对于计算时间要求不高的情况下可以考虑半定规划。如果系统复杂，且对实时性要求较高，则可以通过 DC 规划的方法降低复杂度，但会牺牲一定的精度。

另外，在 ESMF 算法基础上提出的一些改进方法也可以与该算法结合，进一步提高估计性能。例如，利用 UD 分解改善算法的稳定性[36]，采用 MIT 规则优化过程噪声椭球来改善滤波器健康指标等[37]。

第 7 章　有界不确定系统多传感器融合滤波

7.1　引　言

对于以概率假设为基础的多传感器线性动态系统，基于经典的卡尔曼滤波理论的集中式和分布式融合方法已经比较完善。例如，集中式融合方法包括量测扩维融合、量测加权融合和序贯滤波融合三种典型算法，而且一些相关的结论也已获得。

(1) 当量测矩阵相同时，量测扩维融合和加权融合方法在估计精度方面是相同的。

(2) 序贯滤波融合和量测扩维融合的估计精度是相同的。

(3) 当交换量测的更新顺序时，三种方法的估计精度保持不变等。

然而，对 UBB 噪声条件下多传感器融合的类似研究尚未得到足够的重视，相关结论也很少。本章对基于集员估计的有界不确定系统多传感器融合滤波进行研究，以集中式融合为主。一是，给出 UBB 噪声条件下的典型融合算法，即以集员估计理论为基础，通过不同的方式实现有界不确定系统量测信息或局部估计的融合。二是，分析算法的性质，包括测量更新顺序的可交换性和不同算法之间的等价性。

7.2　问 题 描 述

首先，考虑一般的线性离散系统，假设有 N 个传感器对同一运动目标独立地进行测量，相应的状态方程和量测方程可以描述为

$$\boldsymbol{x}_k = \boldsymbol{F}_{k-1}\boldsymbol{x}_{k-1} + \boldsymbol{G}_{k-1}\boldsymbol{w}_{k-1} \tag{7.1}$$

$$\boldsymbol{z}_{i,k} = \boldsymbol{H}_{i,k}\boldsymbol{x}_k + \boldsymbol{v}_{i,k}, \quad i = 1,2,\cdots,N \tag{7.2}$$

其中，$\boldsymbol{x}_k \in \mathbb{R}^n$ 为状态向量；$\boldsymbol{F}_{k-1}$ 为非奇异状态转移矩阵；$\boldsymbol{G}_{k-1}$ 为过程噪声输入矩阵；$\boldsymbol{w}_{k-1} \in \mathbb{R}^l$ 为模型过程噪声；对于量测方程，$\boldsymbol{z}_{i,k} \in \mathbb{R}^m$ 为第 i 个传感器在 k 时刻的观测向量；$\boldsymbol{H}_{i,k}$ 为第 i 个传感器在 k 时刻的观测矩阵；$\boldsymbol{v}_{i,k} \in \mathbb{R}^m$ 为第 i 个传感器在 k 时刻的观测噪声。

本章依然假设两种噪声属于如下的椭球集合，即

$$\mathcal{W}_k = \left\{ \boldsymbol{w}_k : \boldsymbol{w}_k^{\mathrm{T}} \boldsymbol{Q}_k^{-1} \boldsymbol{w}_k \leqslant 1 \right\} \tag{7.3}$$

$$\mathcal{V}_{i,k} = \left\{ \boldsymbol{v}_{i,k} : \boldsymbol{v}_{i,k}^{\mathrm{T}} \boldsymbol{R}_{i,k}^{-1} \boldsymbol{v}_{i,k} \leqslant 1 \right\} \tag{7.4}$$

其中，$\boldsymbol{Q}_k$ 和 $\boldsymbol{R}_{i,k}$ 为已知的正定矩阵。

初始状态属于下式描述的椭球，即

$$\mathcal{E}_0 = \left\{ \boldsymbol{x}_0 : (\boldsymbol{x}_0 - \hat{\boldsymbol{x}}_0)^{\mathrm{T}} \boldsymbol{P}_0^{-1} (\boldsymbol{x}_0 - \hat{\boldsymbol{x}}_0) \leqslant \sigma_0 \right\} \tag{7.5}$$

其中，$\hat{\boldsymbol{x}}_0$ 为椭球的中心；$\boldsymbol{P}_0$ 为正定矩阵，它定义了椭球的形状；σ_0 为大于 0 的实数。

上述所有矩阵的维数均由状态、观测向量及噪声的维数确定。在集员框架下，集中式融合过程和分布式融合过程可描述如下。

对于集中式融合，在 k 时刻，融合中心接受所有传感器的量测信息，然后在融合中心进行时间更新和量测更新，从而对目标状态进行估计。时间更新的目标是，寻求椭球 $\mathcal{E}_{k|k-1} \supseteq \boldsymbol{F}_{k-1}\mathcal{E}_{k-1} \oplus \boldsymbol{G}_{k-1}\mathcal{E}(0, \boldsymbol{Q}_k)$，其中 $\mathcal{E}_{k|k-1} = \mathcal{E}(\hat{\boldsymbol{x}}_{k|k-1}, \sigma_{k|k-1}\boldsymbol{P}_{k|k-1})$。根据式(7.2)和式(7.4)，$\boldsymbol{x}_k$ 属于如下集合，即

$$\mathcal{X}_k = \left\{ \boldsymbol{x} : (\boldsymbol{z}_{i,k} - \boldsymbol{H}_{i,k}\boldsymbol{x})^{\mathrm{T}} \boldsymbol{R}_{i,k}^{-1} (\boldsymbol{z}_{i,k} - \boldsymbol{H}_{i,k}\boldsymbol{x}) \leqslant 1, i = 1, 2, \cdots, N \right\} \tag{7.6}$$

因此，对于有界干扰多传感器系统，集中式融合中心的融合更新阶段目标是寻求可行集定界椭球 $\mathcal{E}_k = \mathcal{E}(\hat{\boldsymbol{x}}_k, \sigma_k \boldsymbol{P}_k)$。该椭球包含时间更新椭球和由多传感器量测信息共同确定的状态可行集的交集，即目标是 $\mathcal{E}_k \supseteq \mathcal{E}_{k|k-1} \cap \mathcal{X}_k$。

对于分布式融合，在 k 时刻，各局部估计器利用对应传感器的量测信息，使用集员估计算法对目标状态进行估计，然后融合中心利用接受到的局部估计结果 $\mathcal{E}_{i,k} = \mathcal{E}(\hat{\boldsymbol{x}}_{i,k}, \sigma_{i,k}\boldsymbol{P}_{i,k})$ 获得全局融合估计 $\mathcal{E}_k$，保证 $\mathcal{E}_k \supseteq \bigcap_{i=1}^{N} \mathcal{E}_{i,k}$。本章各传感器采用 FBEAF 算法进行局部估计。

7.3　针对有界噪声的融合滤波算法

虽然集员估计方法与卡尔曼滤波类方法有本质的不同，但是两者的迭代过程有很大的相似性。因此，集员框架下的集中式融合算法同样可以通过量测扩维、加权和序贯滤波来实现，不同之处在于过程和结果的表现形式不同，所以运算方式也不同。UBB 噪声条件下的融合过程主要考虑集合的运算。

7.3.1 针对有界噪声的量测扩维融合算法

量测扩维融合算法的核心是将来自多个传感器的低维量测向量扩展为单个高维量测向量。然后，在 k 时刻对该高维向量进行一次滤波，实现多传感器的数据融合。

在有界噪声条件下，量测扩维融合的核心是确定扩维后量测噪声的外定界椭球。扩维后与所有传感器相关的伪量测方程可以表示为

$$\boldsymbol{z}_k^a = \boldsymbol{H}_k^a \boldsymbol{x}_k + \boldsymbol{v}_k^a \tag{7.7}$$

其中，$\boldsymbol{z}_k^a = [\boldsymbol{z}_{1,k}^{\mathrm{T}}, \boldsymbol{z}_{2,k}^{\mathrm{T}}, \cdots, \boldsymbol{z}_{N,k}^{\mathrm{T}}]^{\mathrm{T}}$；$\boldsymbol{H}_k^a = [\boldsymbol{H}_{1,k}^{\mathrm{T}}, \boldsymbol{H}_{2,k}^{\mathrm{T}}, \cdots, \boldsymbol{H}_{N,k}^{\mathrm{T}}]^{\mathrm{T}}$；$\boldsymbol{v}_k^a = [\boldsymbol{v}_{1,k}^{\mathrm{T}}, \boldsymbol{v}_{2,k}^{\mathrm{T}}, \cdots, \boldsymbol{v}_{N,k}^{\mathrm{T}}]^{\mathrm{T}}$。

在 UBB 噪声条件下，重点是保证扩维后的量测噪声所属集合与各传感器相适应。假设 $\boldsymbol{v}_k^a$ 属于如下的集合，即

$$\mathcal{V}_k^a = \left\{ \boldsymbol{v}_k^a : (\boldsymbol{v}_k^a)^{\mathrm{T}} (\boldsymbol{R}_k^a)^{-1} \boldsymbol{v}_k^a \leqslant 1 \right\} \tag{7.8}$$

由式(7.2)可知，$\boldsymbol{v}_{i,k}$ 满足 $\sum_{i=1}^{N} \alpha_{i,k}^a \boldsymbol{v}_{i,k}^{\mathrm{T}} \boldsymbol{R}_{i,k}^{-1} \boldsymbol{v}_{i,k} \leqslant 1$，其中 $\alpha_{i,k}^a \in [0,1], \sum_{i=1}^{N} \alpha_{i,k}^a = 1$。该式等价于 $(\boldsymbol{v}_k^a)^{\mathrm{T}} \mathrm{diag}(\alpha_{i,k}^a \boldsymbol{R}_{i,k}^{-1}) \boldsymbol{v}_k^a \leqslant 1$，可得

$$(\boldsymbol{R}_k^a)^{-1} = \mathrm{diag}(\alpha_{i,k}^a \boldsymbol{R}_{i,k}^{-1}) \tag{7.9}$$

结合 3.4 节给出的椭球定界滤波过程，当给定 $\boldsymbol{x}_{k-1} \in \mathcal{E}(\hat{\boldsymbol{x}}_{k-1}^a, \sigma_{k-1}^a \boldsymbol{P}_{k-1}^a)$ 时，k 时刻量测扩维融合的更新过程可以描述如下。

时间更新为

$$\hat{\boldsymbol{x}}_{k|k-1}^a = \boldsymbol{F}_{k-1} \hat{\boldsymbol{x}}_{k-1}^a \tag{7.10}$$

$$\sigma_{k|k-1}^a = \sigma_{k-1}^a \tag{7.11}$$

$$\boldsymbol{P}_{k|k-1}^a = \left(1 + \frac{1}{p_k^a}\right) \boldsymbol{F}_{k-1} \boldsymbol{P}_{k-1}^a \boldsymbol{F}_{k-1}^{\mathrm{T}} + \frac{1 + p_k^a}{\sigma_{k|k-1}^a} \boldsymbol{G}_{k-1} \boldsymbol{Q}_{k-1} \boldsymbol{G}_{k-1}^{\mathrm{T}} \tag{7.12}$$

量测更新为

$$\hat{\boldsymbol{x}}_k^a = \hat{\boldsymbol{x}}_{k|k-1}^a + q_k^a \boldsymbol{P}_k^a (\boldsymbol{H}_k^a)^{\mathrm{T}} (\boldsymbol{R}_k^a)^{-1} \boldsymbol{\delta}_k^a \tag{7.13}$$

$$(\boldsymbol{P}_k^a)^{-1} = (\boldsymbol{P}_{k|k-1}^a)^{-1} + q_k^a (\boldsymbol{H}_k^a)^{\mathrm{T}} (\boldsymbol{R}_k^a)^{-1} \boldsymbol{H}_k^a \tag{7.14}$$

$$\sigma_k^a = \sigma_{k|k-1}^a + q_k^a - q_k^a (\boldsymbol{\delta}_k^a)^{\mathrm{T}} (q_k^a \boldsymbol{H}_k^a \boldsymbol{P}_{k|k-1}^a (\boldsymbol{H}_k^a)^{\mathrm{T}} + \boldsymbol{R}_k^a)^{-1} \boldsymbol{\delta}_k^a \tag{7.15}$$

其中，$\boldsymbol{\delta}_k^a = \boldsymbol{z}_k^a - \boldsymbol{H}_k^a \hat{\boldsymbol{x}}_{k|k-1}^a$；$p_k^a \in (0, +\infty)$；$q_k^a \in [0, +\infty)$；$\alpha_{i,k}^a \in [0,1]$ 且 $\sum_{i=1}^{N} \alpha_{i,k}^a = 1$。

该方法对每个传感器的测量方程没有任何附加条件，并且可以由中心处理器直接处理。因此，它在应用中相对比较灵活。

参数 p_k^a 和 q_k^a 分别通过最小迹准则和最小化 σ_k^a 上界求解。对于 $\alpha_{i,k}^a$ 的选择，可以通过最小化 $\boldsymbol{R}_k^a$ 的行列式或迹来求解，但是这种方法无法得到显式解，运算负担重，因此会限制其应用。另外，作为融合算法，需要检测各传感器的异常值并作出合理的反应。为提高算法的运行效率，同时降低传感器中异常测量值的影响，本书将 $\alpha_{i,k}^a$ 作为先验输出误差信息的减函数，即

$$\alpha_{i,k}^a = \frac{\left(\left\|\boldsymbol{\delta}_{i,k}^a\right\|_{\boldsymbol{R}_{i,k}^{-1}}\right)^{-1}}{\sum_{i=1}^{N}\left(\left\|\boldsymbol{\delta}_{i,k}^a\right\|_{\boldsymbol{R}_{i,k}^{-1}}\right)^{-1}} \tag{7.16}$$

其中，$\boldsymbol{\delta}_{i,k}^a = \boldsymbol{z}_{i,k} - \boldsymbol{H}_{i,k}\hat{\boldsymbol{x}}_{k|k-1}^a$。

7.3.2　针对有界噪声的量测加权融合算法

量测加权滤波算法通常通过对观测值进行加权获得融合的测量信息。然后，在 k 时刻对该融合测量向量进行一次滤波，实现多传感器的数据融合。

在有界噪声条件下，量测信息加权的实质是多个可行集求交。其时间更新过程与量测扩维融合是相同的，对于量测更新过程，假设

$$\varphi_{i,k}(\boldsymbol{x}) = (\boldsymbol{z}_{i,k} - \boldsymbol{H}_{i,k}\boldsymbol{x})^{\mathrm{T}}(\boldsymbol{R}_{i,k})^{-1}(\boldsymbol{z}_{i,k} - \boldsymbol{H}_{i,k}\boldsymbol{x}) \tag{7.17}$$

则所有传感器的量测构成的集合可以描述为

$$\mathcal{X}_k = \left\{\boldsymbol{x} : \varphi_{i,k}(\boldsymbol{x}) \leqslant 1, i = 1,2,\cdots,N\right\} \tag{7.18}$$

如果 $\boldsymbol{x} \in \mathcal{X}_k$，则必有 $\sum_{i=1}^{N}\alpha_{i,k}^b\varphi_{i,k}(\boldsymbol{x}) \leqslant 1$，其中 $\alpha_{i,k}^b \in [0,1]$ 且 $\sum_{i=1}^{N}\alpha_{i,k}^b = 1$。

令

$$\varphi_k(\boldsymbol{x}) = \sum_{i=1}^{N}\alpha_{i,k}^b\varphi_{i,k}(\boldsymbol{x}) \tag{7.19}$$

显然有 $\left\{\boldsymbol{x} : \varphi_k(\boldsymbol{x}) \leqslant 1\right\} \supseteq \mathcal{X}_k$，将式(7.17)代入式(7.19)，并假设 $\sum_{i=1}^{N}\alpha_{i,k}^b\boldsymbol{H}_{i,k}^{\mathrm{T}}\boldsymbol{R}_{i,k}^{-1}\boldsymbol{H}_{i,k}$ 正定，经过相关的变换可得

$$\begin{aligned}\varphi_k(\boldsymbol{x})&=\boldsymbol{x}^{\mathrm{T}}\boldsymbol{M}_k\boldsymbol{x}-\sum_{i=1}^{N}\alpha_{i,k}^{b}\boldsymbol{z}_{i,k}^{\mathrm{T}}\boldsymbol{R}_{i,k}^{-1}\boldsymbol{H}_{i,k}\boldsymbol{M}_k^{-1}\boldsymbol{M}_k\boldsymbol{x}-\boldsymbol{x}^{\mathrm{T}}\boldsymbol{M}_k\boldsymbol{M}_k^{-1}\sum_{i=1}^{N}\alpha_{i,k}^{b}\boldsymbol{H}_{i,k}^{\mathrm{T}}\boldsymbol{R}_{i,k}^{-1}\boldsymbol{z}_{i,k}\\&\quad+\sum_{i=1}^{N}\alpha_{i,k}^{b}\boldsymbol{z}_{i,k}^{\mathrm{T}}\boldsymbol{R}_{i,k}^{-1}\boldsymbol{z}_{i,k}\\&=\left(\boldsymbol{x}-\boldsymbol{M}_k^{-1}\sum_{i=1}^{N}\alpha_{i,k}^{b}\boldsymbol{H}_{i,k}^{\mathrm{T}}\boldsymbol{R}_{i,k}^{-1}\boldsymbol{z}_{i,k}\right)^{\mathrm{T}}\boldsymbol{M}_k\left(\boldsymbol{x}-\boldsymbol{M}_k^{-1}\sum_{i=1}^{N}\alpha_{i,k}^{b}\boldsymbol{H}_{i,k}^{\mathrm{T}}\boldsymbol{R}_{i,k}^{-1}\boldsymbol{z}_{i,k}\right)+t_k\end{aligned}\tag{7.20}$$

其中，$t_k=\sum_{i=1}^{N}\alpha_{i,k}^{b}\boldsymbol{z}_{i,k}^{\mathrm{T}}\boldsymbol{R}_{i,k}^{-1}\boldsymbol{z}_{i,k}-\left(\sum_{i=1}^{N}\alpha_{i,k}^{b}\boldsymbol{H}_{i,k}^{\mathrm{T}}\boldsymbol{R}_{i,k}^{-1}\boldsymbol{z}_{i,k}\right)^{\mathrm{T}}\boldsymbol{M}_k^{-1}\left(\sum_{i=1}^{N}\alpha_{i,k}^{b}\boldsymbol{H}_{i,k}^{\mathrm{T}}\boldsymbol{R}_{i,k}^{-1}\boldsymbol{z}_{i,k}\right)$；$\boldsymbol{M}_k=\sum_{i=1}^{N}\alpha_{i,k}^{b}\boldsymbol{H}_{i,k}^{\mathrm{T}}\boldsymbol{R}_{i,k}^{-1}\boldsymbol{H}_{i,k}$。

因此，$\varphi_k(\boldsymbol{x})\leqslant 1$等价于

$$\left(\boldsymbol{x}-\boldsymbol{M}_k^{-1}\sum_{i=1}^{N}\alpha_{i,k}^{b}\boldsymbol{H}_{i,k}^{\mathrm{T}}\boldsymbol{R}_{i,k}^{-1}\boldsymbol{z}_{i,k}\right)^{\mathrm{T}}\frac{\boldsymbol{M}_k}{1-t_k}\left(\boldsymbol{x}-\boldsymbol{M}_k^{-1}\sum_{i=1}^{N}\alpha_{i,k}^{b}\boldsymbol{H}_{i,k}^{\mathrm{T}}\boldsymbol{R}_{i,k}^{-1}\boldsymbol{z}_{i,k}\right)\leqslant 1\tag{7.21}$$

假设

$$\begin{aligned}\mathcal{X}_k^b&=\left\{\boldsymbol{x}:(\boldsymbol{z}_k^b-\boldsymbol{H}_k^b\boldsymbol{x})^{\mathrm{T}}(\boldsymbol{R}_k^b)^{-1}(\boldsymbol{z}_k^b-\boldsymbol{H}_k^b\boldsymbol{x})\leqslant 1\right\}\\&=\left\{\boldsymbol{x}:\varphi_k(\boldsymbol{x})\leqslant 1\right\}\end{aligned}\tag{7.22}$$

可得 $\boldsymbol{z}_k^b=\boldsymbol{M}_k^{-1}\sum_{i=1}^{N}\alpha_{i,k}^{b}\boldsymbol{H}_{i,k}^{\mathrm{T}}\boldsymbol{R}_{i,k}^{-1}\boldsymbol{z}_{i,k}$、$\boldsymbol{H}_k^b=\boldsymbol{I}$，以及 $\boldsymbol{R}_k^b=(1-t_k)\boldsymbol{M}_k^{-1}$。$\mathcal{X}_k^b$ 又可以表示为

$$\mathcal{X}_k^b=\left\{\boldsymbol{x}:(\boldsymbol{z}_k^b-\boldsymbol{H}_k^b\boldsymbol{x})^{\mathrm{T}}(\boldsymbol{R}_k^b)^{-1}(\boldsymbol{z}_k^b-\boldsymbol{H}_k^b\boldsymbol{x})\leqslant 1\right\}\tag{7.23}$$

则包含 $\mathcal{E}(\hat{\boldsymbol{x}}_{k|k-1}^b,\sigma_{k|k-1}^b\boldsymbol{P}_{k|k-1}^b)\cap\mathcal{X}_k$ 的 $\mathcal{E}(\hat{\boldsymbol{x}}_k^b,\sigma_k^b\boldsymbol{P}_k^b)$ 中的状态 $\boldsymbol{x}_k$ 必满足

$$\begin{aligned}&(\boldsymbol{x}_k-\hat{\boldsymbol{x}}_{k|k-1}^b)^{\mathrm{T}}(\boldsymbol{P}_{k|k-1}^b)^{-1}(\boldsymbol{x}_k-\hat{\boldsymbol{x}}_{k|k-1}^b)+q_k^b(\boldsymbol{z}_k^b-\boldsymbol{H}_k^b\boldsymbol{x}_k)^{\mathrm{T}}\boldsymbol{M}_k(\boldsymbol{z}_k^b-\boldsymbol{H}_k^b\boldsymbol{x}_k)\\&\leqslant\sigma_{k|k-1}^b+q_k^b(1-t_k)\end{aligned}\tag{7.24}$$

经过类似于式(3.29)～式(3.31)的变换，即可得到其量测更新过程。

综上，当给定 $\boldsymbol{x}_{k-1}\in\varepsilon(\hat{\boldsymbol{x}}_{k-1}^b,\sigma_{k-1}^b\boldsymbol{P}_{k-1}^b)$ 时，k 时刻量测加权融合更新过程描述如下。

时间更新为

$$\hat{\boldsymbol{x}}_{k|k-1}^b=\boldsymbol{F}_{k-1}\hat{\boldsymbol{x}}_{k-1}^b\tag{7.25}$$

$$\sigma_{k|k-1}^b=\sigma_{k-1}^b\tag{7.26}$$

$$\boldsymbol{P}_{k|k-1}^{b}=\left(1+\frac{1}{p_{k}^{b}}\right)\boldsymbol{F}_{k-1}\boldsymbol{P}_{k-1}^{b}\boldsymbol{F}_{k-1}^{\mathrm{T}}+\frac{1+p_{k}^{b}}{\sigma_{k|k-1}^{b}}\boldsymbol{G}_{k-1}\boldsymbol{Q}_{k-1}\boldsymbol{G}_{k-1}^{\mathrm{T}} \tag{7.27}$$

量测更新为

$$\hat{\boldsymbol{x}}_{k}^{b}=\hat{\boldsymbol{x}}_{k|k-1}^{b}+q_{k}^{b}(1-t_{k})\boldsymbol{P}_{k}^{b}(\boldsymbol{H}_{k}^{b})^{\mathrm{T}}(\boldsymbol{R}_{k}^{b})^{-1}\boldsymbol{\delta}_{k}^{b} \tag{7.28}$$

$$(\boldsymbol{P}_{k}^{b})^{-1}=(\boldsymbol{P}_{k|k-1}^{b})^{-1}+q_{k}^{b}(1-t_{k})(\boldsymbol{H}_{k}^{b})^{\mathrm{T}}(\boldsymbol{R}_{k}^{b})^{-1}\boldsymbol{H}_{k}^{b} \tag{7.29}$$

$$\sigma_{k}^{b}=\sigma_{k|k-1}^{b}+q_{k}^{b}(1-t_{k})-q_{k}^{b}(\boldsymbol{\delta}_{k}^{b})^{\mathrm{T}}\left[q_{k}^{b}\boldsymbol{H}_{k}^{b}\boldsymbol{P}_{k|k-1}^{b}(\boldsymbol{H}_{k}^{b})^{\mathrm{T}}+(1-t_{k})^{-1}\boldsymbol{R}_{k}^{b}\right]^{-1}\boldsymbol{\delta}_{k}^{b} \tag{7.30}$$

其中，$\boldsymbol{\delta}_{k}^{b}=\boldsymbol{z}_{k}^{b}-\boldsymbol{H}_{k}^{b}\hat{\boldsymbol{x}}_{k|k-1}^{b}$；$p_{k}^{b}\in(0,+\infty)$；$q_{k}^{b}\in[0,+\infty)$。

需要注意的是，量测加权融合算法的使用依赖$\sum_{i=1}^{N}\alpha_{i,k}^{b}\boldsymbol{H}_{i,k}^{\mathrm{T}}\boldsymbol{R}_{i,k}^{-1}\boldsymbol{H}_{i,k}$正定的假设。因此，在实际应用中，该算法与量测扩维融合算法相比灵活性偏低。

类似于量测扩维融合，参数$\alpha_{i,k}^{b}$可按下式计算，即

$$\alpha_{i,k}^{b}=\frac{\left(\left\|\boldsymbol{\delta}_{i,k}^{b}\right\|_{\boldsymbol{R}_{i,k}^{-1}}\right)^{-1}}{\sum_{i=1}^{N}\left(\left\|\boldsymbol{\delta}_{i,k}^{b}\right\|_{\boldsymbol{R}_{i,k}^{-1}}\right)^{-1}} \tag{7.31}$$

其中，$\boldsymbol{\delta}_{i,k}^{b}=\boldsymbol{z}_{i,k}-\boldsymbol{H}_{i,k}\hat{\boldsymbol{x}}_{k|k-1}^{b}$。

7.3.3　针对有界噪声的序贯滤波融合算法

序贯滤波算法的主要思想是，在执行完当前时刻的时间更新过程后，融合中心顺序地利用各传感器的量测值更新当前时刻的状态估计，最终获得基于全局测量信息的融合估计。

在有界干扰条件下，序贯滤波融合表现为时间更新椭球集与各传感器量测椭球集顺次求交的过程。结合 BEAF 算法，当$\boldsymbol{x}_{k-1}\in\mathcal{E}(\hat{\boldsymbol{x}}_{k-1}^{c},\sigma_{k-1}^{c}\boldsymbol{P}_{k-1}^{c})$时，$k$时刻序贯滤波融合的更新过程可以描述如下。

时间更新为

$$\hat{\boldsymbol{x}}_{k|k-1}^{c}=\boldsymbol{F}_{k-1}\hat{\boldsymbol{x}}_{k-1}^{c} \tag{7.32}$$

$$\sigma_{k|k-1}^{c}=\sigma_{k-1}^{c} \tag{7.33}$$

$$\boldsymbol{P}_{k|k-1}^{c}=\left(1+\frac{1}{p_{k}^{c}}\right)\boldsymbol{F}_{k-1}\boldsymbol{P}_{k-1}^{c}\boldsymbol{F}_{k-1}^{\mathrm{T}}+\frac{1+p_{k}^{c}}{\sigma_{k|k-1}^{c}}\boldsymbol{G}_{k-1}\boldsymbol{Q}_{k-1}\boldsymbol{G}_{k-1}^{\mathrm{T}} \tag{7.34}$$

令 $\hat{\boldsymbol{x}}_{k,0}^c = \hat{\boldsymbol{x}}_{k|k-1}^c$、$\boldsymbol{P}_{k,0}^c = \boldsymbol{P}_{k|k-1}^c$、$\sigma_{k,0}^c = \sigma_{k|k-1}^c$，对于 $i \in \{1,2,\cdots,N\}$，量测更新为

$$\hat{\boldsymbol{x}}_{k,i}^c = \hat{\boldsymbol{x}}_{k,i-1}^c + q_{k,i}^c \boldsymbol{P}_{k,i}^c \boldsymbol{H}_{i,k}^{\mathrm{T}} \boldsymbol{R}_{i,k}^{-1} \boldsymbol{\delta}_{k,i}^c \tag{7.35}$$

$$(\boldsymbol{P}_{k,i}^c)^{-1} = (\boldsymbol{P}_{k,i-1}^c)^{-1} + q_{k,i}^c \boldsymbol{H}_{i,k}^{\mathrm{T}} \boldsymbol{R}_{i,k}^{-1} \boldsymbol{H}_{i,k} \tag{7.36}$$

$$\sigma_{k,i}^c = q_{k,i}^c (\boldsymbol{\delta}_{k,i}^c)^{\mathrm{T}} (q_{k,i}^c \boldsymbol{H}_{i,k} \boldsymbol{P}_{k,i-1}^c \boldsymbol{H}_{i,k}^{\mathrm{T}} + \boldsymbol{R}_{i,k})^{-1} \boldsymbol{\delta}_{k,i}^c + \sigma_{k,i-1}^c - q_{k,i}^c \tag{7.37}$$

其中，$\boldsymbol{\delta}_{k,i}^c = \boldsymbol{z}_{i,k} - \boldsymbol{H}_{i,k} \hat{\boldsymbol{x}}_{k,i-1}^c$；$p_k^c \in (0,+\infty)$；$q_{k,i}^c \in [0,+\infty)$。

最后，取 $\hat{\boldsymbol{x}}_k^c = \hat{\boldsymbol{x}}_{k,N}^c$、$\boldsymbol{P}_k^c = \boldsymbol{P}_{k,N}^c$、$\sigma_k^c = \sigma_{k,N}^c$。参数 p_k^c 和 $q_{k,i}^c$ 分别通过最小迹准则和最小化 $\sigma_{k,i}^c$ 上界求解。

与集中式融合相同，分布式融合中也可以采用序贯式融合的思想。最直接的方法是将接收的第一个传感器的局部估计椭球作为初始值，依次与后面的 N–1 个局部估计椭球求交，并求解其交集的外包椭球，最终得到 N 个局部估计的融合估计结果。具体描述如下。

首先初始化，取 $\hat{\boldsymbol{x}}_{k,0}^f = \hat{\boldsymbol{x}}_{1,k}$、$\boldsymbol{P}_{k,0}^f = \boldsymbol{P}_{1,k}$、$\sigma_{k,0}^f = \sigma_{1,k}$。然后，对于 $i \in \{2,3,\cdots,N\}$，融合中心的目标是找到椭球 $\mathcal{E}_{i,k}$ 和 $\mathcal{E}_{k,i-1}^f$ 交集的外包椭球 $\mathcal{E}_{k,i}^f$。求解两个椭球交集的外包椭球，即

$$(\boldsymbol{P}_{k,i}^f)^{-1} = (\boldsymbol{P}_{k,i}^f)^{-1} + q_{k,i}^f \boldsymbol{P}_{i,k}^{-1} \tag{7.38}$$

$$\hat{\boldsymbol{x}}_{k,i}^f = \hat{\boldsymbol{x}}_{k,i-1}^f + q_{k,i}^f \boldsymbol{P}_{k,i}^f \boldsymbol{P}_{i,k}^{-1} (\hat{\boldsymbol{x}}_{i,k} - \hat{\boldsymbol{x}}_{k,i-1}^f) \tag{7.39}$$

$$\sigma_{k,i}^f = \sigma_{k,i-1}^f + q_{k,i}^f \sigma_{i,k} - (\hat{\boldsymbol{x}}_{i,k} - \hat{\boldsymbol{x}}_{k,i-1}^f)^{\mathrm{T}} (\boldsymbol{P}_{k,i-1}^f + (q_{k,i}^f)^{-1} \boldsymbol{P}_{i,k})^{-1} (\hat{\boldsymbol{x}}_{i,k} - \hat{\boldsymbol{x}}_{k,i-1}^f) \tag{7.40}$$

最终，取 $\hat{\boldsymbol{x}}_k^f = \hat{\boldsymbol{x}}_{k,N}^f$、$\boldsymbol{P}_k^f = \boldsymbol{P}_{k,N}^f$、$\sigma_k^f = \sigma_{k,N}^f$，$\mathcal{E}_k^f = \mathcal{E}(\hat{\boldsymbol{x}}_k^f, \sigma_k^f \boldsymbol{P}_k^f)$ 即融合中心的融合结果。

根据算法的几何意义可知，有界干扰条件下状态估计的结果是椭球内的状态可行集，所以椭球内的所有点均可作为状态的点估计。在实际应用中，将椭球的中心 $\hat{\boldsymbol{x}}_k^f$ 作为对真实状态 $\boldsymbol{x}_k$ 的估计。但是，该中心在数学上并不具有最优的意义。可行集的切比雪夫中心是使状态变量最坏情况误差最小的点[119-122]，将其作为对状态 $\boldsymbol{x}_k$ 的估计更符合实际要求。假设 $\boldsymbol{x}$ 位于 N 个椭球的交集 $\mathcal{Q}$ 中，则状态可行集 $\mathcal{Q}$ 的切比雪夫中心 $\hat{\boldsymbol{x}}$ 可以描述为

$$\min_{\hat{\boldsymbol{x}}} \max_{\boldsymbol{x} \in \mathcal{Q}} \|\hat{\boldsymbol{x}} - \boldsymbol{x}\|^2 \tag{7.41}$$

求解一个凸集的切比雪夫中心极其困难，因为式(7.41)中内部的极大化过程是一个非凸二次优化问题。为此，将式(7.41)内部的非凸最大化过程用其半定松弛(semidefinite relaxation，SDR)代替，并解决由此导致的凸凹极大极小问题，得到

松弛的切比雪夫中心(relaxed Chebyshev center，RCC)[119]。以此为基础，我们提出基于松弛切比雪夫中心的序贯式分布融合方法(sequential distributed fusion based on RCC，RCC-SDF)。

首先，N 个椭球的交集 $\mathcal{Q}$ 可以描述为

$$\mathcal{Q}=\left\{\boldsymbol{x}: f_i(\boldsymbol{x})=\boldsymbol{x}^{\mathrm{T}}\boldsymbol{A}_i\boldsymbol{x}+2\boldsymbol{b}_i^{\mathrm{T}}\boldsymbol{x}+c_i\leqslant 0,1\leqslant i\leqslant N\right\} \tag{7.42}$$

其中，椭球采用多项式表达，以便于后面的处理。

式(7.41)中的极大化过程可以描述为

$$\max_{\boldsymbol{x}}\left\{\|\hat{\boldsymbol{x}}-\boldsymbol{x}\|^2 : f_i(\boldsymbol{x})\leqslant 0,1\leqslant i\leqslant N\right\} \tag{7.43}$$

令 $\varDelta=\boldsymbol{x}\boldsymbol{x}^{\mathrm{T}}$，则式(7.43)等价于

$$\max_{(\varDelta,\boldsymbol{x})\in\mathcal{G}}\left\{\|\hat{\boldsymbol{x}}\|^2-2\hat{\boldsymbol{x}}^{\mathrm{T}}\boldsymbol{x}+\mathrm{Tr}(\varDelta)\right\} \tag{7.44}$$

其中

$$\mathcal{G}=\left\{(\varDelta,\boldsymbol{x}): f_i(\varDelta,\boldsymbol{x})\leqslant 0,0\leqslant i\leqslant N,\varDelta=\boldsymbol{x}\boldsymbol{x}^{\mathrm{T}}\right\} \tag{7.45}$$

定义

$$f_i(\varDelta,\boldsymbol{x})=\mathrm{Tr}(\boldsymbol{A}_i\varDelta)+2\boldsymbol{b}_i^{\mathrm{T}}x+c_i,\quad 0\leqslant i\leqslant N \tag{7.46}$$

式(7.44)的目标对于 $(\varDelta,\boldsymbol{x})$ 是凹的，但集合是非凸的。为实现式(7.44)的松弛，采用如下凸集 $\mathcal{T}$ 代替集合 $\mathcal{G}$，即

$$\mathcal{T}=\left\{(\varDelta,\boldsymbol{x}): f_i(\varDelta,\boldsymbol{x})\leqslant 0,0\leqslant i\leqslant N,\varDelta\succeq\boldsymbol{x}\boldsymbol{x}^{\mathrm{T}}\right\} \tag{7.47}$$

因此，RCC 可以通过求解下面的极大极小问题解决，即

$$\min_{\hat{\boldsymbol{x}}}\max_{(\varDelta,\boldsymbol{x})\in\mathcal{T}}\left\{\|\hat{\boldsymbol{x}}\|^2-2\hat{\boldsymbol{x}}^{\mathrm{T}}\boldsymbol{x}+\mathrm{Tr}(\varDelta)\right\} \tag{7.48}$$

式(7.48)的目标对于 $\varDelta$ 和 $\boldsymbol{x}$ 是凹的，对于 $\hat{\boldsymbol{x}}$ 是凸的，而且集合 $\mathcal{T}$ 有界，所以可以调换极大化和极小化的顺序，从而得到

$$\max_{(\varDelta,\boldsymbol{x})\in\mathcal{T}}\min_{\hat{\boldsymbol{x}}}\left\{\|\hat{\boldsymbol{x}}\|^2-2\hat{\boldsymbol{x}}^{\mathrm{T}}\boldsymbol{x}+\mathrm{Tr}(\varDelta)\right\} \tag{7.49}$$

式(7.49)内部的极小化是简单的二次型问题，其最优值为 $\hat{\boldsymbol{x}}=\boldsymbol{x}$，所以可以简化为

$$\max_{(\varDelta,\boldsymbol{x})\in\mathcal{T}}\left\{-\|\hat{\boldsymbol{x}}\|^2+\mathrm{Tr}(\varDelta)\right\} \tag{7.50}$$

这是一个带有 LMI 约束和凹目标的凸优化问题，式(7.50)的解即可行集的 RCC。另外，由于 $\mathcal{Q}\subseteq\mathcal{T}$，所以 RCC 本质上是式(7.41)中极大极小问题最优解的

上界。

在序贯分布式融合中，对于第 i–1 次迭代，RCC 位于$\mathcal{E}_{i,k}$和$\mathcal{E}_{k,i-1}^{f}$的交集中，即

$$\mathcal{Q}=\mathcal{E}_{i,k}\bigcap\mathcal{E}_{k,i-1}^{f} \tag{7.51}$$

经过式(7.43)～式(7.50)的松弛和转化过程，最终第 i–1 次迭代后状态可行集的 RCC 可通过下述过程求得，即

$$\hat{\boldsymbol{x}}_{\mathrm{RCC},i}=-(\mu_{1,i}\boldsymbol{A}_{1,i}+\mu_{2,i}\boldsymbol{A}_{2,i})^{-1}(\mu_{1,i}\boldsymbol{b}_{1,i}+\mu_{2,i}\boldsymbol{b}_{2,i}) \tag{7.52}$$

其中，$\boldsymbol{A}_{1,i}=(\boldsymbol{P}_{k,i-1}^{f})^{-1}$；$\boldsymbol{b}_{1,i}=-(\boldsymbol{P}_{k,i-1}^{f})^{-1}\hat{\boldsymbol{x}}_{k,i-1}^{f}$；$\boldsymbol{A}_{2,i}=\boldsymbol{P}_{i,k}^{-1}$；$\boldsymbol{b}_{2,i}=-\boldsymbol{P}_{i,k}^{-1}\hat{\boldsymbol{x}}_{i,k}$。

参数$(\mu_{1,i},\mu_{2,i})$可通过求解半定规划问题得到，即

$$\begin{aligned}&\min_{\mu_{1,i},\mu_{2,i},\kappa_i}\left\{-\mu_{1,i}c_{1,i}-\mu_{2,i}c_{2,i}+\kappa_i\right\}\\ &\text{s.t.}\quad \mu_{1,i}\boldsymbol{A}_{1,i}+\mu_{2,i}\boldsymbol{A}_{2,i}\succeq\boldsymbol{I}\\ &\qquad\begin{bmatrix}\mu_{1,i}\boldsymbol{A}_{1,i}+\mu_{2,i}\boldsymbol{A}_{2,i} & \mu_{1,i}\boldsymbol{b}_{1,i}+\mu_{2,i}\boldsymbol{b}_{2,i}\\ (\mu_{1,i}\boldsymbol{b}_{1,i}+\mu_{2,i}\boldsymbol{b}_{2,i})^{\mathrm{T}} & \kappa_i\end{bmatrix}\succeq 0\\ &\qquad\mu_{1,i}\geqslant 0,\quad \mu_{2,i}\geqslant 0\end{aligned} \tag{7.53}$$

式中，$c_{1,k}=(\hat{\boldsymbol{x}}_{k,i-1}^{f})^{\mathrm{T}}(\boldsymbol{P}_{k,i-1}^{f})^{-1}\hat{\boldsymbol{x}}_{k,i-1}^{f}-\sigma_{k,i-1}^{f}$；$c_{2,i}=\hat{\boldsymbol{x}}_{i,k}^{\mathrm{T}}\boldsymbol{P}_{i,k}^{-1}\hat{\boldsymbol{x}}_{i,k}-\sigma_{i,k}$。

对于参数的优化，为充分利用切比雪夫中心的意义，减小点估计的估计误差，进一步提高本方法实际应用中的估计精度，我们提出一种新的优化准则，即

$$q_{k,i}^{f}=\arg\min\left\|\hat{\boldsymbol{x}}_{k,i}^{f}-\hat{\boldsymbol{x}}_{\mathrm{RCC},i}\right\|_2 \tag{7.54}$$

其中，$\|\cdot\|_2$表示 2-范数。

该准则的几何意义是使 k 时刻的椭球中心与 RCC 的距离最小。这样可以使每步更新得到的外包椭球尽可能地包围在状态可行集的切比雪夫中心周围，从而提高算法的稳定性和点估计的精确性。

7.4　性能分析

下面讨论本章提出的算法性质，主要包括算法间的等价关系和量测更新次序的可交换性，从而为实际应用算法的选择提供依据。

7.4.1　三种融合滤波的等价性

定理 7.1　对于式(7.1)和式(7.2)描述的多传感器系统，当初始条件相同，且不同算法中参数取值对应相同，即 $p_k^a=p_k^b=p_k$、$q_k^a=q_k^b=q_k$、$\alpha_{i,k}^a=\alpha_{i,k}^b=\alpha_{i,k}$时，量测扩维融合和量测加权融合算法得到的状态定界椭球是相同的。

证明：结合式(7.13)、式(7.14)，以及$\boldsymbol{\delta}_k^a = \boldsymbol{z}_k^a - \boldsymbol{H}_k^a \hat{\boldsymbol{x}}_{k|k-1}^a$，可得

$$\begin{aligned}(\boldsymbol{P}_k^a)^{-1}\hat{\boldsymbol{x}}_k^a &= (\boldsymbol{P}_k^a)^{-1}\hat{\boldsymbol{x}}_{k|k-1}^a + q_k^a(\boldsymbol{H}_k^a)^{\mathrm{T}}(\boldsymbol{R}_k^a)^{-1}(\boldsymbol{z}_k^a - \boldsymbol{H}_k^a\hat{\boldsymbol{x}}_{k|k-1}^a)\\ &= ((\boldsymbol{P}_k^a)^{-1} - q_k^a(\boldsymbol{H}_k^a)^{\mathrm{T}}(\boldsymbol{R}_k^a)^{-1}\boldsymbol{H}_k^a)\hat{\boldsymbol{x}}_{k|k-1}^a + q_k^a(\boldsymbol{H}_k^a)^{\mathrm{T}}(\boldsymbol{R}_k^a)^{-1}\boldsymbol{z}_k^a\\ &= (\boldsymbol{P}_{k|k-1}^a)^{-1}\hat{\boldsymbol{x}}_{k|k-1}^a + q_k^a(\boldsymbol{H}_k^a)^{\mathrm{T}}(\boldsymbol{R}_k^a)^{-1}\boldsymbol{z}_k^a \end{aligned} \tag{7.55}$$

由量测算法的推导过程可知

$$(\boldsymbol{P}_k^a)^{-1} - (\boldsymbol{P}_{k|k-1}^a)^{-1} = q_k^a\sum_{i=1}^{N}\alpha_{i,k}^a \boldsymbol{H}_{i,k}^{\mathrm{T}}\boldsymbol{R}_{i,k}^{-1}\boldsymbol{H}_{i,k} \tag{7.56}$$

$$(\boldsymbol{P}_k^a)^{-1}\hat{\boldsymbol{x}}_k^a - (\boldsymbol{P}_{k|k-1}^a)^{-1}\hat{\boldsymbol{x}}_{k|k-1}^a = q_k^a(\boldsymbol{H}_k^a)^{\mathrm{T}}(\boldsymbol{R}_k^a)^{-1}\boldsymbol{z}_k^a = q_k^a\sum_{i=1}^{N}\alpha_{i,k}^a\boldsymbol{H}_{i,k}^{\mathrm{T}}\boldsymbol{R}_{i,k}^{-1}z_{i,k} \tag{7.57}$$

$$\begin{aligned}&\sigma_k^a - \sigma_{k|k-1}^a\\ &= q_k^a - q_k^a(\boldsymbol{\delta}_k^a)^{\mathrm{T}}(\boldsymbol{R}_k^a)^{-1}(\boldsymbol{\delta}_k^a) + (q_k(\boldsymbol{H}_k^a)^{\mathrm{T}}(\boldsymbol{R}_k^a)^{-1}\boldsymbol{\delta}_k^a)^{\mathrm{T}}\boldsymbol{P}_k^a(q_k^a(\boldsymbol{H}_k^a)^{\mathrm{T}}(\boldsymbol{R}_k^a)^{-1}\boldsymbol{\delta}_k^a)\\ &= q_k^a - q_k^a\sum_{i=1}^{N}\alpha_{i,k}^a(z_{i,k} - \boldsymbol{H}_{i,k}\hat{\boldsymbol{x}}_{k|k-1}^a)^{\mathrm{T}}\boldsymbol{R}_{i,k}^{-1}(z_{i,k} - \boldsymbol{H}_{i,k}\hat{\boldsymbol{x}}_{k|k-1}^a)\\ &\quad + \left[(\boldsymbol{P}_k^a)^{-1}(\hat{\boldsymbol{x}}_k^a - \hat{\boldsymbol{x}}_{k|k-1}^a)\right]^{\mathrm{T}}\boldsymbol{P}_k^a\left[(\boldsymbol{P}_k^a)^{-1}(\hat{\boldsymbol{x}}_k^a - \hat{\boldsymbol{x}}_{k|k-1}^a)\right]\\ &= q_k^a\left[1 - \sum_{i=1}^{N}\alpha_{i,k}^a(z_{i,k} - \boldsymbol{H}_{i,k}\hat{\boldsymbol{x}}_{k|k-1}^a)^{\mathrm{T}}\boldsymbol{R}_{i,k}^{-1}(z_{i,k} - \boldsymbol{H}_{i,k}\hat{\boldsymbol{x}}_{k|k-1}^a)\right]\\ &\quad + (\hat{\boldsymbol{x}}_k^a - \hat{\boldsymbol{x}}_{k|k-1}^a)^{\mathrm{T}}(\boldsymbol{P}_k^a)^{-1}(\hat{\boldsymbol{x}}_k^a - \hat{\boldsymbol{x}}_{k|k-1}^a)\end{aligned} \tag{7.58}$$

同样，由量测加权融合算法的过程可得

$$\begin{aligned}&(\boldsymbol{P}_k^b)^{-1}\hat{\boldsymbol{x}}_k^b\\ &= (\boldsymbol{P}_k^b)^{-1}\hat{\boldsymbol{x}}_{k|k-1}^b + q_k^b(1-t_k)(\boldsymbol{H}_k^b)^{\mathrm{T}}(\boldsymbol{R}_k^b)^{-1}(\boldsymbol{z}_k^b - \boldsymbol{H}_k^b\hat{\boldsymbol{x}}_{k|k-1}^b)\\ &= \left[(\boldsymbol{P}_k^b)^{-1} - q_k^b(1-t_k)(\boldsymbol{H}_k^b)^{\mathrm{T}}(\boldsymbol{R}_k^b)^{-1}\boldsymbol{H}_k^b\right]\hat{\boldsymbol{x}}_{k|k-1}^b + q_k^b(1-t_k)(\boldsymbol{H}_k^b)^{\mathrm{T}}(\boldsymbol{R}_k^b)^{-1}\boldsymbol{z}_k^b\\ &= (\boldsymbol{P}_{k|k-1}^b)^{-1}\hat{\boldsymbol{x}}_{k|k-1}^b + q_k^b(1-t_k)(\boldsymbol{H}_k^b)^{\mathrm{T}}(\boldsymbol{R}_k^b)^{-1}\boldsymbol{z}_k^b\end{aligned} \tag{7.59}$$

所以

$$\begin{aligned}&(\boldsymbol{P}_k^b)^{-1} - (\boldsymbol{P}_{k|k-1}^b)^{-1}\\ &= q_k^b(1-t_k)(\boldsymbol{H}_k^b)^{\mathrm{T}}(\boldsymbol{R}_k^b)^{-1}\boldsymbol{H}_k^b\\ &= q_k^b\sum_{i=1}^{N}\alpha_{i,k}^b\boldsymbol{H}_{i,k}^{\mathrm{T}}\boldsymbol{R}_{i,k}^{-1}\boldsymbol{H}_{i,k}\end{aligned}$$

$$
\begin{aligned}
&= q_k \sum_{i=1}^{N} \alpha_{i,k} \boldsymbol{H}_{i,k}^{\mathrm{T}} \boldsymbol{R}_{i,k}^{-1} \boldsymbol{H}_{i,k} \\
&= (\boldsymbol{P}_k^a)^{-1} - (\boldsymbol{P}_{k|k-1}^a)^{-1}
\end{aligned} \tag{7.60}
$$

$$
\begin{aligned}
&(\boldsymbol{P}_k^b)^{-1} \hat{\boldsymbol{x}}_k^b - (\boldsymbol{P}_{k|k-1}^b)^{-1} \hat{\boldsymbol{x}}_{k|k-1}^b \\
&= q_k^b (1 - t_k)(\boldsymbol{H}_k^b)^{\mathrm{T}} (\boldsymbol{R}_k^b)^{-1} \boldsymbol{z}_k^b \\
&= q_k^b \boldsymbol{M}_k \left(\boldsymbol{M}_k^{-1} \sum_{i=1}^{N} \alpha_{i,k}^b \boldsymbol{H}_{i,k}^{\mathrm{T}} \boldsymbol{R}_{i,k}^{-1} \boldsymbol{z}_{i,k} \right) \\
&= q_k \sum_{i=1}^{N} \alpha_{i,k} \boldsymbol{H}_{i,k}^{\mathrm{T}} \boldsymbol{R}_{i,k}^{-1} \boldsymbol{z}_{i,k} \\
&= (\boldsymbol{P}_k^a)^{-1} \hat{\boldsymbol{x}}_k^a - (\boldsymbol{P}_{k|k-1}^a)^{-1} \hat{\boldsymbol{x}}_{k|k-1}^a
\end{aligned} \tag{7.61}
$$

根据式(7.30)和式(7.20)可得

$$
\begin{aligned}
&\sigma_k^b - \sigma_{k|k-1}^b \\
&= q_k^b \left[1 - t_k - (\boldsymbol{\delta}_k^b)^{\mathrm{T}} \boldsymbol{M}_k \boldsymbol{\delta}_k^b \right] + (\hat{\boldsymbol{x}}_k^b - \hat{\boldsymbol{x}}_{k|k-1}^b)^{\mathrm{T}} (\boldsymbol{P}_k^b)^{-1} (\hat{\boldsymbol{x}}_k^b - \hat{\boldsymbol{x}}_{k|k-1}^b) \\
&= q_k^b \left[1 - \varphi(\hat{\boldsymbol{x}}_{k|k-1}^b) \right] + (\hat{\boldsymbol{x}}_k^b - \hat{\boldsymbol{x}}_{k|k-1}^b)^{\mathrm{T}} (\boldsymbol{P}_k^b)^{-1} (\hat{\boldsymbol{x}}_k^b - \hat{\boldsymbol{x}}_{k|k-1}^b) \\
&= q_k^b \left[1 - \sum_{i=1}^{N} \alpha_{i,k}^b (\boldsymbol{z}_{i,k} - \boldsymbol{H}_{i,k} \hat{\boldsymbol{x}}_{k|k-1}^b)^{\mathrm{T}} \boldsymbol{R}_{i,k}^{-1} (\boldsymbol{z}_{i,k} - \boldsymbol{H}_{i,k} \hat{\boldsymbol{x}}_{k|k-1}^b) \right] \\
&\quad + (\hat{\boldsymbol{x}}_k^b - \hat{\boldsymbol{x}}_{k|k-1}^b)^{\mathrm{T}} (\boldsymbol{P}_k^b)^{-1} (\hat{\boldsymbol{x}}_k^b - \hat{\boldsymbol{x}}_{k|k-1}^b)
\end{aligned} \tag{7.62}
$$

由于两种算法的时间更新过程相同，并且具有相同的初始条件和参数，所以当 k=1 时，可得

$$
\sigma_{1|0}^b = \sigma_{1|0}^a = \sigma_0 \tag{7.63}
$$

$$
\hat{\boldsymbol{x}}_{1|0}^b = \hat{\boldsymbol{x}}_{1|0}^a = \hat{\boldsymbol{x}}_{1|0} = \boldsymbol{F}_0 \hat{\boldsymbol{x}}_0 \tag{7.64}
$$

$$
\boldsymbol{P}_{1|0}^b = \boldsymbol{P}_{1|0}^a = (1 + p_1^{-1}) \boldsymbol{F}_0 \boldsymbol{P}_0 \boldsymbol{F}_0^{\mathrm{T}} + \frac{1 + p_1}{\sigma_0} \boldsymbol{G}_0 \boldsymbol{Q}_0 \boldsymbol{G}_0^{\mathrm{T}} \tag{7.65}
$$

因此，在参数符合假设条件的前提下，根据数学归纳法，对于任意 $k \geqslant 1$，$(\boldsymbol{P}_k^b)^{-1} = (\boldsymbol{P}_k^a)^{-1}$、$(\boldsymbol{P}_k^b)^{-1} \hat{\boldsymbol{x}}_k^b = (\boldsymbol{P}_k^a)^{-1} \hat{\boldsymbol{x}}_k^a$。结合式(7.58)和式(7.62)，最终可得对于任意 $k \geqslant 1$，$\boldsymbol{P}_k^b = \boldsymbol{P}_k^a$、$\hat{\boldsymbol{x}}_k^b = \hat{\boldsymbol{x}}_k^a$，以及 $\sigma_k^b = \sigma_k^a$ 成立，即两种算法得到的状态定界椭球是相同的。

证毕。

定理 7.2 对于式(7.1)和式(7.2)描述的多传感器系统，当初始条件相同，且不

同算法中参数取值对应相同，即 $p_k^a = p_k^c = p_k$、$q_k^a = q_k$、$\alpha_{i,k}^a = \alpha_{i,k}$、$q_{k,i}^c = q_k\alpha_{i,k}$ 时，序贯滤波融合和量测扩维融合算法得到的状态定界椭球是相同的。

证明：对于序贯滤波融合算法，由式(7.35)～式(7.37)可得

$$(\boldsymbol{P}_{k,i}^c)^{-1}(\hat{\boldsymbol{x}}_{k,i}^c - \hat{\boldsymbol{x}}_{k,i-1}^c) = q_{k,i}^c \boldsymbol{H}_{i,k}^{\mathrm{T}} \boldsymbol{R}_{i,k}^{-1} \boldsymbol{\delta}_{k,i}^c \tag{7.66}$$

$$(\boldsymbol{P}_{k,i}^c)^{-1}\hat{\boldsymbol{x}}_{k,i}^c - (\boldsymbol{P}_{k,i-1}^c)^{-1}\hat{\boldsymbol{x}}_{k,i-1}^c = q_{k,i}^c \boldsymbol{H}_{i,k}^{\mathrm{T}} \boldsymbol{R}_{i,k}^{-1} \boldsymbol{z}_{i,k} \tag{7.67}$$

$$(\boldsymbol{P}_{k,i}^c)^{-1} - (\boldsymbol{P}_{k,i-1}^c)^{-1} = q_{k,i}^c \boldsymbol{H}_{i,k}^{\mathrm{T}} \boldsymbol{R}_{i,k}^{-1} \boldsymbol{H}_{i,k} \tag{7.68}$$

$$\sigma_{k,i}^c - \sigma_{k,i-1}^c = q_{k,i}^c(1-(\boldsymbol{\delta}_{k,i}^c)^{\mathrm{T}} \boldsymbol{R}_{i,k}^{-1}\boldsymbol{\delta}_{k,i}^c) + (\hat{\boldsymbol{x}}_{k,i}^c - \hat{\boldsymbol{x}}_{k,i-1}^c)^{\mathrm{T}}(\boldsymbol{P}_{k,i}^c)^{-1}(\hat{\boldsymbol{x}}_{k,i}^c - \hat{\boldsymbol{x}}_{k,i-1}^c) \tag{7.69}$$

所以有

$$(\boldsymbol{P}_k^c)^{-1} - (\boldsymbol{P}_{k|k-1}^c)^{-1} = (\boldsymbol{P}_{k,N}^c)^{-1} - (\boldsymbol{P}_{k,0}^c)^{-1} = \sum_{i=1}^{N} q_{k,i}^c \boldsymbol{H}_{i,k}^{\mathrm{T}} \boldsymbol{R}_{i,k}^{-1} \boldsymbol{H}_{i,k} \tag{7.70}$$

$$(\boldsymbol{P}_k^c)^{-1}\hat{\boldsymbol{x}}_k^c - (\boldsymbol{P}_{k|k-1}^c)^{-1}\hat{\boldsymbol{x}}_{k|k-1}^c = (\boldsymbol{P}_{k,N}^c)^{-1}\hat{\boldsymbol{x}}_{k,N}^c - (\boldsymbol{P}_{k,0}^c)^{-1}\hat{\boldsymbol{x}}_{k,0}^c = \sum_{i=1}^{N} q_{k,i}^c \boldsymbol{H}_{i,k}^{\mathrm{T}} \boldsymbol{R}_{i,k}^{-1} \boldsymbol{z}_{i,k} \tag{7.71}$$

$$\begin{aligned}\sigma_k^c - \sigma_{k|k-1}^c &= \sigma_{k,N}^c - \sigma_{k,0}^c \\ &= \sum_{i=1}^{N} q_{k,i}^c - \sum_{i=1}^{N} q_{k,i}^c(\boldsymbol{\delta}_{k,i}^c)^{\mathrm{T}} \boldsymbol{R}_{i,k}^{-1}\boldsymbol{\delta}_{k,i}^c + \sum_{i=1}^{N}(\hat{\boldsymbol{x}}_{k,i}^c - \hat{\boldsymbol{x}}_{k,i-1}^c)^{\mathrm{T}}(\boldsymbol{P}_{k,i}^c)^{-1}(\hat{\boldsymbol{x}}_{k,i}^c - \hat{\boldsymbol{x}}_{k,i-1}^c)\end{aligned} \tag{7.72}$$

定义 $\varDelta_{i,k} = \boldsymbol{z}_{i,k} - \boldsymbol{H}_{i,k}\hat{\boldsymbol{x}}_{k|k-1}^c$，则

$$\boldsymbol{\delta}_{k,i}^c = \varDelta_{i,k} - \boldsymbol{H}_{i,k}(\hat{\boldsymbol{x}}_{k,i-1}^c - \hat{\boldsymbol{x}}_{k|k-1}^c) \tag{7.73}$$

所以

$$\begin{aligned}(\boldsymbol{\delta}_{k,i}^c)^{\mathrm{T}} \boldsymbol{R}_{i,k}^{-1}\boldsymbol{\delta}_{k,i}^c &= 2(\hat{\boldsymbol{x}}_{k|k-1}^c - \hat{\boldsymbol{x}}_{k,i-1}^c)^{\mathrm{T}} \boldsymbol{H}_{i.k}^{\mathrm{T}} \boldsymbol{R}_{i,k}^{-1}\varDelta_{i,k} + \varDelta_{i,k}^{\mathrm{T}} \boldsymbol{R}_{i,k}^{-1}\varDelta_{i,k} \\ &\quad - (\hat{\boldsymbol{x}}_{k,i-1}^c - \hat{\boldsymbol{x}}_{k|k-1}^c)^{\mathrm{T}} \boldsymbol{H}_{i.k}^{\mathrm{T}} \boldsymbol{R}_{i,k}^{-1} \boldsymbol{H}_{i,k}(\hat{\boldsymbol{x}}_{k,i-1}^c - \hat{\boldsymbol{x}}_{k|k-1}^c)\end{aligned} \tag{7.74}$$

根据式(7.66)和式(7.68)，经过复杂但比较常规的推导过程，可得

$$\begin{aligned}&\sum_{i=1}^{N} q_{k,i}^c\left(\boldsymbol{\delta}_{k,i}^c\right)^{\mathrm{T}} \boldsymbol{R}_{i,k}^{-1}\boldsymbol{\delta}_{k,i}^c \\ &= \sum_{i=1}^{N} q_{k,i}^c \varDelta_{i,k}^{\mathrm{T}} \boldsymbol{R}_{i,k}^{-1}\varDelta_{i,k} - \sum_{i=1}^{N}(\hat{\boldsymbol{x}}_{k,i-1}^c - \hat{\boldsymbol{x}}_{k|k-1}^c)^{\mathrm{T}}(\boldsymbol{P}_{k,i}^c)^{-1}(\hat{\boldsymbol{x}}_{k,i}^c - \hat{\boldsymbol{x}}_{k|k-1}^c) \\ &\quad + \sum_{i=1}^{N}(\hat{\boldsymbol{x}}_{k,i-1}^c - \hat{\boldsymbol{x}}_{k|k-1}^c)^{\mathrm{T}}(\boldsymbol{P}_{k,i-1}^c)^{-1}(\hat{\boldsymbol{x}}_{k,i-1}^c - \hat{\boldsymbol{x}}_{k|k-1}^c)\end{aligned}$$

$$-\sum_{i=1}^{N}(\hat{\boldsymbol{x}}_{k,i-1}^{c}-\hat{\boldsymbol{x}}_{k|k-1}^{c})^{\mathrm{T}}(\boldsymbol{P}_{k,i}^{c})^{-1}(\hat{\boldsymbol{x}}_{k,i}^{c}-\hat{\boldsymbol{x}}_{k,i-1}^{c}) \tag{7.75}$$

代入式(7.72)，可得

$$\sigma_k^c-\sigma_{k|k-1}^c=\sum_{i=1}^{N}q_{k,i}^c-\sum_{i=1}^{N}q_{k,i}^c\varDelta_{i,k}^{\mathrm{T}}\boldsymbol{R}_{i,k}^{-1}\varDelta_{i,k}+(\hat{\boldsymbol{x}}_k^c-\hat{\boldsymbol{x}}_{k|k-1}^c)^{\mathrm{T}}(\boldsymbol{P}_k^c)^{-1}(\hat{\boldsymbol{x}}_k^c-\hat{\boldsymbol{x}}_{k|k-1}^c) \tag{7.76}$$

取 $q_{k,i}^c=q_k\alpha_{i,k}$ ，则有

$$(\boldsymbol{P}_k^c)^{-1}-(\boldsymbol{P}_{k|k-1}^c)^{-1}=q_k\sum_{i=1}^{N}\alpha_{i,k}\boldsymbol{H}_{i,k}^{\mathrm{T}}\boldsymbol{R}_{i,k}^{-1}\boldsymbol{H}_{i,k}=(\boldsymbol{P}_k^a)^{-1}-(\boldsymbol{P}_{k|k-1}^a)^{-1} \tag{7.77}$$

$$(\boldsymbol{P}_k^c)^{-1}\hat{\boldsymbol{x}}_k^c-(\boldsymbol{P}_{k|k-1}^c)^{-1}\hat{\boldsymbol{x}}_{k|k-1}^c=q_k\sum_{i=1}^{N}\alpha_{i,k}\boldsymbol{H}_{i,k}^{\mathrm{T}}\boldsymbol{R}_{i,k}^{-1}z_{i,k}=(\boldsymbol{P}_k^a)^{-1}\hat{\boldsymbol{x}}_k^a-(\boldsymbol{P}_{k|k-1}^a)^{-1}\hat{\boldsymbol{x}}_{k|k-1}^a \tag{7.78}$$

$$\begin{aligned}&\sigma_k^c-\sigma_{k|k-1}^c\\&=q_k\left[1-\sum_{i=1}^{N}\alpha_{i,k}(z_{i,k}-\boldsymbol{H}_{i,k}\hat{\boldsymbol{x}}_{k|k-1}^c)^{\mathrm{T}}\boldsymbol{R}_{i,k}^{-1}(z_{i,k}-\boldsymbol{H}_{i,k}\hat{\boldsymbol{x}}_{k|k-1}^c)\right]\\&\quad+(\hat{\boldsymbol{x}}_k^c-\hat{\boldsymbol{x}}_{k|k-1}^c)^{\mathrm{T}}(\boldsymbol{P}_k^c)^{-1}(\hat{\boldsymbol{x}}_k^c-\hat{\boldsymbol{x}}_{k|k-1}^c)\end{aligned} \tag{7.79}$$

参考量测扩维融合和量测加权融合算法的等价性证明，在上述假设条件下，对于任意 $k\geqslant 1$ 、$\boldsymbol{P}_k^c=\boldsymbol{P}_k^a$ 、$\hat{\boldsymbol{x}}_k^c=\hat{\boldsymbol{x}}_k^a$ ，以及 $\sigma_k^c=\sigma_k^a$ ，序贯滤波算法与量测扩维融合算法得到的状态定界椭球是相同的。

证毕。

7.4.2 量测更新次序的可交换性

对于概率化假设条件下的线性系统融合方法， 测量值更新次序满足可交换性，即各传感器的量测对于融合估计结果的贡献是独立不相关的。但是，对集员框架下的融合方法，由于估计结果受参数选择的影响，因此量测更新次序的可交换性也与参数选择方法有关，结合定理 7.1 的证明过程，可得以下结论。

对于量测扩维融合，参与量测更新的信息是 z_k^a 、$\boldsymbol{H}_k^a$ 和 $\boldsymbol{R}_k^a$ 。显然，当量测次序交换时这些信息也会发生变化，当采用参数优化方法时，参数 q_k^a 的值会受这些信息的影响。因此，量测更新次序的改变最终会影响估计结果，但是当参数选择与量测信息无关时，如设定为常值，那么量测更新次序的可交换性依然可以满足。

对于量测加权融合，参与量测更新的信息是 z_k^b 、$\boldsymbol{H}_k^b$ 和 $\boldsymbol{R}_k^b$ 。从量测加权融合的更新过程可以看出，这些信息的求解过程与量测更新的次序完全无关，所以交换次序对融合结果并无影响。

对于序贯滤波融合，当采用参数优化方法时，每一次迭代中参数 $q_{k,i}^{c}$ 的求解都依赖上次迭代的更新结果 $\hat{\boldsymbol{x}}_{k,i-1}^{c}$ 和本次更新中输入的量测值。因此，不同的量测更新次序会产生不同的参数序列，也会产生不同的融合结果。但是，只要各传感器量测信息对应的参数不改变，量测更新次序的可交换性依然可以满足。

7.5 仿真算例

考虑 3 传感器目标跟踪系统，系统由式(7.1)和式(7.2)给出，相应的矩阵为

$$\boldsymbol{F}_k=\begin{bmatrix}1 & T_0 & 0.5T_0^2\\ 0 & 1 & T_0\\ 0 & 0 & 1\end{bmatrix},\quad \boldsymbol{G}_k=\begin{bmatrix}1 & 0 & 0\\ 0 & 1 & 0\\ 0 & 0 & 1\end{bmatrix}$$

$$\boldsymbol{H}_{1,k}=\begin{bmatrix}1 & 0 & 0\\ 0 & 1 & 0\end{bmatrix},\quad \boldsymbol{H}_{2,k}=\begin{bmatrix}1 & 0 & 0\\ 0 & 1 & 0\end{bmatrix},\quad \boldsymbol{H}_{3,k}=[1\quad 0\quad 0]$$

其中，$T_0=0.1$ 为采样周期；k 时刻的状态向量为 $\boldsymbol{x}_k=\begin{bmatrix}x_{1,k} & x_{2,k} & x_{3,k}\end{bmatrix}^{\mathrm{T}}$，$x_{1,k}$、$x_{2,k}$、$x_{3,k}$ 分别指机动目标的位置、速度和加速度；$z_{i,k}$ 为第 i 个传感器对目标的探测信号。

初始状态椭球的相应参数为 $\boldsymbol{P}_0=100\boldsymbol{I}_3$、$\hat{\boldsymbol{x}}_0=[0\quad 0\quad 0]^{\mathrm{T}}$、$\sigma_0=1$，决定噪声边界椭球的矩阵为 $\boldsymbol{Q}_k=\mathrm{diag}(10,10,10)$、$\boldsymbol{R}_{1,k}=\mathrm{diag}(0.2,0.2)$，$\boldsymbol{R}_{2,k}=\mathrm{diag}(0.8,0.6)$、$\boldsymbol{R}_{3,k}=0.7$。仿真中，过程噪声和传感器 1、传感器 2 的量测噪声均匀分布在椭球 $\mathcal{E}(0,\boldsymbol{Q}_k)$、$\mathcal{E}(0,\boldsymbol{R}_{1,k})$、$\mathcal{E}(0,\boldsymbol{R}_{2,k})$ 中，传感器 3 的量测噪声均匀分布在区间 $[-\sqrt{0.7},\sqrt{0.7}]$，实际上，该区间可以看作 1 维情况下的椭球。另外，仿真环境与前面几章的仿真环境一致。

为验证集中式融合中相关性质的正确性，需要对算法中间的参数选择分两种情况进行仿真。

情况 1　对于量测扩维融合和量测加权融合，取 $p_k=2$、$q_k=1$(实质上并不需要必须是常数，而是两种算法相同即可)，参数 $\alpha_{i,k}$ 按式(7.16)进行计算；对于序贯滤波算法，取 $p_k=2$、$q_{i,k}=q_k\alpha_{i,k}$。通过这样设置，定理 7.1 和定理 7.2 中的条件即可满足。

情况 2　参数 $\alpha_{i,k}$ 依然按式(7.16)计算，但是其他参数均按照快速 BEAF(因为 BEAF 需要求解非线性方程，求解非线性方程是影响算法运算时间的最大因素，因此难以对各算法的运算时间进行比较)进行。在这种设置下，定理 7.1 和定理 7.2 中的条件不能满足。

在每种情况的仿真中，各传感器的量测更新次序先按正序($z_{1,k} \to z_{2,k} \to z_{3,k}$)进行，然后按逆序($z_{3,k} \to z_{2,k} \to z_{1,k}$)进行。按照上述条件，共仿真 100 次，每次仿真 1000 步。

在仿真中，椭球中心作为点估计，单次仿真中各状态分量的均方误差(mean-square error，MSE)随时间变化曲线如图 7.1～图 7.3 所示。100 次仿真的 MSE，以及平均椭球体积如表 7.1 所示。为消除初始阶段每次仿真中初始阶段的影响，计算平均 MSE 和椭球体积时只使用第 100～1000 步的估计结果。同时，作为比较，单个传感器采用 FBEAF 算法跟踪的结果在表 7.1 和图 7.4 中给出。

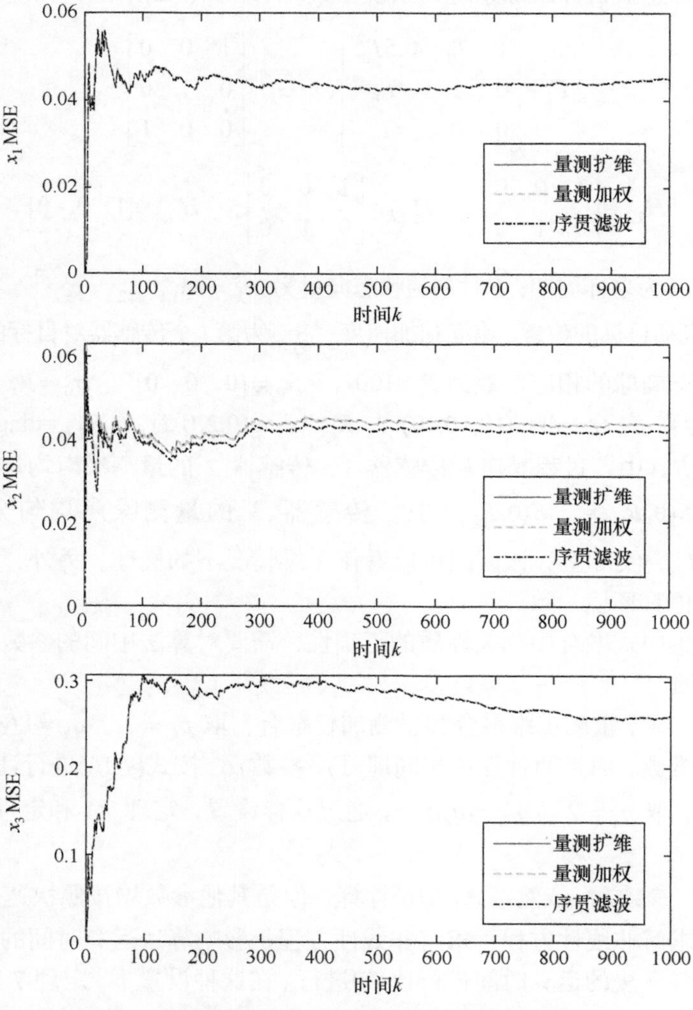

图 7.1　情况 1 中各集中式融合算法估计结果的 MSE

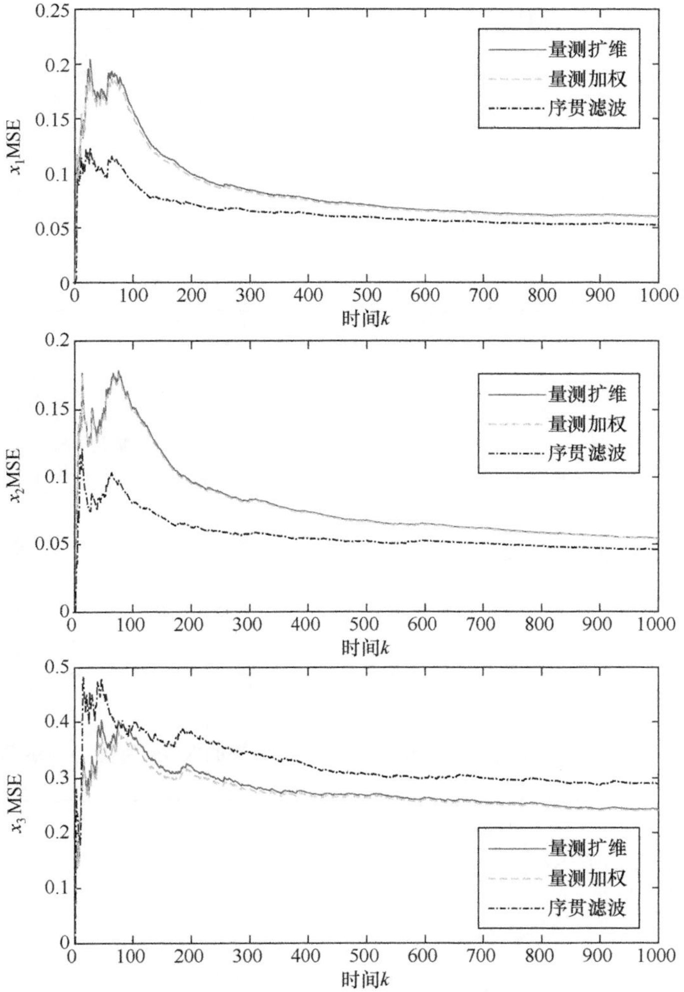

图 7.2　情况 2 中各集中式融合算法估计结果的 MSE(量测正序更新)

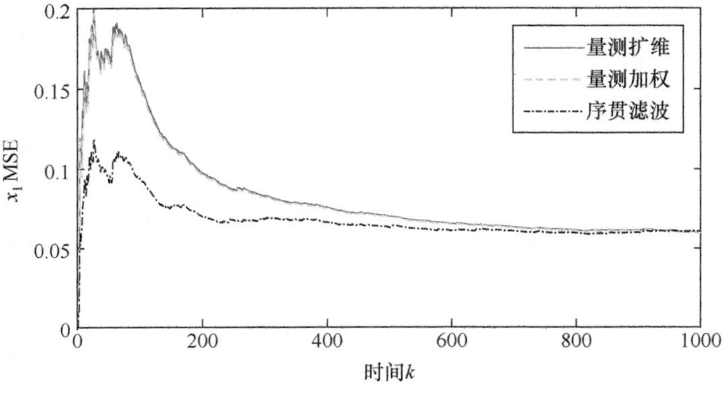

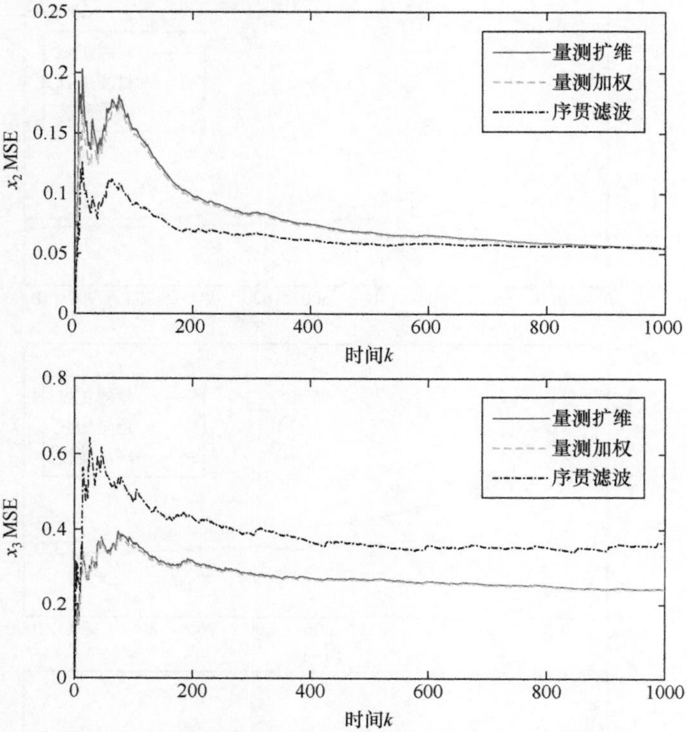

图 7.3　情况 2 中各集中式融合算法估计结果的 MSE(量测逆序更新)

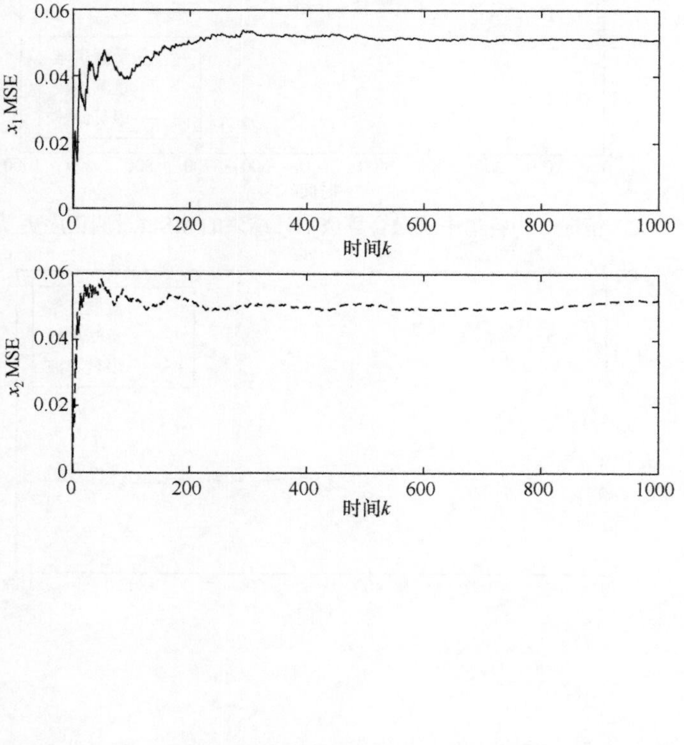

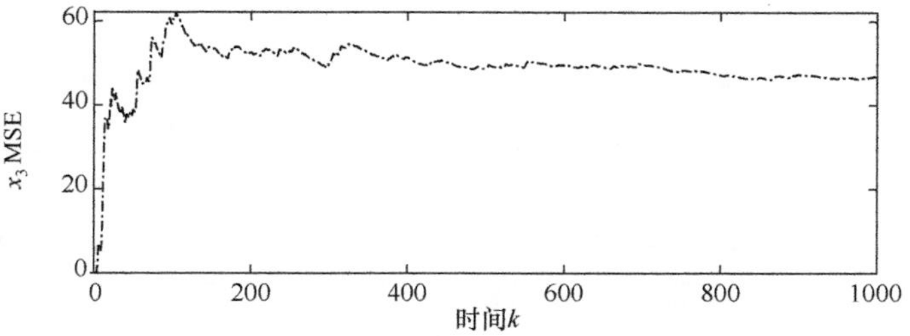

x3 MSE
60
40
20
0
0
200
400
600
800
1000
时间k

(a) 传感器1

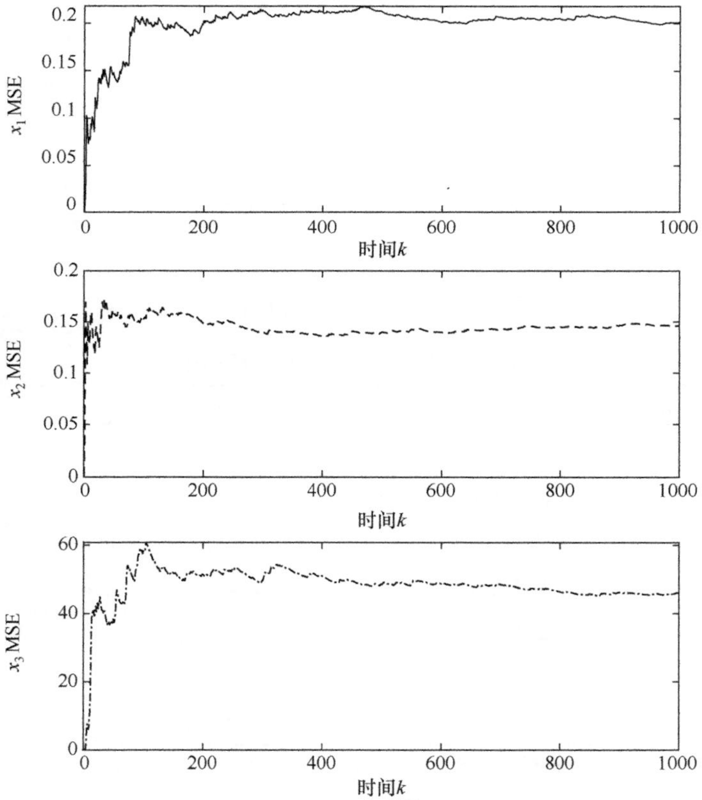

x1 MSE
x2 MSE
x3 MSE
时间k

(b) 传感器2

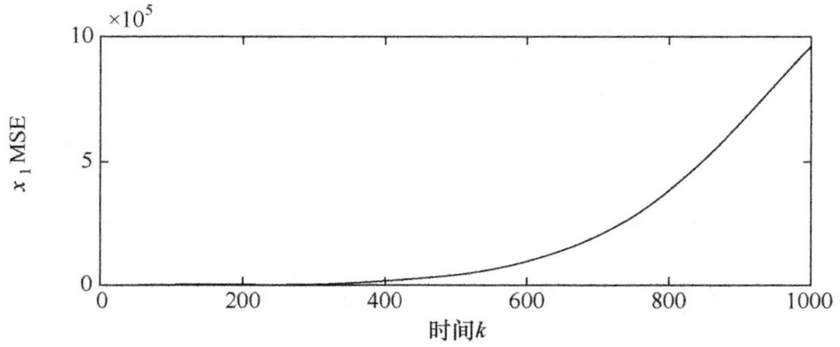

×10^5
10
5
0
x1 MSE
0
200
400
600
800
1000
时间k

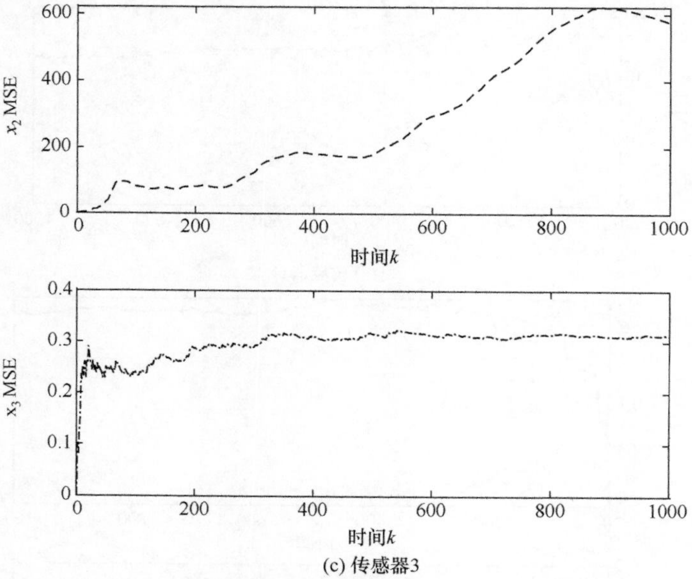

(c) 传感器3

图 7.4　利用单个传感器量测信息估计结果的 MSE

表 7.1　集中式融合估计结果比较

情况	量测更新次序	算法	MSE			椭球体积
			$\overline{e}_1^2$	$\overline{e}_2^2$	$\overline{e}_3^2$	
情况 1	正序	量测扩维融合	0.0449	0.0437	0.2603	206.3049
		量测加权融合	0.0449	0.0437	0.2603	206.3049
		序贯滤波融合	0.0449	0.0437	0.2603	206.3049
	逆序	量测扩维融合	0.0449	0.0437	0.2603	206.3049
		量测加权融合	0.0449	0.0437	0.2603	206.3049
		序贯滤波融合	0.0449	0.0437	0.2603	206.3049
情况 2	正序	量测扩维融合	0.0403	0.0361	0.1617	157.1523
		量测加权融合	0.0399	0.0359	0.1603	148.1524
		序贯滤波融合	0.0352	0.0307	0.1929	134.3245
	逆序	量测扩维融合	0.0401	0.0363	0.1611	153.2340
		量测加权融合	0.0399	0.0359	0.1603	148.1524
		序贯滤波融合	0.0406	0.0364	0.2437	244.2903

表 7. 2 中，$\overline{e}_i^2$ 指相应状态估计 MSE，其中 $i=1,2,3$ 。

表 7.2　单传感器估计结果比较

传感器	MSE			体积
	$\overline{e}_1^2$	$\overline{e}_2^2$	$\overline{e}_3^2$	
传感器 1	0.0511	0.0520	46.7601	1.3575×10^4
传感器 2	0.2012	0.1462	45.9926	1.9640×10^5
传感器 3	9.6031×10^5	576.4524	0.3134	—

首先，与单个传感器的跟踪结果相比，多传感器融合的精度显然更高。这证明了融合算法的有效性。

由表 7.1 和图 7.1 可以看出，无论各传感器的量测更新次序是正序还是逆序，在情况 1 条件下三种集中式融合算法的估计结果是一致的。这证明，定理 7.1 和定理 7.2 的正确性。在情况 2 条件下，三种算法具有不同的融合精度。当各传感器量测更新次序改变时，量测扩维融合和序贯滤波融合的融合结果也随之发生改变，而加权融合的结果不受量测更新次序的影响。

另外，量测扩维融合、加权融合和序贯滤波融合的单步平均运算时间为 3.81ms、3.32ms 和 5.70ms。这意味着，在这三种集中式融合算法中，量测加权融合是最快的。

7.6　本章小结

本章以集员估计理论和椭球滤波算法为基础，研究有界不确定系统多传感器融合滤波算法。针对集中式融合结构，提出集员框架下的量测扩维融合、量测加权融合和序贯滤波融合算法。对算法间的等价关系和量测更新次序的可交换性进行理论分析，通过数据仿真对理论分析结论进行验证，同时从运算时间、估计误差和椭球体积几个方面对算法的性能进行分析比较，并验证集员框架下各融合算法的有效性。理论分析和数据仿真的结论对于集员框架下融合方法的研究和算法在应用中的选择具有重要的意义。

需要说明的是，本章的内容是以 FBEAF 算法作为基本的滤波方法进行的。实际上，本书在第 3～6 章提出的估计算法均可以与本章的融合算法相结合。特别是，对于非线性多传感器系统，利用第 6 章的方法进行线性化，以及线性化误差定界之后，可以按照本章给出的过程进行多传感器的融合，也就是说将第 6、7 章内容相结合即可实现非线性多传感器系统的信息融合。

第 8 章　有界/高斯双重不确定系统信息融合滤波

8.1　引　　言

随机噪声和有界噪声同时存在于系统之中的现象是普遍存在的。实际应用中，噪声通常是白噪声与多种非高斯噪声的叠加，对于这些包含未知不确定干扰的非高斯噪声，获取边界往往比获取其随机统计特性更加可行。两种不确定性噪声同时存在的系统可称为双重不确定性系统。对于这种系统，采用随机噪声的滤波方法会导致估计结果过于乐观，甚至失去收敛性，而采用集员估计方法又会造成边界过于保守，因此对于双重不确定性系统，人为忽略其中一种不确定性，单独使用随机噪声类方法或集员估计方法对估计结果是不利的。为克服单一方法的局限，充分利用两种方法的优势，保证可靠的估计结果，研究同时考虑两种不确定性的估计方法具有重要的意义。这类研究的关键点在于将两种不确定性整合为一个准确的数学描述，也就是构造双重不确定性模型的问题。目前，最常用和有效的方法是将高斯噪声融入集员框架之下[64,65]，将状态估计描述为概率密度的集合，然后以卡尔曼滤波为基础，结合集合的 Minkowski 和运算及其相关性质实现状态的估计。

另外，在目标跟踪、组合导航等目标或载体的运动状态多变的应用中，多模型方法往往比单模型滤波器更具优势。特别是，交互多模型(interacting multiple model，IMM)方法因其优异的性能得到广泛的应用[123,124]。本章将高斯噪声融入集员框架下，以双重不确定模型为基础，构造双重不确定模型集，同时推导多个椭球集的加权 Minkowski 和的运算和参数优化方法，然后与 IMM 交互过程相结合，将其中的 UBB 噪声应用集员估计的思想进行处理，提出具有双重不确定性的交互多模型联合滤波(IMM-based combined filter，IMMCF)算法，并利用 MEMS 陀螺阵列对算法进行验证。

8.2　双重不确定系统联合滤波

8.2.1　双重不确定误差模型

一个具有双重不确定性系统的输入或传感器输出可以用下式描述，即

$$\boldsymbol{u}=\hat{\boldsymbol{u}}+\boldsymbol{w}+\boldsymbol{\theta} \tag{8.1}$$

其中，$\hat{\boldsymbol{u}}$ 为确定值，它受两种扰动影响，一种是 0 均值、协方差阵为 $\boldsymbol{C}$ 的高斯白噪声 $\boldsymbol{w}\sim\mathcal{N}(0,\boldsymbol{C})$，另一种是 UBB 的扰动 $\boldsymbol{\theta}\in\mathcal{O}$；考虑随机但有固定界的 $\boldsymbol{\theta}$ 的存在，$\boldsymbol{u}$ 可以看作均值为 $\hat{\boldsymbol{u}}+\boldsymbol{\theta}$ 的随机变量，更准确来说，$\boldsymbol{u}$ 可以描述为符合 $\mathcal{N}(\hat{\boldsymbol{u}}+\boldsymbol{\theta},\boldsymbol{C})$ 的伪正态分布；由于 $\boldsymbol{\theta}$ 可以是集合 $\mathcal{O}$ 内的任意值，因此 $\boldsymbol{u}$ 并不是属于单一的分布，而是可以看作分布的集合，包含一系列不同均值的正态分布，即

$$\left\{\boldsymbol{u}\sim\mathcal{N}(\hat{\boldsymbol{u}}+\boldsymbol{\theta},\boldsymbol{C})\middle|\boldsymbol{\theta}\in\mathcal{O}\right\} \tag{8.2}$$

对于一维的情况，双重不确定性模型如图 8.1 所示。

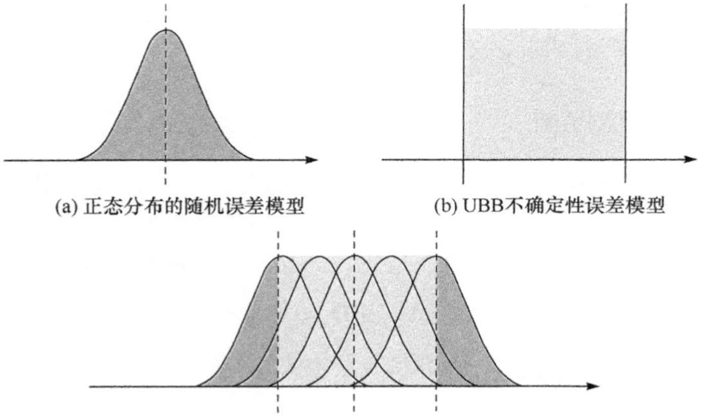

(a) 正态分布的随机误差模型　(b) UBB不确定性误差模型

(c) 包含双重不确定性的误差模型

图 8.1　双重不确定性模型

结合前面几章的工作，可以将包含 $\boldsymbol{\theta}$ 的集合 $\mathcal{O}$ 简单描述为如下的椭球，即

$$\mathcal{O}=\mathcal{E}(\hat{\boldsymbol{\theta}},\boldsymbol{D})=\left\{\boldsymbol{\theta}:(\boldsymbol{\theta}-\hat{\boldsymbol{\theta}})^{\mathrm{T}}\boldsymbol{D}^{-1}(\boldsymbol{\theta}-\hat{\boldsymbol{\theta}})\leqslant 1\right\} \tag{8.3}$$

综上，带有双重不确定性的输入或输出可以由一个高斯分布集合描述，而这个高斯分布集合可以由中心为 $\hat{\boldsymbol{\theta}}$、形状矩阵为 $\boldsymbol{D}$ 的椭球均值集合和协方差矩阵 $\boldsymbol{C}$ 描述。

针对线性离散系统(式(2.13)和式(2.14))，按照双重不确定性的假设，可以将过程噪声和量测噪声分别描述为

$$\boldsymbol{w}_k=\underline{\boldsymbol{w}}_k+\boldsymbol{\theta}_k \tag{8.4}$$

$$\boldsymbol{v}_k=\underline{\boldsymbol{v}}_k+\vartheta_k \tag{8.5}$$

其中，$\underline{\boldsymbol{w}}_k$ 和 $\underline{\boldsymbol{v}}_k$ 为零均值高斯白噪声，其分布分别符合 $\underline{\boldsymbol{w}}_k\sim\mathcal{N}(0,\boldsymbol{W}_k)$，$\underline{\boldsymbol{v}}_k\sim\mathcal{N}(0,\boldsymbol{V})_k$；$\boldsymbol{\theta}_k$ 和 ϑ_k 为 UBB 噪声，且分别属于如下椭球集合，即

$$\mathcal{O}_k = \left\{\boldsymbol{\theta}_k : \boldsymbol{\theta}_k^{\mathrm{T}} \boldsymbol{D}_k^{-1} \boldsymbol{\theta}_k \leqslant 1\right\} \tag{8.6}$$

$$\mathcal{P}_k = \left\{\vartheta_k : \vartheta_k^{\mathrm{T}} \boldsymbol{E}_k^{-1} \vartheta_k \leqslant 1\right\} \tag{8.7}$$

其中，$\boldsymbol{D}_k$ 和 $\boldsymbol{E}_k$ 为已知的正定矩阵。

由此可得过程噪声和量测噪声的分布为 $\left\{\boldsymbol{w}_k \sim \mathcal{N}(\boldsymbol{\theta}_k, \boldsymbol{W}_k) \middle| \boldsymbol{\theta}_k \in \mathcal{O}_k\right\}$ 和 $\left\{\boldsymbol{v}_k \sim \mathcal{N}(\vartheta_k, \boldsymbol{V}_k) \middle| \vartheta_k \in \mathcal{P}_k\right\}$。

初始状态 $\boldsymbol{x}_0$ 符合如下分布，即

$$\left\{\boldsymbol{x}_0 \sim \mathcal{N}(\underline{\boldsymbol{x}}_0, \boldsymbol{C}_0) \middle| \underline{\boldsymbol{x}}_0 \in \mathcal{E}_0\right\} \tag{8.8}$$

其中，$\mathcal{E}_0 = \{\boldsymbol{x} : (\boldsymbol{x} - \hat{\boldsymbol{x}}_0)^{\mathrm{T}} \boldsymbol{X}_0^{-1} (\boldsymbol{x} - \hat{\boldsymbol{x}}_0) \leqslant 1\}$，$\hat{\boldsymbol{x}}_0$ 为椭球的中心，$\boldsymbol{X}_0$ 为正定矩阵，定义椭球的形状。

8.2.2 联合滤波预测更新

双重不确定性系统联合滤波方法以卡尔曼滤波为基础，结合集员估计方法对有界噪声部分进行处理得到的，也分为时间更新和量测更新两个过程。

根据 8.2.1 节的模型，在双重不确定性的影响下，系统的状态方程可以描述为

$$\boldsymbol{x}_k = \boldsymbol{F}_{k-1} \boldsymbol{x}_{k-1} + \boldsymbol{G}_{k-1}(\underline{\boldsymbol{w}}_{k-1} + \boldsymbol{\theta}_{k-1}) \tag{8.9}$$

其中，$\boldsymbol{x}_k \in \mathbb{R}^n$ 为状态向量；$\boldsymbol{F}_{k-1}$ 为非奇异状态转移矩阵；$\boldsymbol{G}_{k-1}$ 为过程噪声输入矩阵；$\underline{\boldsymbol{w}}_{k-1}$ 和 $\boldsymbol{\theta}_{k-1}$ 由 8.2.1 节给出。

假设 k–1 时刻状态向量的估计协方差和均值集合为 $\boldsymbol{C}_{k-1}$ 和 $\mathcal{E}(\hat{\boldsymbol{x}}_{k-1}, \boldsymbol{X}_{k-1})$，则一步预测均值集合为

$$\begin{aligned}\mathcal{E}(\hat{\boldsymbol{x}}_{k|k-1}, \boldsymbol{X}_{k|k-1}) &\supseteq \boldsymbol{F}_{k-1} \mathcal{E}(\hat{\boldsymbol{x}}_{k-1}, \boldsymbol{X}_{k-1}) \oplus \boldsymbol{G}_{k-1} \mathcal{E}(0, \boldsymbol{D}_{k-1}) \\ &= \mathcal{E}(\boldsymbol{F}_{k-1} \hat{\boldsymbol{x}}_{k-1}, \boldsymbol{F}_{k-1} \boldsymbol{X}_{k-1} \boldsymbol{F}_{k-1}^{\mathrm{T}}) \oplus \mathcal{E}(0, \boldsymbol{G}_{k-1} \boldsymbol{D}_{k-1} \boldsymbol{G}_{k-1}^{\mathrm{T}})\end{aligned} \tag{8.10}$$

容易得到该集合的中心和形状矩阵，即

$$\hat{\boldsymbol{x}}_{k|k-1} = \boldsymbol{F}_{k-1} \hat{\boldsymbol{x}}_{k-1} \tag{8.11}$$

$$\boldsymbol{X}_{k|k-1} = (1 + p_k^{-1}) \boldsymbol{F}_{k-1} \boldsymbol{X}_{k-1} \boldsymbol{F}_{k-1}^{\mathrm{T}} + (1 + p_k) \boldsymbol{G}_{k-1} \boldsymbol{D}_{k-1} \boldsymbol{G}_{k-1}^{\mathrm{T}} \tag{8.12}$$

参数 p_k 通过最小迹准则求解，即

$$p_k = \left[\frac{\operatorname{tr}(\boldsymbol{F}_{k-1} \boldsymbol{X}_{k-1} \boldsymbol{F}_{k-1}^{\mathrm{T}})}{\operatorname{tr}(\boldsymbol{G}_{k-1} \boldsymbol{D}_{k-1} \boldsymbol{G}_{k-1}^{\mathrm{T}})}\right]^{1/2} \tag{8.13}$$

同时，相应的协方差阵为

$$\boldsymbol{C}_{k|k-1} = \boldsymbol{F}_{k-1} \boldsymbol{C}_{k-1} \boldsymbol{F}_{k-1}^{\mathrm{T}} + \boldsymbol{G}_{k-1} \boldsymbol{W}_{k-1} \boldsymbol{G}_{k-1}^{\mathrm{T}} \tag{8.14}$$

在双重不确定性噪声的影响下，系统的量测方程可以描述为

$$z_k = \boldsymbol{H}_k \boldsymbol{x}_k + \underline{\boldsymbol{v}}_k + \vartheta_k \tag{8.15}$$

其中， $z_k \in \mathbb{R}^m$ 为观测向量； $\boldsymbol{H}_k$ 为行满秩观测矩阵。

当有界噪声不存在(也就是 $\boldsymbol{X}_{k|k-1} = \boldsymbol{E}_k = 0$)时，量测更新过程可以由卡尔曼滤波过程得到，估计均值和协方差阵为

$$\begin{aligned}\hat{\boldsymbol{x}}_k &= \hat{\boldsymbol{x}}_{k|k-1} + \boldsymbol{K}_k (z_k - \boldsymbol{H}_k \boldsymbol{x}_{k|k-1}) \\ &= (\boldsymbol{I} - \boldsymbol{K}_k \boldsymbol{H}_k)\hat{\boldsymbol{x}}_{k|k-1} + \boldsymbol{K}_k z_k\end{aligned} \tag{8.16}$$

$$\boldsymbol{C}_k = \boldsymbol{C}_{k|k-1} - \boldsymbol{K}_k \boldsymbol{H}_k \boldsymbol{C}_{k|k-1} \tag{8.17}$$

其中，卡尔曼增益为

$$\boldsymbol{K}_k = \boldsymbol{C}_{k|k-1} \boldsymbol{H}_k^{\mathrm{T}} (\boldsymbol{V}_k + \boldsymbol{H}_k \boldsymbol{C}_{k|k-1} \boldsymbol{H}_k^{\mathrm{T}})^{-1} \tag{8.18}$$

当存在有界噪声时，将其与量测值 z_k 结合可以构成一个新的椭球集，即

$$\mathcal{Z}_k = \left\{ z_k - \vartheta_k \,\middle|\, \vartheta_k \in \mathcal{E}(0, \boldsymbol{E}_k) \right\} = \mathcal{E}(z_k, \boldsymbol{E}_k) \tag{8.19}$$

则预测均值椭球集合可以利用集合 $\mathcal{Z}_k$ 和式(8.16)更新，即

$$\begin{aligned}\mathcal{E}(\hat{\boldsymbol{x}}_k, \boldsymbol{X}_k) &\supseteq (\boldsymbol{I} - \boldsymbol{K}_k \boldsymbol{H}_k)\mathcal{E}(\hat{\boldsymbol{x}}_{k|k-1}, \boldsymbol{X}_{k|k-1}) \oplus \boldsymbol{K}_k \mathcal{E}(z_k, \boldsymbol{E}_k) \\ &= \mathcal{E}((\boldsymbol{I} - \boldsymbol{K}_k \boldsymbol{H}_k)\hat{\boldsymbol{x}}_{k|k-1}, (\boldsymbol{I} - \boldsymbol{K}_k \boldsymbol{H}_k)\boldsymbol{X}_{k|k-1}(\boldsymbol{I} - \boldsymbol{K}_k \boldsymbol{H}_k)^{\mathrm{T}}) \oplus \mathcal{E}(\boldsymbol{K}_k z_k, \boldsymbol{K}_k \boldsymbol{E}_k \boldsymbol{K}_k^{\mathrm{T}})\end{aligned} \tag{8.20}$$

容易得到椭球中心，如式(8.16)所示，椭球形状矩阵为

$$\boldsymbol{X}_k = (1 + q_k^{-1})(\boldsymbol{I} - \boldsymbol{K}_k \boldsymbol{H}_k)\boldsymbol{X}_{k|k-1}(\boldsymbol{I} - \boldsymbol{K}_k \boldsymbol{H}_k)^{\mathrm{T}} + (1 + q_k)\boldsymbol{K}_k \boldsymbol{E}_k \boldsymbol{K}_k^{\mathrm{T}} \tag{8.21}$$

同样，利用最小迹准则，可以按下式计算参数 q_k ，即

$$p_k = \left[\frac{\operatorname{tr}\left((\boldsymbol{I} - \boldsymbol{K}_k \boldsymbol{H}_k)\boldsymbol{X}_{k|k-1}(\boldsymbol{I} - \boldsymbol{K}_k \boldsymbol{H}_k)^{\mathrm{T}} \right)}{\operatorname{tr}(\boldsymbol{K}_k \boldsymbol{E}_k \boldsymbol{K}_k^{\mathrm{T}})} \right]^{1/2} \tag{8.22}$$

8.3　交互多模型联合滤波

8.3.1　多椭球加权 Minkowski 和

在标准 IMM 算法中，模型间的交互是以加权求和的方式实现的。当系统中高斯噪声和有界噪声均存在时，模型的交互涉及集合运算，最终会表现为多个椭球的加权 Minkowski 和，并利用椭球近似外包实现状态的重初始化和更新。支持

函数可以将椭球的 Minkowski 和运算转化为实数的加法运算，将椭球集的包含关系转化为实数的大小比较，因此为求解多椭球加权 Minkowski 和的外定界椭球，首先给出椭球集支持函数的定义和相关性质。

定义 8.1[19] 椭球集 $\mathcal{E}(\boldsymbol{a},\boldsymbol{M})$ 的支持函数可表示为

$$\eta(\mathcal{E}(\boldsymbol{a},\boldsymbol{M}),\boldsymbol{y})=\boldsymbol{y}^{\mathrm{T}}\boldsymbol{a}+\sqrt{\boldsymbol{y}^{\mathrm{T}}\boldsymbol{M}\boldsymbol{y}} \tag{8.23}$$

支持函数具有如下性质。

引理 8.1[19] 任给 $\mathbb{R}^n$ 上的两个椭球集 $\mathcal{E}(\boldsymbol{a}_1,\boldsymbol{M}_1)$ 和 $\mathcal{E}(\boldsymbol{a}_2,\boldsymbol{M}_2)$，则有

$$\eta(\mathcal{E}(\boldsymbol{a}_1,\boldsymbol{M}_1)\oplus\mathcal{E}(\boldsymbol{a}_2,\boldsymbol{M}_2),\boldsymbol{y})=\eta(\mathcal{E}(\boldsymbol{a}_1,\boldsymbol{M}_1),\boldsymbol{y})+\eta(\mathcal{E}(\boldsymbol{a}_2,\boldsymbol{M}_2),\boldsymbol{y}) \tag{8.24}$$

引理 8.2[19] 任给 $\mathbb{R}^n$ 上的 3 个椭球集 $\mathcal{E}(\boldsymbol{a}_1,\boldsymbol{M}_1)$、$\mathcal{E}(\boldsymbol{a}_2,\boldsymbol{M}_2)$ 和 $\mathcal{E}(\boldsymbol{a}_3,\boldsymbol{M}_3)$，则 $\mathcal{E}(\boldsymbol{a}_3,\boldsymbol{M}_3)$ 包含 $\mathcal{E}(\boldsymbol{a}_1,\boldsymbol{M}_1)\oplus\mathcal{E}(\boldsymbol{a}_2,\boldsymbol{M}_2)$ 的充分必要条件是

$$\eta(\mathcal{E}(\boldsymbol{a}_3,\boldsymbol{M}_3),\boldsymbol{y})\geqslant\eta(\mathcal{E}(\boldsymbol{a}_1,\boldsymbol{M}_1),\boldsymbol{y})+\eta(\mathcal{E}(\boldsymbol{a}_2,\boldsymbol{M}_2),\boldsymbol{y}) \tag{8.25}$$

对上述性质进行理论推导，得到多椭球加权 Minkowski 和的外定界椭球可按如下的定理求解。

定理 8.1 给定 $\mu_k\in\mathbb{R}$ 和椭球集 $\mathcal{E}(\boldsymbol{a}_k,\boldsymbol{M}_k)$ $(k=1,2,\cdots,r,r\in\mathbb{R}^+,\boldsymbol{a}_k\in\mathbb{R}^n,\boldsymbol{M}_k\in\mathbb{R}^{n\times n})$，则对于 $\forall\boldsymbol{\alpha}\in\mathbb{R}^r$ 满足 $\alpha_k>0$ 且 $\sum\limits_{k=1}^{r}\alpha_k=1$，椭球 $\mathcal{E}(\boldsymbol{a},\boldsymbol{M})$ 包含 $\mu_1\mathcal{E}(\boldsymbol{a}_1,\boldsymbol{M}_1)\oplus\mu_2\mathcal{E}(\boldsymbol{a}_2,\boldsymbol{M}_2)\oplus\cdots\oplus\mu_r\mathcal{E}(\boldsymbol{a}_r,\boldsymbol{M}_r)$，其中

$$\boldsymbol{a}=\sum_{k=1}^{r}\mu_k\boldsymbol{a}_k \tag{8.26}$$

$$\boldsymbol{M}=\sum_{k=1}^{r}\alpha_k^{-1}\mu_k^2\boldsymbol{M}_k \tag{8.27}$$

证明： 取 $\mathcal{S}_r=\mu_1\mathcal{E}(\boldsymbol{a}_1,\boldsymbol{M}_1)\oplus\mu_2\mathcal{E}(\boldsymbol{a}_2,\boldsymbol{M}_2)\oplus\cdots\oplus\mu_r\mathcal{E}(\boldsymbol{a}_r,\boldsymbol{M}_r)$，引理 8.1 所述的性质显然可以推广到多个椭球集的情况，所以有

$$\eta(\mathcal{S}_r,\boldsymbol{y})=\boldsymbol{y}^{\mathrm{T}}\sum_{k=1}^{r}\mu_k\boldsymbol{a}_k+\sum_{k=1}^{r}\mu_k\sqrt{\boldsymbol{y}^{\mathrm{T}}\boldsymbol{M}_k\boldsymbol{y}} \tag{8.28}$$

同时，要使 $\mathcal{E}(\boldsymbol{a},\boldsymbol{M})\supseteq\mathcal{S}_r$，其充分必要条件是 $\eta(\mathcal{E}(\boldsymbol{a},\boldsymbol{M}),\boldsymbol{y})\geqslant\eta(\mathcal{S}_r,\boldsymbol{y})$，即

$$\boldsymbol{y}^{\mathrm{T}}\boldsymbol{a}+\sqrt{\boldsymbol{y}^{\mathrm{T}}\boldsymbol{M}\boldsymbol{y}}\geqslant\boldsymbol{y}^{\mathrm{T}}\sum_{k=1}^{r}\mu_k\boldsymbol{a}_k+\sum_{k=1}^{r}\mu_k\sqrt{\boldsymbol{y}^{\mathrm{T}}\boldsymbol{M}_k\boldsymbol{y}} \tag{8.29}$$

取外定界椭球中心 $\boldsymbol{a}=\sum\limits_{k=1}^{r}\mu_k\boldsymbol{a}_k$，则上式变为

$$\sqrt{\boldsymbol{y}^{\mathrm{T}}\boldsymbol{M}\boldsymbol{y}}\geqslant\sum_{k=1}^{r}\mu_k\sqrt{\boldsymbol{y}^{\mathrm{T}}\boldsymbol{M}_k\boldsymbol{y}} \tag{8.30}$$

将式(8.27)代入式(8.30)可得

$$\sqrt{\sum_{k=1}^{r}\frac{\mu_k^2\boldsymbol{y}^{\mathrm{T}}\boldsymbol{M}_k\boldsymbol{y}}{\alpha_k}} \geqslant \sum_{k=1}^{r}\mu_k\sqrt{\boldsymbol{y}^{\mathrm{T}}\boldsymbol{M}_k\boldsymbol{y}} \tag{8.31}$$

取 $a_k=\sqrt{\alpha_k}$ ，$b_k=\mu_k\sqrt{\dfrac{\boldsymbol{y}^{\mathrm{T}}\boldsymbol{M}_k\boldsymbol{y}}{\alpha_k}}$ ，则式(8.31)等价于

$$\sqrt{\left(\sum_{k=1}^{r}a_k^2\right)\left(\sum_{k=1}^{r}b_k^2\right)} \geqslant \sum_{k=1}^{r}a_k b_k \tag{8.32}$$

根据 Schwarz 不等式，式(8.32)显然成立，所以 $\mathcal{E}(\boldsymbol{a},\boldsymbol{M})\supseteq\mathcal{S}_r$ 成立。

证毕。

依照定理 8.1 可以得到一个与参数 $\boldsymbol{\alpha}$ 有关的椭球簇，因此需要依据一定准则寻求其中的最优解。前面各章涉及求 Minkowski 和的部分均采用的最小迹准则，其优势是有显式解。本章依然采用这个思路，不同之处在于将两个椭球的 Minkowski 和扩展为多个椭球的加权 Minkowski 和。需要优化的目标函数可以写为

$$f(\boldsymbol{\alpha})=\mathrm{tr}\left(\sum_{k=1}^{r}\alpha_k^{-1}\mu_k^2\boldsymbol{M}_k\right)=\sum_{k=1}^{r}\alpha_k^{-1}\mu_k^2\mathrm{tr}(\boldsymbol{M}_k) \tag{8.33}$$

利用拉格朗日乘子法，定义函数为

$$L(\boldsymbol{\alpha},\lambda)=\sum_{k=1}^{r}\alpha_k^{-1}\mu_k^2\mathrm{tr}(\boldsymbol{M}_k)+\lambda\left(\sum_{k=1}^{r}\alpha_k-1\right) \tag{8.34}$$

取最小值的条件为对于 $k=1,2,\cdots,r$ ，均有 $\dfrac{\partial L}{\partial\alpha_k}=0$ ，即

$$\lambda-\alpha_k^{-2}\mu_k^2\mathrm{tr}(\boldsymbol{M}_k)=0,\quad k=1,2,\cdots,r \tag{8.35}$$

由上式可得

$$\alpha_k=\mu_k\sqrt{\frac{\mathrm{tr}(\boldsymbol{M}_k)}{\lambda}} \tag{8.36}$$

结合 $\sum_{k=1}^{r}\alpha_k=1$ ，可得 $\lambda=\left(\sum_{k=1}^{r}\mu_k\sqrt{\mathrm{tr}(\boldsymbol{M}_k)}\right)^2$ ，将其代入式(8.36)，可得

$$\alpha_k=\frac{\mu_k\sqrt{\mathrm{tr}(\boldsymbol{M}_k)}}{\sum_{k=1}^{r}\mu_k\sqrt{\mathrm{tr}(\boldsymbol{M}_k)}} \tag{8.37}$$

8.3.2　交互多模型联合滤波预测更新

在双重噪声条件下，我们采用标准 IMM 滤波器的交互策略，所以本章提出

的算法分为 4 步。首先，计算匹配模型滤波器的混合概率并重初始化各滤波器的输入，包括均值椭球集和协方差。然后，根据新的量测值和量测噪声特性更新各模型滤波器的状态估计结果。在此基础上，更新模型概率。最后，给出总体估计结果。IMMCF 算法与标准 IMM 算法的主要区别在于加入了集合的运算，即其估计结果包括协方差阵 $\boldsymbol{C}_k$ 和椭球集 $\mathcal{E}(\hat{\boldsymbol{x}}_k,\boldsymbol{X}_k)$。该集合本质上是状态估计均值的集合。IMMCF 算法的结构如图 8.2 所示。

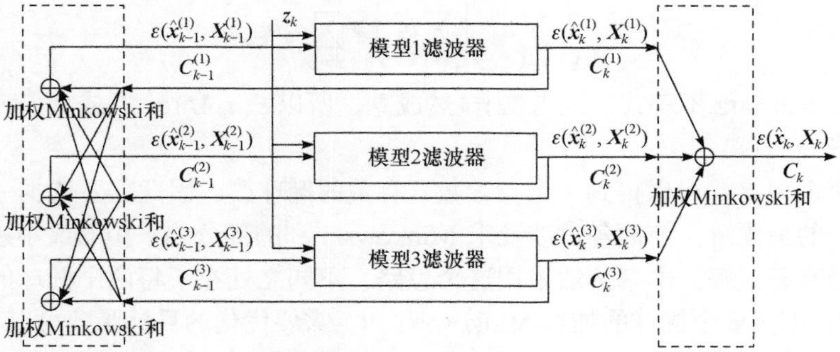

图 8.2　IMMCF 算法结构

考虑如下多模型系统，即

$$\boldsymbol{x}_k=\boldsymbol{F}_{k-1}^{(i)}\boldsymbol{x}_{k-1}+\boldsymbol{G}_{k-1}^{(i)}\left(\underline{\boldsymbol{w}}_{k-1}^{(i)}+\boldsymbol{\theta}_{k-1}^{(i)}\right) \tag{8.38}$$

$$\boldsymbol{z}_k=\boldsymbol{H}_k^{(i)}\boldsymbol{x}_k+\underline{\boldsymbol{v}}_k^{(i)}+\boldsymbol{\vartheta}_k^{(i)} \tag{8.39}$$

其中，(i) 表示模型 $\boldsymbol{m}^{(i)}$，系统模型集为 $M=\left\{\boldsymbol{m}^{(i)}\right\}_{i=1,2,\cdots,r}$。

模型转换过程符合马尔可夫过程，用 $\boldsymbol{m}_k^{(i)}$ 表示 k 时刻系统模型由模型 $\boldsymbol{m}^{(i)}$ 匹配，则模型转移概率为

$$P(m_k^{(i)}\big|m_{k-1}^{(j)})=p_{ji} \tag{8.40}$$

模型转移概率决定输入交互的作用程度，通常取值固定，且在一定规则下根据先验信息和经验确定，近些年也有一些依据后验信息对其进行调整的方法。同样，假设噪声 $\underline{\boldsymbol{w}}_k^{(i)}\sim\mathcal{N}(0,\boldsymbol{W}_k^{(i)})$，$\underline{\boldsymbol{v}}_k^{(i)}\sim\mathcal{N}(0,\boldsymbol{V}_k^{(i)})$，$\boldsymbol{\theta}_k^{(i)}$ 和 $\boldsymbol{\vartheta}_k^{(i)}$ 为 UBB 噪声，且分别属于如下椭球集合，即

$$\mathcal{O}_k^{(i)}=\left\{\boldsymbol{\theta}_k:\boldsymbol{\theta}_k^{\mathrm{T}}\left(\boldsymbol{D}_k^{(i)}\right)^{-1}\boldsymbol{\theta}_k\leqslant 1\right\} \tag{8.41}$$

$$\mathbb{P}_k^{(i)}=\left\{\boldsymbol{\vartheta}_k:\boldsymbol{\vartheta}_k^{\mathrm{T}}\left(\boldsymbol{E}_k^{(i)}\right)^{-1}\boldsymbol{\vartheta}_k\leqslant 1\right\} \tag{8.42}$$

其中，$\boldsymbol{D}_k^{(i)}$ 和 $\boldsymbol{E}_k^{(i)}$ 为已知的正定矩阵。

结合椭球集合的运算，可得 k 时刻 IMMCF 算法的执行过程。

1) 模型条件重初始化

模型预测概率为

$$\mu_{k,k-1}^{(i)}=P\left\{m_k^{(i)}\middle|\boldsymbol{Z}^{k-1}\right\}=\sum_{j=1}^{r}p_{ji}\mu_{k-1}^{(j)} \tag{8.43}$$

其中，$\mu_{k-1}^{(j)}$ 为模型 m_{k-1}^{j} 在 $k-1$ 时刻的模型概率；$\boldsymbol{Z}^{k-1}=\left\{z_1,z_2,\cdots,z_{k-1}\right\}$。

重初始化的混合概率为

$$\mu_{k-1}^{j|i}=P\left\{m_{k-1}^{(j)}\middle|m_k^{(i)},\boldsymbol{Z}^{k-1}\right\}=p_{ji}\,\mu_{k-1}^{(j)}\Big/\mu_{k,k-1}^{(i)} \tag{8.44}$$

假设 $\hat{\boldsymbol{x}}_{k-1}^{(j)}$ 为模型 m_{k-1}^{j} 滤波器的状态估计，$\mathcal{E}\left(\hat{\boldsymbol{x}}_{k-1}^{(j)},\boldsymbol{X}_{k-1}^{(j)}\right)$ 和 $\boldsymbol{C}_{k-1}^{(j)}$ 分别描述 UBB 噪声和高斯噪声的误差特性。若 $\boldsymbol{X}_{k-1}^{(j)}=0$，也就是系统中只存在高斯噪声，则混合估计结果包括均值和协方差，即

$$\tilde{\boldsymbol{x}}_{k-1}^{(i)}=\sum_{j=1}^{r}\mu_{k-1}^{j|i}\hat{\boldsymbol{x}}_{k-1}^{(j)} \tag{8.45}$$

$$\tilde{\boldsymbol{C}}_{k-1}^{(i)}=\sum_{j=1}^{r}\left[\boldsymbol{C}_{k-1}^{(j)}+\left(\tilde{\boldsymbol{x}}_{k-1}^{(j)}-\hat{\boldsymbol{x}}_{k-1}^{(j)}\right)\left(\tilde{\boldsymbol{x}}_{k-1}^{(j)}-\hat{\boldsymbol{x}}_{k-1}^{(j)}\right)^{\mathrm{T}}\right]\mu_{k-1}^{j|i} \tag{8.46}$$

考虑 UBB 噪声时，均值的混合实际上是多个椭球集的加权 Minkowski 和，即

$$\tilde{\mathcal{X}}_{k-1}^{(i)}=\mu_{k-1}^{1|i}\mathcal{E}\left(\hat{\boldsymbol{x}}_{k-1}^{(1)},\boldsymbol{X}_{k-1}^{(1)}\right)\oplus\mu_{k-1}^{2|i}\mathcal{E}\left(\hat{\boldsymbol{x}}_{k-1}^{(2)},\boldsymbol{X}_{k-1}^{(2)}\right)\oplus\cdots\oplus\mu_{k-1}^{r|i}\mathcal{E}\left(\hat{\boldsymbol{x}}_{k-1}^{(r)},\boldsymbol{X}_{k-1}^{(r)}\right) \tag{8.47}$$

为简化计算，需要求解 $\tilde{\mathcal{X}}_{k-1}^{(i)}$ 的最小外包椭球。根据定理 8.1，中心为 $\tilde{\boldsymbol{x}}_{k-1}^{(i)}$，形状矩阵为 $\sum_{j=1}^{r}(\alpha_j^{(i)})^{-1}(\mu_{k-1}^{j|i})^2\boldsymbol{X}_{k-1}^{(i)}$ 的椭球簇包含 $\tilde{\mathcal{X}}_{k-1}^{(i)}$，其中参数 $\alpha_j^{(i)}>0$ 且 $\sum_{j=1}^{r}\alpha_j^{(i)}=1$。由式(8.37)可知，使 $\tilde{\boldsymbol{X}}_{k-1}^{(i)}$ 的迹最小的参数为

$$\alpha_j^{(i)}=\frac{\mu_{k-1}^{j|i}\sqrt{\mathrm{tr}\left(\boldsymbol{X}_{k-1}^{(j)}\right)}}{\sum_{j=1}^{r}\mu_{k-1}^{j|i}\sqrt{\mathrm{tr}\left(\boldsymbol{X}_{k-1}^{(j)}\right)}} \tag{8.48}$$

所以，$\tilde{\mathcal{X}}_{k-1}^{(i)}$ 的最小迹外包椭球可以表示为

$$\tilde{\boldsymbol{X}}_{k-1}^{(i)}=\left(\sum_{j=1}^{r}\mu_{k-1}^{j|i}\sqrt{\mathrm{tr}\left(\boldsymbol{X}_{k-1}^{(j)}\right)}\right)\sum_{j=1}^{r}\frac{\mu_{k-1}^{j|i}\boldsymbol{X}_{k-1}^{(j)}}{\sqrt{\mathrm{tr}\left(\boldsymbol{X}_{k-1}^{(j)}\right)}} \tag{8.49}$$

2) 模型条件滤波

各模型滤波器在给定重初始化均值集合和协方差阵的前提下，获得新的量测信息之后，进行状态估计的更新，得到估计均值集合 $\mathcal{E}(\hat{\boldsymbol{x}}_k^{(i)},\boldsymbol{X}_k^{(i)})$ 和协方差阵 $\boldsymbol{C}_k^{(i)}$。更新方法与 8.2 节描述的相同。

预测椭球集中心和形状矩阵为

$$\hat{\boldsymbol{x}}_{k,k-1}^{(i)} = \boldsymbol{F}_k^{(i)}\tilde{\boldsymbol{x}}_{k-1}^{(i)} \tag{8.50}$$

$$\boldsymbol{X}_{k,k-1}^{(i)} = \left(1+\left(p_k^{(i)}\right)^{-1}\right)\boldsymbol{F}_k^{(i)}\tilde{\boldsymbol{X}}_{k-1}^{(i)}\left(\boldsymbol{F}_k^{(i)}\right)^{\mathrm{T}} + \left(1+p_k^{(i)}\right)\boldsymbol{G}_k^{(i)}\boldsymbol{D}_k^{(i)}\left(\boldsymbol{G}_k^{(i)}\right)^{\mathrm{T}} \tag{8.51}$$

其中，$p_k^{(i)} = \sqrt{\dfrac{\mathrm{tr}\left(\boldsymbol{F}_k^{(i)}\tilde{\boldsymbol{X}}_{k-1}^{(i)}\left(\boldsymbol{F}_k^{(i)}\right)^{\mathrm{T}}\right)}{\mathrm{tr}\left(\boldsymbol{G}_k^{(i)}\boldsymbol{D}_k^{(i)}\left(\boldsymbol{G}_k^{(i)}\right)^{\mathrm{T}}\right)}}$。

预测协方差阵为

$$\boldsymbol{C}_{k,k-1}^{(i)} = \boldsymbol{F}_k^{(i)}\tilde{\boldsymbol{C}}_{k-1}^{(i)}\left(\boldsymbol{F}_k^{(i)}\right)^{\mathrm{T}} + \boldsymbol{G}_k^{(i)}\boldsymbol{Q}_k^{(i)}\left(\boldsymbol{G}_k^{(i)}\right)^{\mathrm{T}} \tag{8.52}$$

更新椭球中心和形状矩阵为

$$\hat{\boldsymbol{x}}_k^{(i)} = \left(\boldsymbol{I}-\boldsymbol{K}_k^{(i)}\boldsymbol{H}_k^{(i)}\right)\hat{\boldsymbol{x}}_{k,k-1}^{(i)} + \boldsymbol{K}_k^{(i)}\boldsymbol{z}_k \tag{8.53}$$

$$\boldsymbol{X}_k^{(i)} = \left(1+\left(q_k^{(i)}\right)^{-1}\right)\left(\boldsymbol{I}-\boldsymbol{K}_k^{(i)}\boldsymbol{H}_k^{(i)}\right)\boldsymbol{X}_{k,k-1}^{(i)}\left(\boldsymbol{I}-\boldsymbol{K}_k^{(i)}\boldsymbol{H}_k^{(i)}\right)^{\mathrm{T}} + \left(1+q_k^{(i)}\right)\boldsymbol{K}_k^{(i)}\boldsymbol{E}_k^{(i)}\left(\boldsymbol{K}_k^{(i)}\right)^{\mathrm{T}} \tag{8.54}$$

其中，滤波增益 $\boldsymbol{K}_k^{(i)} = \boldsymbol{C}_{k,k-1}^{(i)}\left(\boldsymbol{H}_k^{(i)}\right)^{\mathrm{T}}\left(\boldsymbol{H}_k^{(i)}\boldsymbol{C}_{k,k-1}^{(i)}\left(\boldsymbol{H}_k^{(i)}\right)^{\mathrm{T}} + \boldsymbol{R}_k^{(i)}\right)^{-1}$；$q_k^{(i)}$ 为

$$q_k^{(i)} = \sqrt{\frac{\mathrm{tr}\left(\left(\boldsymbol{I}-\boldsymbol{K}_k^{(i)}\boldsymbol{H}_k^{(i)}\right)\boldsymbol{X}_{k,k-1}^{(i)}\left(\boldsymbol{I}-\boldsymbol{K}_k^{(i)}\boldsymbol{H}_k^{(i)}\right)^{\mathrm{T}}\right)}{\mathrm{tr}\left(\boldsymbol{K}_k^{(i)}\boldsymbol{E}_k^{(i)}\left(\boldsymbol{K}_k^{(i)}\right)^{\mathrm{T}}\right)}} \tag{8.55}$$

更新协方差阵为

$$\boldsymbol{P}_k^{(i)} = \left(\boldsymbol{I}-\boldsymbol{K}_k^{(i)}\boldsymbol{H}_k^{(i)}\right)\boldsymbol{P}_{k,k-1}^{(i)} \tag{8.56}$$

3) 模型概率更新

计算似然函数为

$$L_k^{(i)} = p\left[\tilde{z}_k^{(i)}\middle| m_k^{(i)},\boldsymbol{Z}^{k-1}\right] \overset{\text{assume}}{=} N\left(\tilde{z}_k;0,\boldsymbol{S}_k^{(i)}\right) \tag{8.57}$$

其中，$\tilde{z}_k = z_k - \boldsymbol{H}_k^{(i)}\hat{\boldsymbol{x}}_{k,k-1}^{(i)}$；$\boldsymbol{S}_k^{(i)} = \boldsymbol{H}_k^{(i)}\boldsymbol{C}_{k,k-1}^{(i)}\left(\boldsymbol{H}_k^{(i)}\right)^{\mathrm{T}} + \boldsymbol{R}_k^{(i)}$。

相应的模型概率为

$$\mu_k^{(i)} = \frac{\mu_{k,k-1}^{(i)}L_k^{(i)}}{\sum_{j=1}^{r}\mu_{k,k-1}^{(j)}L_k^{(j)}} \tag{8.58}$$

4) 估计融合

根据更新的模型概率，总体估计均值集合可以表示为

$$\mathcal{X}_k = \mu_k^{(1)}\mathcal{E}\left(\hat{\boldsymbol{x}}_k^{(1)}, \boldsymbol{X}_k^{(1)}\right) \oplus \mu_k^{(2)}\mathcal{E}\left(\hat{\boldsymbol{x}}_k^{(2)}, \boldsymbol{X}_k^{(2)}\right) \oplus \cdots \oplus \mu_k^{(r)}\mathcal{E}\left(\hat{\boldsymbol{x}}_k^{(r)}, \boldsymbol{X}_k^{(r)}\right) \tag{8.59}$$

根据重初始化过程，可得包含 $\mathcal{X}_k$ 的最小迹椭球 $\mathcal{E}(\hat{\boldsymbol{x}}_k, \boldsymbol{X}_k)$ 的中心和形状矩阵，即

$$\hat{\boldsymbol{x}}_k = \sum_{i=1}^{r}\hat{\boldsymbol{x}}_k^{(i)}\mu_k^{(i)} \tag{8.60}$$

$$\boldsymbol{X}_k = \left(\sum_{i=1}^{r}\mu_k^{(i)}\sqrt{\operatorname{tr}\left(\boldsymbol{X}_k^{(i)}\right)}\right)\sum_{i=1}^{r}\frac{\mu_k^{(i)}\boldsymbol{X}_k^{(i)}}{\sqrt{\operatorname{tr}\left(\boldsymbol{X}_k^{(i)}\right)}} \tag{8.61}$$

另外，总体估计协方差阵为

$$\boldsymbol{C}_k = \sum_{i=1}^{r}\left[\boldsymbol{C}_k^{(i)} + \left(\hat{\boldsymbol{x}}_k - \hat{\boldsymbol{x}}_k^{(i)}\right)\left(\hat{\boldsymbol{x}}_k - \hat{\boldsymbol{x}}_k^{(i)}\right)^{\mathrm{T}}\right]\mu_k^{(i)} \tag{8.62}$$

最终，IMMCF 算法的执行步骤如下。

步骤 1，初始化 $\hat{\boldsymbol{x}}_0$、$\boldsymbol{C}_0$、$\boldsymbol{X}_0$，设定 $k \leftarrow 1$。

步骤 2，模型条件重初始化。根据式(8.43)和式(8.44)计算混合概率 $\mu_{k-1}^{j|i}$，根据式(8.45)、式(8.49)和式(8.46)计算重初始化的混合估计椭球 $\mathcal{E}\left(\tilde{\boldsymbol{x}}_{k-1}^{(i)}, \tilde{\boldsymbol{X}}_{k-1}^{(i)}\right)$ 和协方差阵 $\tilde{\boldsymbol{C}}_{k-1}^{(i)}$。

步骤 3，模型条件滤波。根据式(8.50)～式(8.56)计算各匹配模型滤波器的估计椭球 $\mathcal{E}\left(\hat{\boldsymbol{x}}_k^{(i)}, \boldsymbol{X}_k^{(i)}\right)$ 和协方差阵 $\boldsymbol{C}_k^{(i)}$。

步骤 4，模型概率更新。根据式(8.58)计算模型概率。

步骤 5，估计融合。根据式(8.60)～式(8.62)计算总体估计椭球 $\mathcal{E}(\hat{\boldsymbol{x}}_k, \boldsymbol{X}_k)$ 和协方差阵 $\boldsymbol{C}_k$。

步骤 6，令 $k \leftarrow k+1$ 并返回步骤 2，直到程序终止。

8.4 实验分析

MEMS 陀螺具有体积小、成本低、易集成等众多优势，近些年在民用和军用领域都得到快速的发展[125,126]。与传统机械陀螺、光学陀螺相比，其精度相对偏低，这限制了 MEMS 陀螺在航空航天、精确制导武器等领域的应用。所以，国内外各研究部门都在努力提高 MEMS 陀螺的精度，陀螺阵列技术既可以保持 MEMS 陀螺的优势，又可以在不大幅增加成本的情况下短时间内有效提高 MEMS 陀螺的精度。陀螺阵列技术是指同时利用多个陀螺检测同一角速率信号，然后利用融合技术将不同陀螺输出的信号进行融合，得到优于单个陀螺的角速率估计结果。众多研究人员的研究成果证明了该方法在改善 MEMS 陀螺性能方面具有明显的优势[127-131]。

陀螺阵列方案与第 4 章相同。实验时，将陀螺阵列置于水平的温控转台上，如图 8.3 所示。

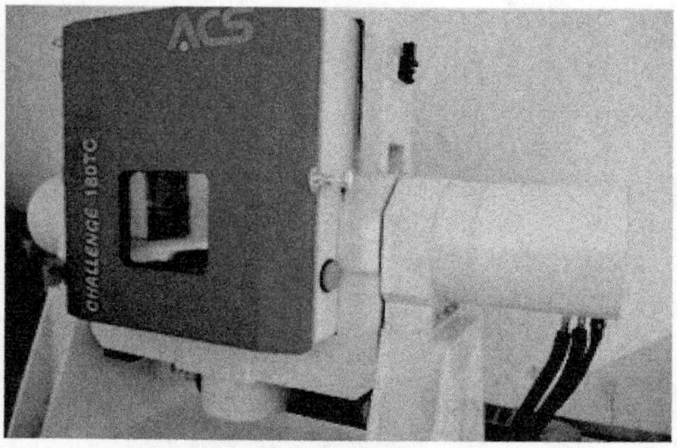

(a) 温控转台外部

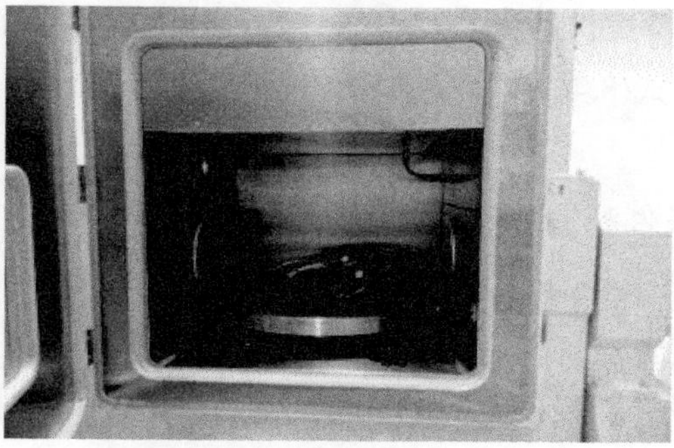

(b) 温控转台内部

图 8.3 温控转台

温度设置为恒温 25℃，陀螺通电后先运行 30min，此期间转台保持静止。然后，开始采集数据，数据采集时间为 180s，收集陀螺阵列的输出信号并进行处理。此期间转台的转速设置如下。

(1) 15～40s，摇摆状态，幅度为 10°，频率为 0.5Hz。

(2) 45～65s，恒速转动，角速率为 40 °/s 。

(3) 70～90s，恒速转动，角速率为–20 °/s 。

(4) 100～136s，摇摆状态，幅度为 10°，频率为 0.25Hz。

(5) 145～172s，摇摆状态，幅度为 20°，频率为 0.5Hz。

除上述说明的时间段外，其他时间转台保持静止。需要注意的是，转台在转换运行状态时需要调整时间，所以每次转换运行状态的起始阶段和结束阶段与上述描述不一致，而是只有中间部分的运行状态与上述设置一致，同时这也是陀螺的输入。实验转台实际转速如图 8.4 所示。

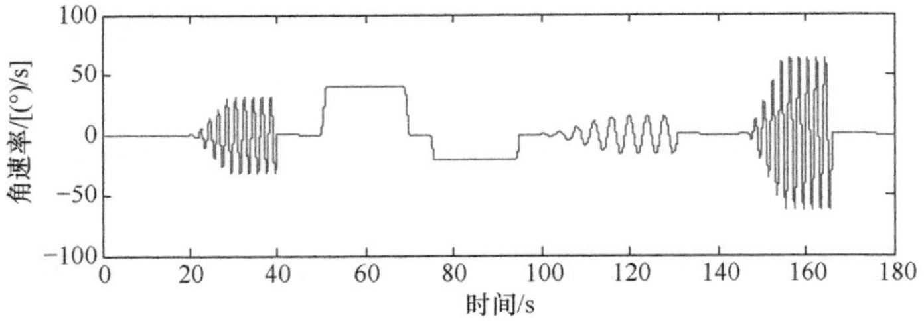

图 8.4　实验转台实际转速

首先，需要对陀螺阵列系统进行建模。在已往的文献中，MEMS 陀螺阵列中单个陀螺的误差模型通常为高斯噪声假设下的随机游走模型或一阶马尔可夫模型等。一方面，在实际应用中载体的运动状态是在不断变换中的，单一的模型难以准确描述载体的运动状态。另一方面，运动状态的变换加上复杂的环境使高斯噪声的假设难以成立，更多情况下高斯噪声和 UBB 噪声会同时存在。本章提出的具有双重不确定性的多模型融合方法可以解决这两方面的问题。因此，对陀螺阵列系统的建模采用带有双重不确定性的多模型建模。考虑 MEMS 陀螺采样间隔较短，可以使用描述机动目标的白噪声加速度模型[132]，同时结合式(8.1)描述的双重不确定性模型，我们提出双重噪声加速度模型描述单个陀螺的输出或载体的角速率 $\omega(t)$ ，即

$$\dot{\omega}(t) = \underline{w}(t) + \theta(t) \tag{8.63}$$

其中， $\underline{w}(t)$ 为零均值高斯白噪声； $\theta(t)$ 为 UBB 噪声。

假设状态向量为 $\boldsymbol{x}(t) = \left[\theta(t), \omega(t)\right]^{\mathrm{T}}$ ， $\theta(t)$ 为姿态角，利用第 5 章的扩维方法，可得陀螺阵列的状态空间模型，即

$$\boldsymbol{x}_k = \begin{bmatrix} 1 & \Delta T \\ 0 & 1 \end{bmatrix} \boldsymbol{x}_{k-1} + \begin{bmatrix} 0 \\ \Delta T \end{bmatrix} (\underline{w}_{k-1} + \theta_{k-1}) \tag{8.64}$$

$$\boldsymbol{z}_k = \begin{bmatrix} 0 & 0 & 0 & 0 & 0 & 0 \\ 1 & 1 & 1 & 1 & 1 & 1 \end{bmatrix}^{\mathrm{T}} \boldsymbol{x}_k + \underline{\boldsymbol{v}}_k + \vartheta_k \tag{8.65}$$

其中，ΔT 为采样间隔；$\boldsymbol{z}_k = \left[z_{k,1}, z_{k,2}, z_{k,3}, z_{k,4}, z_{k,5}, z_{k,6} \right]^{\mathrm{T}}$ 为扩维后的量测输出；$\underline{\boldsymbol{v}}_k$ 和 ϑ_k 为量测噪声；$\underline{w}_{k-1}$ 和 θ_{k-1} 为过程噪声。

由该模型可知，过程噪声的大小直接影响模型反映输入信号动态特性的能力。据此，我们将采用不同大小的过程噪声构造多个模型，通过模型的交互使噪声大小可以覆盖一定的范围，从而得到角速率的最优估计。因此，我们建立的多模型系统如式(8.38)～式(8.42)所示，其中

$$\begin{aligned} &\boldsymbol{F}_{k-1}^{(i)} = \begin{bmatrix} 1 & \Delta T \\ 0 & 1 \end{bmatrix}, \quad \boldsymbol{G}_{k-1}^{(i)} = \begin{bmatrix} 0 \\ \Delta T \end{bmatrix}, \quad \boldsymbol{H}_k^{(i)} = \begin{bmatrix} 0 & 0 & 0 & 0 & 0 & 0 \\ 1 & 1 & 1 & 1 & 1 & 1 \end{bmatrix} \\ &Q_{k-1}^{(i)} = Q_i, \quad \boldsymbol{R}_k^{(i)} = r^2 \mathrm{CorrM}, \quad D_{k-1}^{(i)} = D_i, \quad \boldsymbol{E}_k^{(i)} = e^2 \mathrm{CorrM} \\ &i = 1, 2, \cdots, r \end{aligned} \tag{8.66}$$

其中，CorrM 为阵列中陀螺间的相关系数矩阵，是 6 维方阵；r^2 为单个陀螺的量测噪声方差；e^2 为 UBB 噪声椭球形状矩阵系数。

显然，式(8.66)中各模型间的差别主要是 Q_i 和 D_i 取值的不同，分别表征过程噪声中随机部分和 UBB 噪声部分的大小。

按照文献[133]中的计算方法，通过离线测试可得各陀螺间的相关系数(表 8.1 中 Gyro 1～6 分别指第 1～6 陀螺的编号)。这意味着，CorrM 矩阵中的各元素已给出。另外，模型中的其他参数为 $\Delta T = 0.005$ 、$r = 0.6$ 、$e = 0.6$ ，不同模型对应的 Q_i 和 D_i 如表 8.2 所示。

表 8.1　陀螺间相关系数

陀螺编号	Gyro 1	Gyro 2	Gyro 3	Gyro 4	Gyro 5	Gyro 6
Gyro 1	1.0000	0.0016	–0.0047	0.0297	0.0467	0.0451
Gyro 2	0.0016	1.0000	0.0595	–0.0095	0.0591	0.0542
Gyro 3	–0.0047	0.0595	1.0000	–0.0939	–0.0381	–0.0688
Gyro 4	0.0297	–0.0095	–0.0939	1.0000	0.0169	0.0946
Gyro 5	0.0467	0.0591	–0.0381	0.0169	1.0000	0.0501
Gyro 6	0.0451	0.0542	–0.0688	0.0946	0.0501	1.0000

表 8.2　不同模型的 Q_i 和 D_i 取值

参数	模型 1	模型 2	模型 3	模型 4
Q_i	$Q_1=8$	$Q_2=80$	$Q_3=800$	$Q_4=8000$
D_i	$D_1=6$	$D_2=60$	$D_3=600$	$D_4=6000$

另外，利用宽度为 50 的滑动窗口，计算单个陀螺(Gyro 1)的输出误差均值随时间变化情况，如图 8.5 所示。可以发现，随着输入的动态变化，陀螺的输出误差均值变化非常明显。这意味着，我们对噪声的双重不确定性假设是合理的，因为双重不确定性与高斯噪声假设的本质区别是双重不确定性由一个均值集合来描述。同时，图中的均值均在上面参数限定的集合内。

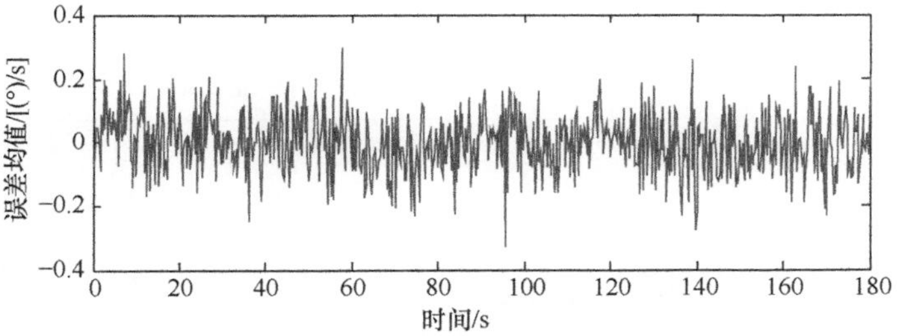

图 8.5　误差均值随时间的变化情况

在上述实验过程和参数设置的基础上，使用本章提出的双重不确定性系统的多模型联合滤波方法对阵列信号进行处理。作为对比，同时使用标准 IMM 滤波器，以及使用单个模型的联合滤波方法对阵列信号进行处理。需要注意的是，IMMCF 算法任意时刻的估计结果为均值的椭球集合，即 $\mathcal{E}(\hat{\boldsymbol{x}}_k,\boldsymbol{X}_k)$，而标准 IMM 滤波器得到的是点估计。图 8.6 给出了 25～30s IMMCF 算法的估计结果在相平面上的展示，包括椭球中心和椭球边界。

需要注意的是，为了显示清楚，这里只给出 5s 的结果，而且这 5s 中的结果也是等间隔地选择部分点。图中两个相邻椭球间的间隔为 0.05s。椭球中心用*符号强调，相应时刻的真实状态则以+标出。可以看出，绝大部分时刻的真实状态都位于相应时刻的估计椭球中。同时，利用椭球形状矩阵获得角速率估计值的上下边界，如图 8.7 所示。显然，所有的估计结果都在硬边界的范围内，并且边界确定的集合包含真实的输入角速率。图 8.6 和图 8.7 展示的这种保证边界估计对控制和制导中系统的鲁棒性具有重要的意义。

在后面的分析中，将 IMMCF 算法估计的椭球可行集中心 $\hat{\boldsymbol{x}}_k$ 作为阵列融合输出的点估计参与对比。陀螺阵列实验输出结果如图 8.8 所示。陀螺阵列实验输出误差如图 8.9 所示。同时，为进一步描述上述滤波方法的效果，估计结果的 RMSE，以及改善因子 IF 在表 8.3 中给出。

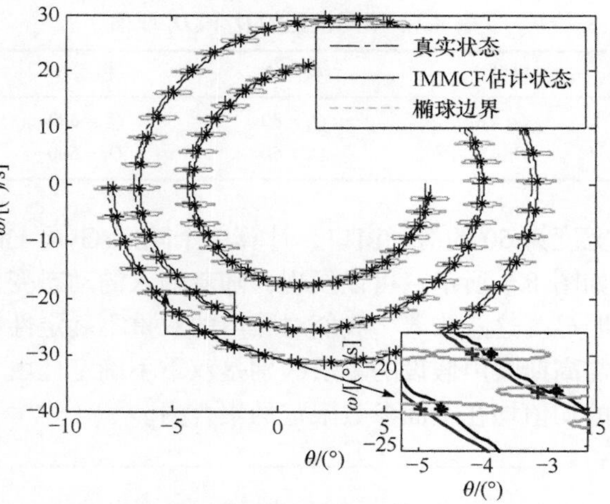

图 8.6　IMMCF 算法估计结果在相平面的展示

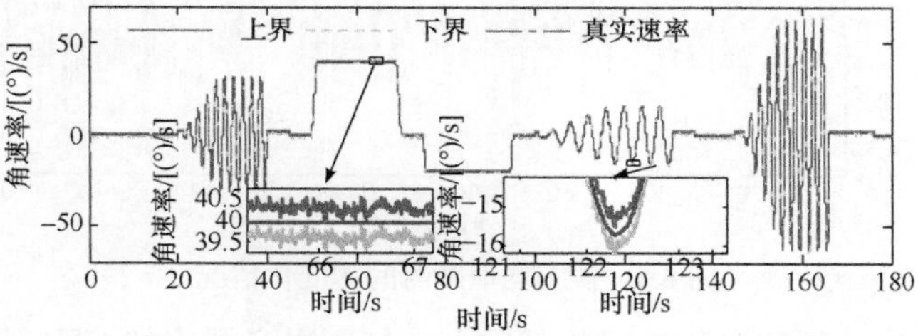

图 8.7　IMMCF 算法估计边界

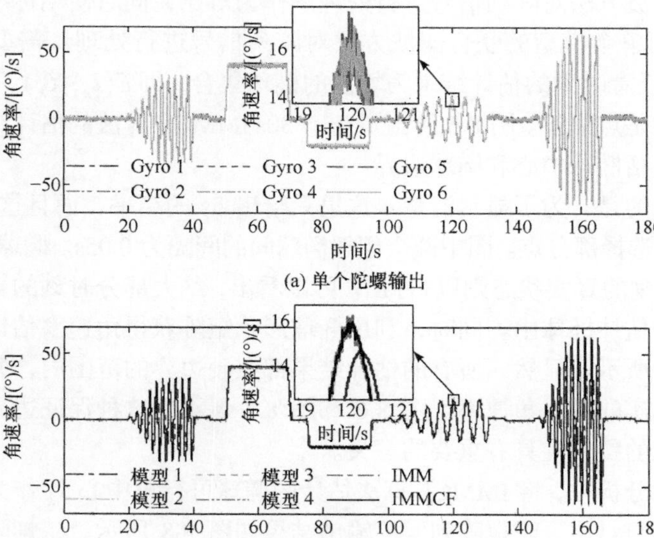

(a) 单个陀螺输出

(b) 陀螺阵列融合输出

图 8.8　陀螺阵列实验输出结果

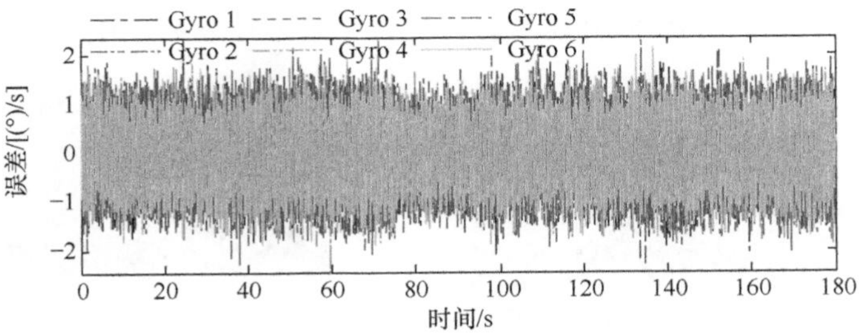

(a) 单个陀螺输出误差

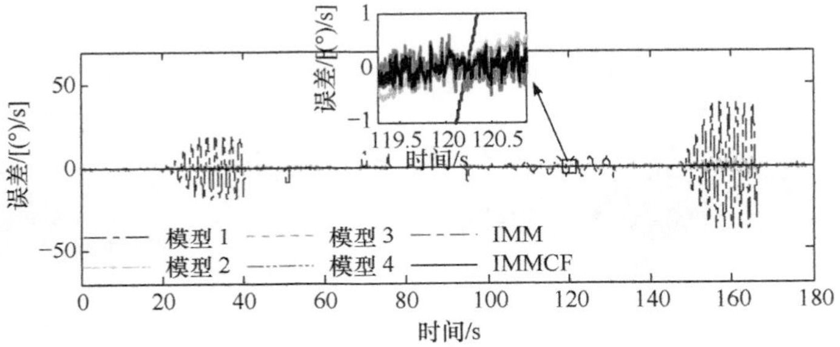

(b) 陀螺阵列融合输出误差

图 8.9 陀螺阵列实验输出误差

表 8.3 陀螺阵列实验结果

指标	单个陀螺 (Gyro 1)	模型 1	模型 2	模型 3	模型 4	IMM	IMMCF
RMSE/[(°)/s]	0.4916	8.3886	0.9663	0.1828	0.2009	0.1628	0.1478
IF	1	0.0586	0.5087	2.6893	2.4470	3.0197	3.3261

这里改善因子定义为 $\text{IF} = \text{RMSE}_s / \text{RMSE}_a$，其中 RMSE_s 指阵列中单个陀螺输出信号的 RMSE，RMSE_a 指阵列融合输出的 RMSE。

从实验结果可以看出，多模型方法和采用模型 3、模型 4 的滤波器都可以有效提高陀螺的精度。相对而言，多模型方法的效果更好。当输入信号为 0 或恒速时，单独采用模型 1 和模型 2 构建的滤波器可以很好地抑制输出误差，但是转台处于摇摆模式时，滤波器会导致振幅衰减，这意味着该模型无法精确地描述输入信号的动态特性；模型 3 和模型 4 恰好相反，当输入信号为正弦时可以有效的降低误差，但是在恒速输入时性能较差。多模型方法则可以根据不同的情况自适应地转换模型，因此可以更加精确地描述输入信号的动态特性。根据表 8.3 的数据，标准 IMM 滤波器和 IMMCF 算法分别将 RMSE 由 0.4916 °/s 降低到 0.1628 °/s 和 0.1478 °/s 。

为进一步分析载体在不同运动状态下 IMMCF 算法的性能，对阵列融合输出误差进行分段分析，如图 8.10 所示。其统计结果列在表 8.4 中。

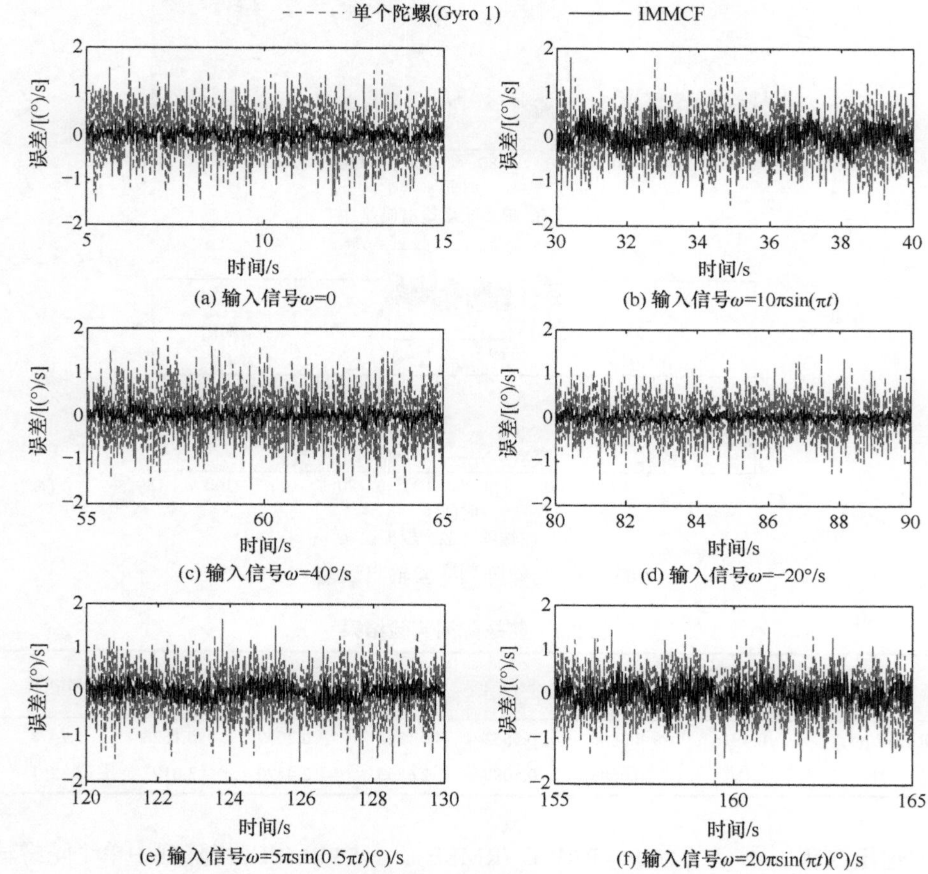

(a) 输入信号ω=0　(b) 输入信号$\omega=10\pi\sin(\pi t)$

(c) 输入信号ω=40°/s　(d) 输入信号ω=−20°/s

(e) 输入信号$\omega=5\pi\sin(0.5\pi t)$(°)/s　(f) 输入信号$\omega=20\pi\sin(\pi t)$(°)/s

图 8.10　IMMCF 算法在不同时间段的估计误差

由图 8.10 和表 8.4 可知，每种运动状态下 IMMCF 算法都能有效减小陀螺的输出误差，但是对于不同的运动状态，使用该方法性能提升程度不同，例如在 0 输入或恒速率输入时，IF 约为 4～5，而在正弦输入的情况下，IF 约为 2～3。另外，随着平台摇摆频率和幅度的增大，阵列融合输出的 RMSE 随之增大。

表 8.4　IMMCF 算法在不同时间段的实验结果

时间/s	输入/[(°)/s]	单个陀螺(Gyro 1)	陀螺阵列(IMMCF)	
		RMSE/[(°)/s]	RMSE/[(°)/s]	IF
5～15	0	0.4939	0.1120	4.4098
30～40	$\omega=10\pi\sin(\pi t)$	0.4775	0.2081	2.2946

续表

时间/s	输入/[(°)/s]	单个陀螺(Gyro 1)	陀螺阵列(IMMCF)	
		RMSE/[(°)/s]	RMSE/[(°)/s]	IF
55～65	40	0.5190	0.1212	4.2822
80～90	–20	0.4320	0.0850	5.0824
120～130	$\omega = 5\pi\sin(0.5\pi t)$	0.4778	0.1686	2.8339
155～165	$\omega = 20\pi\sin(\pi t)$	0.4797	0.2200	2.1805

8.5 本章小结

本章根据有界噪声和随机噪声的特性，针对实际应用中两种不确定性噪声共存的问题，提出交互多模型联合滤波算法。首先，将随机噪声融入集员框架中，用分布集合的概念描述双重不确定模型，并介绍以此为基础的双重不确定系统联合滤波方法。然后，推导多椭球加权 Minkowski 和的外定界椭球的运算过程和参数优化方法，并将该过程融入 IMM 交互过程中，给出交互多模型联合滤波算法的具体迭代过程。最后，利用 MEMS 陀螺阵列信息融合实验对算法的性能进行验证。结果表明，IMMCF 算法估计精度优于标准 IMM 算法，同时也优于单模型滤波方法。由于充分利用了两种不同性质的噪声，该算法既可以避免单一方法导致的滤波性能下降，又可以保证边界估计，具有较强的鲁棒性。

参 考 文 献

[1] 潘泉, 王增福, 梁彦, 等. 信息融合理论的基本方法与进展(II). 控制理论与应用, 2012, 29(10): 1233-1244.

[2] Khaleghi B, Khamis A, Karray F O, et al. Multisensor data fusion: A review of the state-of-the-art. Information Fusion, 2013, 14(1): 28-44.

[3] Gao S, Zhong Y, Zhang X, et al. Multi-sensor optimal data fusion for INS/GPS/SAR integrated navigation system. Aerospace Science and Technology, 2009, 13(4-5):232-237.

[4] 李灿, 沈强, 秦伟伟, 等. 基于平滑变结构-卡尔曼滤波的 MIMU/BDS 组合导航技术. 航空兵器, 2021, 28(3): 51-58.

[5] 葛泉波, 李文斌, 孙若愚, 等. 基于 EKF 的集中式融合估计研究. 自动化学报, 2013, 39(6): 816-825.

[6] Nada D, Bousbia-Salah M, Bettayeb M. Multi-sensor data fusion for wheelchair position estimation with unscented Kalman filter. International Journal of Automation and Computing, 2017, (3): 1-11.

[7] 穆静, 蔡远利. 一种迭代离差差分滤波算法及其应用研究. 控制与决策, 2011, 26(9): 1425-1428.

[8] 杨小军, 潘泉, 王睿, 等. 粒子滤波进展与展望. 控制理论与应用, 2006, 23(2): 261-267.

[9] Julier S J, Uhlmann J K. A non-divergent estimation algorithm in the presence of unknown correlations//Proceedings of the 1997 American Control Conference, 1997: 2369-2373.

[10] Benaskeur A R. Consistent fusion of correlated data sources//The 28th Annual Conference of the Industrial Electronics Society, 2002: 2652-2656.

[11] 周彦, 李建勋, 王冬丽. 传感器网络中鲁棒状态信息融合抗差卡尔曼滤波器. 控制理论与应用, 2012, 29(3): 291-297.

[12] 周彦, 李建勋. 无线传感器网络中分布式量化航迹稳健融合. 系统工程与电子技术, 2011, 33(3): 643-649.

[13] Sijs J, Lazar M. State fusion with unknown correlation: Ellipsoidal intersection. Automatica, 2012, 48(8): 1874-1878.

[14] Schweppe F. Recursive state estimation: Unknown but bounded errors and system inputs. IEEE Transactions on Automatic Control, 1968, 13(1): 22-28.

[15] Bertsekas D, Rhodes I. Recursive state estimation for a set-membership description of uncertainty. IEEE Transactions on Automatic Control, 1971, 16(2): 117-128.

[16] Schlaepfer F, Schweppe F. Continuous-time state estimation under disturbances bounded by convex sets. IEEE Transactions on Automatic Control, 1972, 17(2): 197-205.

[17] Fogel E, Huang Y F. On the value of information in system identification-bounded noise case. Automatica, 1982, 18(2): 229-238.

[18] Chernousko F L. State Estimation for Dynamic Systems. New York: CRC, 1993.
[19] Maksarov D G, Norton J P. State bounding with ellipsoidal set description of the uncertainty. International Journal of Control, 1996, 65(5): 847-866.
[20] Dasgupta S, Huang Y F. Asymptotically convergent modified recursive least-squares with data-dependent updating and forgetting factor for systems with bounded noise. IEEE Transactions on Information Theory, 1987, 33(3): 383-392.
[21] Gollamudi S, Nagaraj S, Kapoor S, et al. Set-membership state estimation with optimal bounding ellipsoids//Proceedings of the International Symposium on Information Theory and Its Applications, 1996: 262-265.
[22] Aubry Y B, Boutayeb M, Darouach M. State estimation in the presence of bounded disturbances. Automatica, 2008, 44(7): 1867-1873.
[23] Calafiore G, Ghaoui L E. Ellipsoidal bounds for uncertain linear equations and dynamical systems. Automatica, 2004, 40(5): 77.
[24] 杨硕. 基于 LMI 的集员估计算法在不确定系统中的研究及应用. 长沙: 长沙理工大学, 2011.
[25] Ataei A, Wang Q. A probabilistic ellipsoid algorithm for linear optimization problems with uncertain LMI constraints. Automatica, 2015, 52: 248-254.
[26] Maksarov D G, Norton J P. Computationally efficient algorithms for state estimation with ellipsoidal approximations. International Journal of Adaptive Control and Signal Processing, 2002, 16(6): 411-434.
[27] 何青, 王耀南, 姜燕, 等. 基于 OBE 算法的自适应集员状态估计. 自动化学报, 2003, 29(2): 312-317.
[28] Liu Y, Zhao Y, Wu F. Ellipsoidal state-bounding-based set-membership estimation for linear system with unknown-but-bounded disturbances. IET Control Theory and Applications, 2016, 10(4): 431-442.
[29] 刘玉双, 赵剡, 吴发林. 基于外定界椭球集员估计的纯方位目标跟踪. 北京航空航天大学学报, 2017, 43(3): 497-505.
[30] 柴伟, 孙先仿. 椭球状态定界的鲁棒算法. 北京航空航天大学学报, 2006, 32(12): 1447-1450.
[31] 柴伟. 集员估计理论、方法及其应用. 北京: 北京航空航天大学, 2008.
[32] Durieu C, Walter É, Polyak B. Multi-input multi-output ellipsoidal state bounding. Journal of Optimization Theory and Applications, 2001, 111(2): 273-303.
[33] Scholte E, Campbell M E. A nonlinear set-membership filter for on-line applications. International Journal of Robust and Nonlinear Control, 2003, 13(15): 1337-1358.
[34] Milanese M, Novara C. Set membership prediction of nonlinear time series. IEEE Transactions on Automatic Control, 2005, 50(11): 1655-1669.
[35] Milanese M, Novara C. Unified set membership theory for identification, prediction and filtering of nonlinear systems. Automatica, 2011, 47(10): 2141-2151.
[36] 周波, 韩建达. 基于 UD 分解的自适应扩展集员估计方法. 自动化学报, 2008, 34(2): 150-158.

[37] 宋大雷, 吴冲, 齐俊桐, 等. 基于 MIT 规则的自适应扩展集员估计方法. 自动化学报, 2012, 38(11): 1847-1860.
[38] 宋莎莎, 赵忠盖, 刘飞.模型参数失配有界下的扩展集员估计方法. 控制理论与应用, 2017, 34(5): 648-654.
[39] Liu Y, Zhao Y, Wu F. Extended ellipsoidal outer-bounding set-membership estimation for nonlinear discrete-time systems with unknown-but-bounded disturbances. Discrete Dynamics in Nature and Society, 2016, (5): 1-11.
[40] 周波, 钱堃, 马旭东, 等. 一种新的基于保证定界椭球算法的非线性集员滤波器. 自动化学报, 2013, 39(2): 150-158.
[41] Moore R E. Methods and Applications of Interval Analysis. New York: Society for Industrial and Applied Mathematics, 1979.
[42] 彭瑞, 岳继光. 区间分析及其在控制理论中的应用. 控制与决策, 2006, 21(11): 1201-1206
[43] Jaulin L, Walter E. Set inversion via interval analysis for nonlinear bounded-error estimation. Automatica, 1993, 29(4): 1053-1064.
[44] Jaulin L. Nonlinear bounded-error state estimation of continuous-time systems. Automatica, 2002, 38(6): 1079-1082.
[45] Kieffer M, Jaulin L, Walter E. Guaranteed recursive non-linear state bounding using interval analysis. International Journal of Adaptive Control and Signal Processing, 2002, 16(3): 193-218.
[46] Jaulin L, Braems I, Kieffer M, et al. Interval methods for nonlinear identification and robust control// IEEE Conference on Decision and Control, 2002: 4676-4681.
[47] Jaulin L. Interval constraint propagation with application to bounded-error estimation. Automatica, 2000, 36(10): 1547-1552.
[48] Le Bars F, Sliwka J, Jaulin L, et al. Set-membership state estimation with fleeting data. Automatica, 2012, 48(2): 381-387.
[49] Milanese M, Belforte G. Estimation theory and uncertainty intervals evaluation in presence of unknown but bounded errors: Linear families of models and estimators. IEEE Transactions on Automatic Control, 1982, 27(2): 408-414.
[50] Belforte G, Tay T T. Two new estimation algorithms for linear models with unknown but bounded measurement noise. IEEE Transactions on Automatic Control, 1993, 38(8): 1273-1279.
[51] Vicino A, Zappa G. Sequential approximation of feasible parameter sets for identification with set membership uncertainty. IEEE Transactions on Automatic Control, 1996, 41(6): 774-785.
[52] Chisci L, Garulli A, Zappa G. Recursive state bounding by parallelotopes. Automatica, 1996, 32(7): 1049-1055.
[53] Puig V, Cugueró P, Quevedo J. Worst-case state estimation and simulation of uncertain discrete-time systems using zonotopes// European Control Conference, 2001: 1691-1697.
[54] Alamo T, Bravo J M, Camacho E F. Guaranteed state estimation by zonotopes. Automatica, 2005, 41(6): 1035-1043.
[55] Wang Y, Wang Z, Puig V, et al. Zonotopic set-membership state estimation for discrete-time descriptor LPV systems . IEEE Transactions on Automatic Control, 2018, 64(5): 2092-2099.
[56] Combastel C. Zonotopes and Kalman observers: Gain optimality under distinct uncertainty

paradigms and robust convergence. Automatica, 2015, 55(5): 265-273.

[57] Wan J, Sharma S, Sutton R. Guaranteed state estimation for nonlinear discrete-time systems via indirectly implemented polytopic set computation. IEEE Transactions on Automatic Control, 2018, 63(12): 4317-4322.

[58] Blesa J, Puig V, Romera J, et al. Fault diagnosis of wind turbines using a set-membership approach. IFAC Proceedings Volumes, 2011, 44(1): 8316-8321.

[59] 汤文涛, 王振华, 王烨, 等. 基于未知输入集员滤波器的不确定系统故障诊断. 自动化学报, 2018, 44(9): 1717-1724.

[60] Identification for passive robust fault detection using zonotope-based set-membership approaches. International Journal of Adaptive Control and Signal Processing, 2011, 25(9): 788-812.

[61] Noack B, Klumpp V, Hanebeck U D. State estimation with sets of densities considering stochastic and systematic errors// The 12th International Conference on Information Fusion, 2009: 1751-1758.

[62] Henningsson T. Recursive state estimation for linear systems with mixed stochastic and set-bounded disturbances// The 47th IEEE Conference on Decision and Control, 2008: 678-683.

[63] Liu Y, Zhao Y. Ellipsoidal set filter combined set-membership and statistics uncertainties for bearing-only maneuvering target tracking// 2014 IEEE/ION Position, Location and Navigation Symposium, 2014: 753-759.

[64] Noack B, Pfaff F, Hanebeck U D. Combined stochastic and set-membership information filtering in multisensor systems// The 2012 15th International Conference on Information Fusion, 2012: 1218-1224.

[65] 江涛, 钱富才, 杨恒占, 等. 具有双重不确定性系统的联合滤波算法. 自动化学报, 2016, 42(4): 535-544.

[66] Kurzhanski A B, Varaiya P. Optimization of output feedback control under set-membership uncertainty. Journal of Optimization Theory and Applications, 2011, 151(1): 11-32.

[67] Meslem N, Ramdani N. Reliable stabilizing controller based on set-value parameter synthesis. IMA Journal of Mathematical Control and Information, 2018, 34(1): 159-178.

[68] 周波, 钱堃, 马旭东, 等. 移动机器人滑动参数定界及鲁棒镇定控制. 控制理论与应用, 2013, 30(5): 611-617.

[69] Novara C, Canale M, Milanese M, et al. Set membership inversion and robust control from data of nonlinear systems. International Journal of Robust and Nonlinear Control, 2015, 24(18): 3170-3195.

[70] 柴伟, 孙先仿. 集员辨识与 T-S 模型相结合的非线性系统建模及其故障检测算法. 宇航学报, 2006, 27(6):1314-1318.

[71] Blesa J, Puig V, Saludes J. Robust fault detection using polytope-based set-membership consistency test. IET Control Theory and Applications, 2012, 6(12): 1767-1777.

[72] Zhou B, Qian K, Ma X, et al. Ellipsoidal bounding set-membership identification approach for robust fault diagnosis with application to mobile robots. Journal of Systems Engineering and Electronics, 2017, 28(5): 986-995.

[73] Zhai S, Wan Y, Ye H. A set-membership approach to integrated trade-off design of robust fault detection system. International Journal of Adaptive Control and Signal Processing, 2017, 31(2): 191-209.

[74] Ravanbod L, Jauberthie C, Verdière N, et al. Improved solutions for ill-conditioned problems involved in set-membership estimation for fault detection and isolation. Journal of Process Control, 2017, 58(10): 139-151.

[75] 沈艳霞, 尹天骄. 一种基于凸多面体的集员滤波故障诊断方法. 控制与决策, 2018, 33(1): 150-156.

[76] Huang J, Wang Y, Fukuda T. Set-membership-based fault detection and isolation for robotic assembly of electrical connectors. IEEE Transactions on Automation Science and Engineering, 2018, 15(1), 160-171.

[77] 范永全, 张家树. 基于集员估计的混沌通信窄带干扰抑制技术. 物理学报, 2008, 57(5): 2714-2721.

[78] De Lamare R C, Diniz P S R. Blind adaptive interference suppression based on set-membership constrained constant-modulus algorithms with dynamic bounds. IEEE Transactions on Signal Processing, 2013, 61(5): 1288-1301.

[79] 江涛, 钱富才. 基于 ESMF 算法的 GPS 信号多普勒频率估计. 控制与决策, 2016, (2): 378-384.

[80] 周波, 樊帅权, 戴先中. 基于集员滤波的移动机器人动态环境建模. 东南大学学报(自然科学版), 2011, 41(1): 107-112.

[81] Alirezapouri M A, Khaloozadeh H, Vali A, et al. Set value-based dynamic model development for non-linear manoeuvring target tracking problem in the presence of unknown but bounded disturbances. IET Radar Sonar and Navigation, 2018, 12(2): 186-194.

[82] Yu W, Zamora E, Soria A. Ellipsoid SLAM: A novel set membership method for simultaneous localization and mapping. Autonomous Robots, 2016, 40(1): 125-137.

[83] 孙先仿, 王世纪, 张海. 扩展集员滤波在捷联惯导大方位失准角初始对准中的应用. 中国惯性技术学报, 2008, 16(5): 505-508.

[84] Drevelle V, Bonnifait P. A set-membership approach for high integrity height-aided satellite positioning. GPS Solutions, 2011, 15(4): 357-368.

[85] Mousavinejad E, Yang F W, Han Q, et al. A novel cyber attack detection method. Networked Control Systems, 2018, 48(11): 3254-3264.

[86] Mousavinejad E, Yang F, Han Q L, et al. Cyber-physical attacks detection in networked control systems with limited communication bandwidth// Australian and New Zealand Control Conference, 2017: 53-58.

[87] Becis-Aubry Y. Multisensor fusion for state estimation of linear models in the presence of bounded disturbances//Proceedings of the 2010 American Control Conference, 2010: 6781-6782.

[88] Becis-Aubry Y, Aubry D, Ramdani N.Multisensor set-membership state estimation of nonlinear models with potentially failing measurements. IFAC Proceedings Volumes, 2011, 44(1): 12030-12035.

[89] 李江, 江涛, 任小伟. 扩展集员滤波在 GPS/DR 组合导航系统中的应用//第六届中国卫星导

航学术年会, 2015: 2-6.
[90] 周波, 钱堃, 马旭东, 等. 基于集员估计的室内移动机器人多传感器融合定位. 控制理论与应用, 2017, 34(4): 541-550.
[91] 谷丰, 何玉庆, 韩建达, 等. 三维环境中多机器人动态目标主动协作观测方法. 自动化学报, 2010, 36(10): 1443-1453.
[92] Gu F, He Y, Han J. Active persistent localization of a three-dimensional moving target under set-membership uncertainty description through cooperation of multiple mobile robots. IEEE Transactions on Industrial Electronics, 2015, 62(8): 4958-4971.
[93] 杜惠斌, 赵忆文, 韩建达, 等. 基于集员滤波的双 Kinect 人体关节点数据融合. 自动化学报, 2016, 42(12): 1886-1898.
[94] Bento L C, Bonnifait P, Nunes U J. Set-membership position estimation with GNSS pseudorange error mitigation using lane-boundary measurements. IEEE Transactions on Intelligent Transportation Systems, 2019, 20(1): 185-194.
[95] Xia N, Yang F, Han Q L. Distributed networked set-membership filtering with ellipsoidal state estimations. Information Sciences, 2018, 432: 52-62.
[96] Ghofrani P, Wang T, Schmeink A. A fast converging channel estimation algorithm for wireless sensor networks. IEEE Transactions on Signal Processing, 2018, 66(12): 3169-3184.
[97] Farina F, Garulli A, Giannitrapani A. Distributed interpolatory algorithms for set membership estimation. IEEE Transactions on Automatic Control, 2018, 64(9): 3817-3822.
[98] Gan Q, Harris C J. Comparison of two measurement fusion methods for Kalman-filter-based multisensor data fusion. IEEE Transactions on Aerospace and Electronic Systems, 2001, 37(1): 273-279.
[99] 余安喜, 胡卫东, 周文辉. 多传感器量测融合算法的性能比较. 国防科技大学学报, 2003, 25(6): 39-44.
[100] 邓自立. 信息融合滤波理论及其应用. 哈尔滨: 哈尔滨工业大学出版社, 2007.
[101] 张晓丽. 复杂环境下混杂系统的输入-状态稳定性与控制. 济南: 山东师范大学, 2017.
[102] Sontag E D. Smooth stabilization implies coprime factorization. IEEE Transactions on Automaic Control, 2002, 34(4): 435-443.
[103] 范子彦, 韩正之. 非线性控制系统的输入-状态稳定性及有关问题. 控制理论与应用, 2001, (4): 473-477.
[104] 俞立. 鲁棒控制—线性矩阵不等式处理方法. 北京: 清华大学出版社, 2002.
[105] Deller J R, Gollamudi S, Nagaraj S, et al. Convergence analysis of the quasi-OBE algorithm and related per-formance issues. International Journal Adaptive Control and Signal Processing, 2007, 21(6): 499-527.
[106] Nagaraj S, Gollamudi S, Kapoor S, et al. BEACON: An adaptive set-membership filtering technique with sparse updates. IEEE Transactions on Signal Processing, 1999, 47(11): 2928-2941.
[107] Nagaraj S, Gollamudi S, Kapoor S, et al. Bounded error estimation: Set-theoretic and least-squares formulations//Proceedings of Conference Information Sciences and Systems, 1997.
[108] Deller J R, Nayeri M, Liu M S. Unifying the landmark developments in OBE processing,

International Journal of Automatic Control and Signal Processing, 1994, 8: 43-60.

[109] Kapoor S, Gollamudi S, Nagaraj S, et al. Tracking of time-varying parameters using optimal bounding ellipsoid algorithms// Proceedings of the Annual Allerton Conference on Communication Control and Computing, 1996: 392-401.

[110] Anderson B D O, Moore J B. Detectability and stabilizability of time-varying discrete-time linear systems. SIAM Journal on Control and Optimization, 1981, 19(1): 20-32.

[111] Nadarajah N, Tharmarasa R, McDonald M, et al. IMM forward filtering and backward smoothing for maneuvering target tracking. IEEE Transactions on Aerospace and Electronic Systems, 2012, 48(3): 2673-2678.

[112] 宫晓琳, 张蓉, 房建成. 固定区间平滑算法及其在组合导航系统中的应用. 中国惯性技术学报, 2012, 20(6): 687-693.

[113] Raanes P N. On the ensemble Rauch-Tung-Striebel smoother and its equivalence to the ensemble Kalman smoother. Quarterly Journal of the Royal Meteorological Society, 2016, 142(696): 1259-1264.

[114] Rauch H E, Striebel C T, Tung F. Maximum likelihood estimates of linear dynamic systems. AIAA Journal, 1965, 3(8): 1445-1450.

[115] Analog Devices. ADXRS300. http://www.analog.com/ media/en/technical-documentation/data-sheets/ADXRS 300.pdf [2015-3-20].

[116] Nørgaard M, Poulsen N K, Ravn O. New developments in state estimation for nonlinear systems. Automatica, 2000, 36(11):1627-1638.

[117] Nørgaard M, Poulsen N K, Ravn O. Advances in derivative-free state estimation for nonlinear systems. Copenhagen: Technical University of Denmark, 2000.

[118] Alamo T, Bravo J M, Redondo M J, et al. A set-membership state estimation algorithm based on DC programming. Automatica, 2008, 44(1): 216-224.

[119] Elder C Y, Beck A, Teboulle M. A minimax Chebyshev estimator for bounded error estimation. IEEE Transactionson Signal Processing, 2008, 56(4): 1388-1397.

[120] Wu D, Zhou J, Hu A. A new approximate algorithm for the Chebyshev center. Automatica, 2013, 49(8): 2483-2488.

[121] Shi X, Anderson B D O, Mao G, et al. Robust localization using time difference of arrivals. IEEE Signal Processing Letters, 2016, 23(10): 1320-1324.

[122] Beck A, Eldar Y C. Regularization in regression with bounded noise: A Chebyshev center approach. SIAM Journal on Matrix Analysis and Applications, 2007, 29(2): 606-625.

[123] Li X R, Jilkov V P. Survey of maneuvering target tracking. Part V. multiple-model methods. IEEE Transactions on Aerospace and Electronic Systems, 2005, 41(4): 1255-1321.

[124] 邸忆, 顾晓辉, 龙飞, 等. 一种基于改进 UPF 的运动声阵列交互多模型跟踪方法. 控制与决策, 2018, (2): 249-255.

[125] Yang C, Tang S, Tavassolian N. Utilizing gyroscopes towards the automatic annotation of seismocardiograms. IEEE Sensors Journal, 2017, 17(7): 2129-2136.

[126] Passaro V, Cuccovillo A, Vaiani L, et al. Gyroscope technology and applications: A review in the industrial perspective. Sensors, 2017, 17(10): 2284.

[127] Bayard D S, Ploen S R. High accuracy inertial sensors from inexpensive components. U.S. Patent US20030187623A1, 2003.

[128] Xue L, Jiang C, Wang L, et al. Noise reduction of MEMS gyroscope based on direct modeling for an angular rate signal. Micromachines, 2015, 6(2): 266-280.

[129] Xue L, Jiang C Y, Chang H L, et al. A novel Kalman filter for combining outputs of MEMS gyroscope array. Measurement, 2012, 45(4): 745-754.

[130] Heera M M, Divya J K, Varma M S, et al. Minimum variance optimal filter design for a 3 × 3 MEMS gyroscope cluster configuration. IFAC-PapersOnLine, 2016, 49(1): 639-645.

[131] 刘名雍, 朱立, 董海霞. 基于卡尔曼滤波的陀螺仪阵列技术研究. 兵工学报, 2016, 37(2): 272-278.

[132] Li X R, Jilkov V P. Survey of maneuvering target tracking. Part I. dynamic models. IEEE Transactions on Aerospace and Electronic Systems, 2003, 39(4): 1333-1364.

[133] Jiang C, Xue L, Chang H, et al. Signal processing of MEMS gyroscope arrays to improve accuracy using a 1st order markov for rate signal modeling. Sensors, 2012, 12(2): 1720-1737.